U0290117

Excel 2016

高效办公实战应用 与

恒盛杰资讯　编著

技巧大全

666 招

机械工业出版社
China Machine Press

图书在版编目（CIP）数据

Excel 2016 高效办公实战应用与技巧大全 666 招／恒盛杰资讯编著. —北京：机械工业出版社，2018.3

ISBN 978-7-111-59326-3

Ⅰ. ①E…　Ⅱ. ①恒…　Ⅲ. ①表处理软件　Ⅳ. ① TP391.13

中国版本图书馆 CIP 数据核字（2018）第 043734 号

本书从大量日常办公常见问题中总结和提炼出 666 个实战案例，并简明扼要地进行解析，帮助读者高效而全面地掌握 Excel 2016 的核心操作技巧，快速变身办公达人。

全书共 15 章，根据内容结构可分为 6 个部分。第 1 部分包括第 1 ~ 3 章，讲解 Excel 组件的个性化设置以及工作簿、工作表与单元格的基本操作。第 2 部分包括第 4 ~ 7 章，讲解数据的录入与编辑、表格的美化设计、条件格式功能及插图功能的应用。第 3 部分包括第 8 ~ 10 章，讲解如何使用公式、函数以及分类汇总、排序、筛选等数据工具计算和处理表格数据。第 4 部分包括第 11 ~ 12 章，讲解如何使用图表和数据透视功能对表格数据进行可视化的分析。第 5 部分为第 13 章，讲解如何使用模拟分析、方案管理器、规划求解等高级数据工具对数据进行更复杂的分析和预测。第 6 部分包括第 14 ~ 15 章，讲解表格的审阅、保护、共享以及布局和打印等。

本书内容丰富、图文并茂、实用性强，既适合新手进行 Excel 软件的系统学习，也可供职场人士作为案头常备参考书，在实际工作中速查速用。

Excel 2016 高效办公实战应用与技巧大全 666 招

出版发行：机械工业出版社（北京市西城区百万庄大街 22 号　邮政编码：100037）	
责任编辑：杨　倩	责任校对：庄　瑜
印　　刷：北京天颖印刷有限公司	版　　次：2018 年 5 月第 1 版第 1 次印刷
开　　本：185mm×260mm　1/16	印　　张：23.5
书　　号：ISBN 978-7-111-59326-3	定　　价：69.80 元

凡购本书，如有缺页、倒页、脱页，由本社发行部调换

客服热线：（010）88379426　88361066　　　　　投稿热线：（010）88379604

购书热线：（010）68326294　88379649　68995259　　读者信箱：hzit@hzbook.com

PREFACE 前 言

本书以满足日常办公的实际需求为出发点，通过对 666 个实战案例的解析，帮助读者高效掌握 Excel 2016 的核心操作技巧，快速解决常见办公问题。

◎ 内容结构

全书共 15 章，根据内容结构可分为 6 个部分。第 1 部分包括第 1～3 章，讲解 Excel 组件的个性化设置以及工作簿、工作表与单元格的基本操作。第 2 部分包括第 4～7 章，讲解数据的录入与编辑、表格的美化设计、条件格式功能及插图功能的应用。第 3 部分包括第 8～10 章，讲解如何使用公式、函数以及分类汇总、排序、筛选等数据工具计算和处理表格数据。第 4 部分包括第 11～12 章，讲解如何使用图表和数据透视功能对表格数据进行可视化的分析。第 5 部分为第 13 章，讲解如何使用模拟分析、方案管理器、规划求解等高级数据工具对数据进行更复杂的分析和预测。第 6 部分包括第 14～15 章，讲解表格的审阅、保护、共享以及布局和打印等。

◎ 编写特色

★**内容丰富，解答全面**：本书对 Excel 2016 的功能进行了全面介绍，并对办公过程中遇到的各种问题做了详细解答，读者能在掌握软件功能的基础上进行实际应用，达到学以致用的目的。

★**案例实用，代表性强**：本书的 666 个实战案例是从成千上万读者的提问中提炼出来的，十分贴近日常办公的实际需求。书中的每一个知识点都具有很强的实用性和代表性，读者学习后很容易就能举一反三，独立解决更多同类问题。

★**步骤精练，图文并茂**：本书以简明扼要的操作步骤对各个问题进行了快速解答，并配合屏幕截图进行直观展示，学习体验轻松而高效。

◎ 读者对象

本书既适合新手进行 Excel 软件的系统学习，也可供职场人士作为案头常备参考书，在实际工作中速查速用。

由于编者水平有限，在编写本书的过程中难免有不足之处，恳请广大读者指正批评，除了扫描二维码关注订阅号获取资讯以外，也可加入 QQ 群 227463225 与我们交流。

编者
2018 年 3 月

如何获取云空间资料

步骤1：扫描关注微信公众号

在手机微信的"发现"页面中点击"扫一扫"功能，如下左图所示，页面立即切换至"二维码/条码"界面，将手机对准下右图中的二维码，即可扫描关注我们的微信公众号。

步骤2：获取资料下载地址和密码

关注公众号后，回复本书书号的后6位数字"593263"，公众号就会自动发送云空间资料的下载地址和相应密码，如下图所示。

 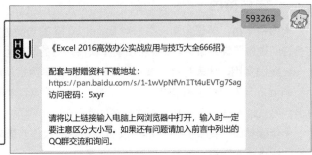

步骤3：打开资料下载页面

方法1：在计算机的网页浏览器地址栏中输入获取的下载地址（输入时注意区分大小写），如右图所示，按 Enter 键即可打开资料下载页面。

方法2：在计算机的网页浏览器地址栏中输入"wx.qq.com"，按 Enter 键后打开微信网页版的登录界面。按照登录界面的操作提示，使用手机微信的"扫一扫"功能扫描登录界面中的二维码，然后在手机微信中点击"登录"按钮，浏览器中将自动登录微信网页版。在微信网页版中单击左上角的"阅读"按钮，如右图所示，然后在下方的消息列表中找到并单击刚才公众号发送的消息，在右侧便可看到下载地址和相应密码。将下载地址复制、粘贴到网页浏览器的地址栏中，按 Enter 键即可打开资料下载页面。

步骤 4：输入密码并下载资料

在资料下载页面的"请输入提取密码"下方的文本框中输入步骤 2 中获取的访问密码（输入时注意区分大小写），再单击"提取文件"按钮。在新页面中单击打开资料文件夹，在要下载的文件名后单击"下载"按钮，即可将云空间资料下载到计算机中。如果页面中提示选择"高速下载"还是"普通下载"，请选择"普通下载"。下载的资料如为压缩包，可使用 7-Zip、WinRAR 等软件解压。

步骤 5：播放多媒体视频

如果解压后得到的视频是 SWF 格式，需要使用 Adobe Flash Player 进行播放。新版本的 Adobe Flash Player 不能单独使用，而是作为浏览器的插件存在，所以最好选用 IE 浏览器来播放 SWF 格式的视频。如下左图所示，右击需要播放的视频文件，然后依次单击"打开方式 >Internet Explorer"，系统会根据操作指令打开 IE 浏览器，如下右图所示，稍等几秒钟后就可看到视频内容。

如果视频是 MP4 格式，可以选用其他通用播放器（如 Windows Media Player、暴风影音）播放。

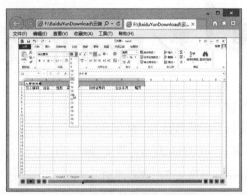

> ⏰ **提示**
>
> 读者在下载和使用云空间资料的过程中如果遇到自己解决不了的问题，请加入 QQ 群 227463225，下载群文件中的详细说明，或寻求群管理员的协助。

目录

CONTENTS

第1章 Excel的个性化设置

第2章／工作簿与工作表基本操作

第3章／单元格的基本操作

第4章／数据的录入与编辑

第5章／表格的美化设计

第6章　用条件格式分析数据

第7章／用插图增强表格效果

第8章／用公式快速计算数据

第9章／用函数简化公式计算

第10章／数据的处理与汇总

第11章／用图表分析数据

第12章／数据透视功能的应用

第13章／用分析工具分析数据

第14章　审阅、保护和共享数据

第 **15** 章／布局和打印工作表

第1章　Excel的个性化设置

Excel 是办公中必不可少的一款 Microsoft Office 组件，本章将介绍 Excel 的一些个性化的功能设置，为后期的学习打下坚实的基础。

第1招　快速启动Excel

安装好Office组件后，就可以启动该组件进行表格的创建和编辑了，启动Excel组件的方法有很多，下面介绍通过"开始"菜单启动该组件。

步骤01　启动Excel组件

❶单击"开始"按钮。❷在弹出的菜单中单击"Excel 2016"组件，如下图所示。

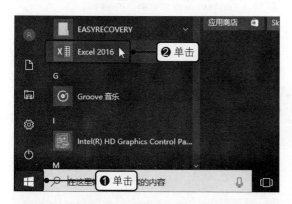

步骤02　显示启动的组件效果

可看到启动 Excel 2016 组件后，打开的开始屏幕效果，如下图所示。

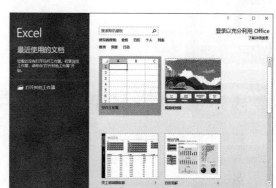

第2招　创建空白工作簿

如果要在工作簿中编辑数据，启动组件后还需创建一个空白工作簿，具体方法如下。

步骤01　创建空白工作簿

启动 Excel 组件，在开始屏幕中单击"空白工作簿"缩略图，如下图所示。

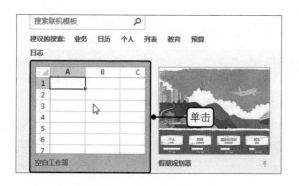

步骤02　显示创建效果

此时可看到新建的空白工作簿，其默认名称为"工作簿 1"，如下图所示。

第3招 ＼ 跳过开始屏幕，直接创建空白工作簿

如果想要在启动Excel 2016后直接创建一个空白工作簿，可通过以下操作来跳过开始屏幕。

步骤01 打开"Excel选项"对话框

打开一个空白工作簿，单击"文件"按钮，在打开的视图菜单中单击"选项"命令，如下图所示。

步骤02 关闭开始屏幕

弹出"Excel 选项"对话框，在"常规"选项卡下的"自动选项"选项组中取消勾选"此应用程序启动时显示开始屏幕"复选框，如下图所示。最后单击"确定"按钮即可。

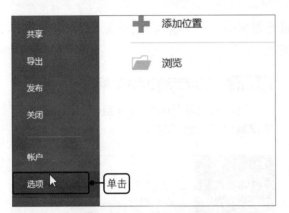

第4招 ＼ 选择文本时隐藏浮动工具栏

如果不需要在选中文本后弹出可以设置字体格式和样式的浮动工具栏，可通过以下方法将其隐藏。

打开一个空白工作簿，单击"文件"按钮，在打开的视图菜单中单击"选项"命令，打开"Excel 选项"对话框，在"常规"选项卡下"用户界面选项"选项组中取消勾选"选择时显示浮动工具栏"复选框，如右图所示。单击"确定"按钮。

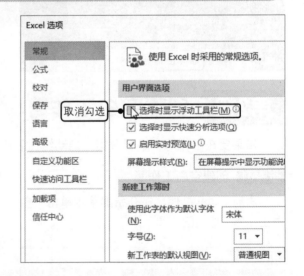

第5招 ＼ 隐藏屏幕提示的说明文字

掌握了Excel组件各个工具的名称及其功能作用后，就可以将组件中的屏幕提示关闭了。具体的操作方法如下。

打开一个空白工作簿，单击"文件"按钮，在打开的视图菜单中单击"选项"命令，打开"Excel 选项"对话框，❶在"常规"选项卡下的"用户界面选项"选项组中单击"屏幕提示样式"右侧的下三角按钮，❷在展开的列表中单击"不显示屏幕提示"选项，如右图所示。完成设置后单击"确定"按钮。

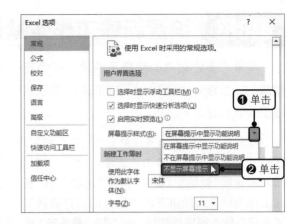

第6招　为新建工作簿设置默认的字体和字号

如果想要让新建的工作簿中编辑的数据直接应用喜欢的字体和字号，提高工作效率，可设置默认的字体和字号。

打开一个空白工作簿，单击"文件"按钮，在打开的视图菜单中单击"选项"命令，打开"Excel 选项"对话框，❶在"常规"选项卡下的"新建工作簿时"选项组中设置"使用此字体作为默认字体"为"黑体"、"字号"为"10"磅，❷单击"确定"按钮，如右图所示，随后会弹出一个提示框，提示用户需要关闭并重新启动 Excel，字体更改才能生效。

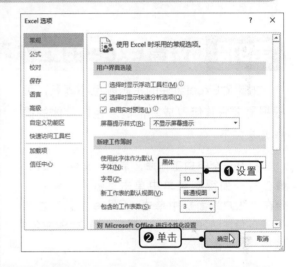

第7招　以页面视图方式展示新工作表

如果想要让新建的工作簿直接以某视图方式展现数据内容，可为工作簿设置默认的视图方式。

打开一个空白工作簿，单击"文件"按钮，在打开的视图菜单中单击"选项"命令，打开"Excel 选项"对话框，❶在"常规"选项卡下"新建工作簿时"选项组中单击"新工作表的默认视图"右侧的下三角按钮，❷在展开的列表中单击"页面视图"选项，如右图所示。完成后单击"确定"按钮。

第8招 设置新建工作簿默认包含的工作表数

如果想要让创建的空白工作簿拥有特定数量的工作表，可通过以下方法来设置默认的工作表数量。

打开一个空白工作簿，单击"文件"按钮，在打开的视图菜单中单击"选项"命令，打开"Excel 选项"对话框，❶在"常规"选项卡下"新建工作簿时"选项组下的"包含的工作表数"文本框中输入相应的数值，如"3"，❷单击"确定"按钮，如右图所示。

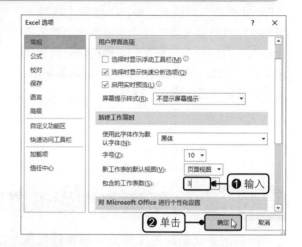

第9招 设置Excel的工作界面颜色

如果对Excel组件的主题颜色不满意，可根据需要将其修改成其他的颜色，具体的操作方法如下。

打开一个空白工作簿，单击"文件"按钮，❶在打开的视图菜单中单击"账户"命令，❷在"账户"面板中单击"Office 主题"右侧的下三角按钮，❸在展开的列表中单击"深灰色"选项，如右图所示。

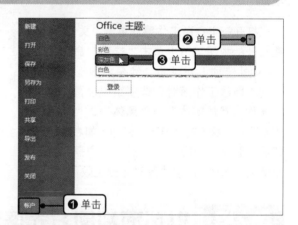

第10招 登录Office账户

如果想要从任何位置访问共享的文件，可登录用户的Office账户。具体的操作方法如下。

步骤01 登录账户

打开一个空白的工作簿，单击"文件"按钮，在打开的视图菜单中单击"账户"命令，在"账户"面板中单击"登录"按钮，如右图所示。

步骤02 输入账户名

弹出"登录"对话框，❶在文本框中输入用户要登录的电子邮件或电话号码，❷完成输入后单击"下一步"按钮，如下图所示。

步骤03 输入登录密码

❶在弹出对话框的"输入密码"文本框中输入账户密码，❷单击"登录"按钮，如下图所示，即可完成账户的登录操作。在"账户"面板中，可看到登录账户的头像和账户名。

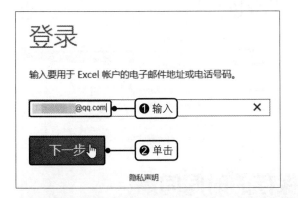

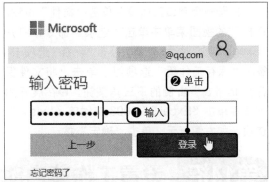

第11招　设置Excel界面的背景效果

登录账户后，就可以通过设置Office背景享受到更加出色和个性化的体验。

打开一个空白的工作簿，单击"文件"按钮，❶在打开的视图菜单中单击"账户"命令，❷在"账户"面板中单击"Office 背景"右侧的下三角按钮，❸在展开的列表中选择合适的Office 背景，如"水下"，如右图所示。

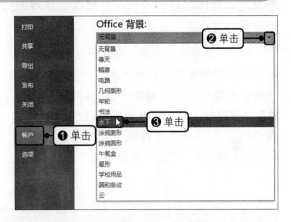

第12招　注销登录的账户

如果不想让他人了解使用设备的用户账号及使用过的文件记录，可注销账户。

打开一个空白的工作簿，单击"文件"按钮，在打开的视图菜单中单击"账户"命令，在"账户"面板中单击"注销"按钮，如右图所示。随后弹出"删除账户"对话框，直接单击"是"按钮，即可注销账户。

第13招 设置工作簿的默认保存格式

Excel 2003在未安装文件格式兼容包的情况下无法直接打开高版本组件创建的工作簿，此时可更改高版本Excel组件的默认保存格式。

打开一个空白工作簿，单击"文件"按钮，在打开的视图菜单中单击"选项"命令，打开"Excel 选项"对话框，❶切换至"保存"选项卡，❷在"保存工作簿"选项组下单击"将文件保存为此格式"右侧的下三角按钮，❸在展开的列表中单击"Excel 97-2003 工作簿（*.xls）"选项，如右图所示。单击"确定"按钮。

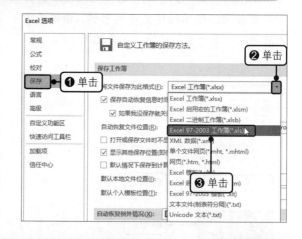

第14招 设置工作簿自动保存的时间间隔

为了避免突发情况，如停电、系统崩溃等造成工作簿内容的丢失，可更改工作簿的自动保存时间。

打开一个空白工作簿，单击"文件"按钮，在打开的视图菜单中单击"选项"命令，打开"Excel 选项"对话框，❶切换至"保存"选项卡，❷在"保存自动恢复信息时间间隔"后的文本框中输入"1"，表示每隔1分钟就会自动保存文件，❸单击"确定"按钮，如右图所示。

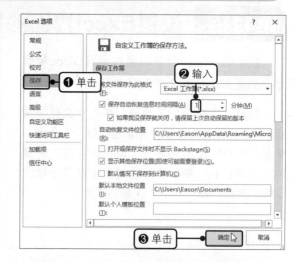

第15招 打开或保存文件时隐藏Backstage视图菜单

如果想要在打开或保存文件时不显示Backstage视图菜单，而直接跳转至文件的打开和保存对话框中时，可通过以下方法隐藏视图菜单。

打开一个空白工作簿，单击"文件"按钮，在打开的视图菜单中单击"选项"命令，打开"Excel 选项"对话框，❶切换至"保存"选项卡，❷在"保存工作簿"选项组中勾选"打开或保存文件时不显示 Backstage"复选框，如右图所示。完成操作后单击"确定"按钮。

第16招　按【Enter】键后向右移动所选内容

通过【Enter】键可在Excel表格中快速向下移动一个单元格，如果想要通过【Enter】键向右或向左等方向移动，可通过以下方法来实现。

打开一个空白工作簿，单击"文件"按钮，在打开的视图菜单中单击"选项"命令，打开"Excel选项"对话框，❶切换至"高级"选项卡，❷在"编辑选项"选项组下单击"方向"右侧的下三角按钮，❸在展开的列表中单击"向右"选项，如右图所示。完成操作后单击"确定"按钮。

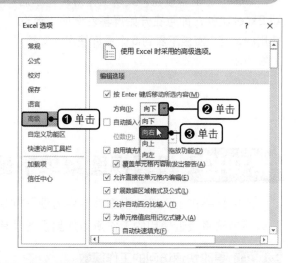

第17招　设置自动插入的小数点位数

如果工作时需要输入大量固定位数的小数点数据，可在Excel中设置自动添加的小数点位数，从而提高工作效率。

打开一个空白工作簿，单击"文件"按钮，在打开的视图菜单中单击"选项"命令，弹出"Excel选项"对话框，❶切换至"高级"选项卡，❷在"编辑选项"选项组下勾选"自动插入小数点"复选框，在"位数"文本框中输入"2"，表示会自动为输入的数据插入2位小数点，如右图所示。完成操作后单击"确定"按钮。

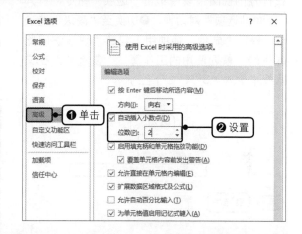

第18招　设置开始屏幕上最近使用的工作簿数量

如果需要在Excel组件启动后的开始屏幕上显示最近使用的一个或多个工作簿，可通过以下方法设置显示最近使用的工作簿数量。

步骤01 更改最近使用的工作簿数

打开一个空白工作簿，单击"文件"按钮，在打开的视图菜单中单击"选项"命令，打开"Excel选项"对话框，❶切换至"高级"选项卡，❷在"显示"选项组下"显示此数目的'最近使用的工作簿'"后的文本框中输入"5"，如右图所示。

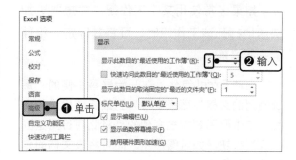

步骤02 显示更改效果

单击"确定"按钮，关闭工作簿，重新启动 Excel 组件，即可在开始屏幕左侧的"最近使用的文档"面板下看到 5 个最近使用的文档，如右图所示。

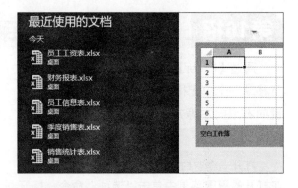

第19招 设置视图菜单下最近使用的工作簿数

如果想要在工作簿的视图菜单中方便而快速地打开一个或多个最近使用的工作簿，可通过以下方法将最近使用的工作簿添加到视图菜单中。

步骤01 更改快速访问的工作簿数

打开一个空白工作簿，单击"文件"按钮，在打开的视图菜单中单击"选项"命令，打开"Excel 选项"对话框，❶切换至"高级"选项卡，❷在"显示"选项组下勾选"快速访问此数目的'最近使用的工作簿'"复选框，在文本框中输入"3"，如下图所示。

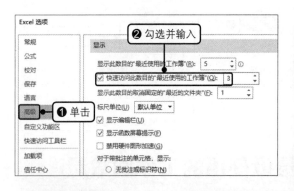

步骤02 显示更改效果

单击"确定"按钮，关闭工作簿，重新打开任意一个工作簿，单击"文件"按钮，在打开的视图菜单下方可看到最近使用的 3 个工作簿，如下图所示。

第20招 固定经常使用的工作簿

如果经常使用某个工作簿，并想要更加快速地打开该工作簿时，可将其固定到组件的开始屏幕中。

启动 Excel 组件，在开始屏幕左侧的"最近使用的文档"面板中可看到最近使用过的文档，单击要固定文档右侧的"将此项目固定到列表"按钮，如右图所示。即可将该文档固定在开始屏幕中。

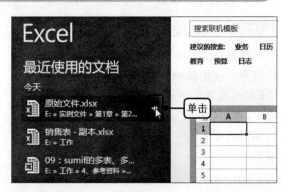

第21招　删除工作簿的使用记录

　　每打开一个Excel工作簿时，系统都会自动记录它的名称和位置，如果打开过的文件非常重要，为避免信息泄露，可删除工作簿的使用记录。

　　启动 Excel 组件，❶在开始屏幕左侧的"最近使用的文档"面板中右击文档，❷在弹出的快捷菜单中单击"从列表中删除"命令，如右图所示。

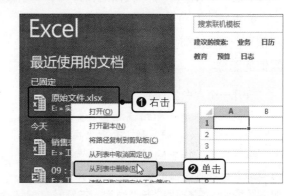

第22招　隐藏水平和垂直滚动条

　　当不想在工作表中显示水平或垂直滚动条时，可将其隐藏。

　　打开一个空白工作簿，单击"文件"按钮，在打开的视图菜单中单击"选项"命令，打开"Excel 选项"对话框，❶切换至"高级"选项卡，❷在"此工作簿的显示选项"选项组下取消勾选"显示水平滚动条"和"显示垂直滚动条"复选框，如右图所示，单击"确定"按钮。

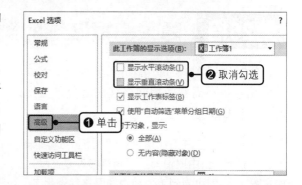

第23招　隐藏工作表的行和列标题

　　如果不想在工作表中显示行列标题，可将其隐藏。

　　打开一个空白工作簿，在"视图"选项卡下的"显示"组中取消勾选"标题"复选框，如右图所示。即可看到工作簿中的标题被隐藏了。

第24招　从右到左显示工作表数据内容

　　默认情况下，工作表会以从左到右的方式显示，如果想要以从右到左的方向显示工作表，可通过以下方法进行设置。

　　打开"Excel 选项"对话框，❶切换至"高级"选项卡，❷在"此工作表的显示选项"选项组下勾选"从右到左显示工作表"复选框，如右图所示。完成后单击"确定"按钮。

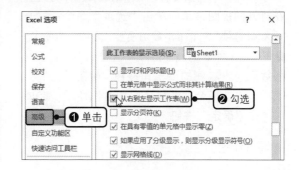

第25招 在具有零值的单元格中隐藏零

如果想要在单元格中输入零（0），但又不需要显示该值时，可通过以下方法来实现零值的隐藏。

打开一个空白工作簿，单击"文件"按钮，在打开的视图菜单中单击"选项"命令，打开"Excel 选项"对话框，❶切换至"高级"选项卡，❷在"此工作表的显示选项"选项组下取消勾选"在具有零值的单元格中显示"复选框，如右图所示。完成后单击"确定"按钮。

第26招 隐藏编辑区域的网格线

在Excel工作表中，网格线主要用于区分单元格，当不需要使用网格线来区分单元格时，可将其隐藏。

打开一个空白工作簿，在"视图"选项卡下的"显示"组中取消勾选"网格线"复选框，如右图所示。即可看到工作簿中的网格线消失了。

> ⏰ **提示**
>
> 除了可以隐藏工作表的标题和网格线，还可以在"视图"选项卡下的"显示"组中取消勾选"编辑栏"复选框，从而隐藏编辑栏。

第27招 设置工作簿的网格线颜色

当默认的网格线颜色不符合用户的喜好时，可以对网格线颜色进行更改。

打开一个空白工作簿，单击"文件"按钮，在打开的视图菜单中单击"选项"命令，打开"Excel 选项"对话框，❶切换至"高级"选项卡，❷在"此工作表的显示选项"选项组下单击"网格线颜色"右侧的下三角按钮，❸在展开的列表中单击选择合适的颜色，如右图所示。完成后单击"确定"按钮。

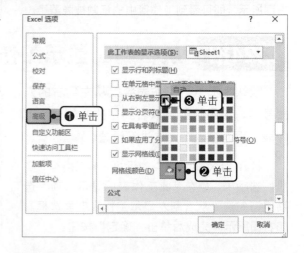

第28招　启动组件时自动打开指定目录下的所有工作簿

如果用户想要在启动组件时自动打开指定目录下的所有工作簿，可通过以下方法来实现。

打开一个空白工作簿，打开 "Excel 选项" 对话框，❶切换至 "高级" 选项卡，❷在 "常规" 选项组下的 "启动时打开此目录中的所有文件" 文本框中输入要打开工作簿的保存路径，如右图所示。完成后单击 "确定" 按钮。

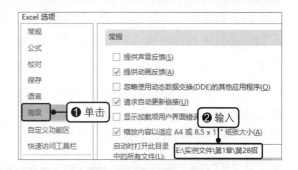

第29招　在快速访问工具栏上添加常用命令

为了能够更加方便快捷地调用一些常用命令，可在自定义快速访问工具栏中进行添加。

打开一个空白的工作簿，❶单击 "自定义快速访问工具栏" 按钮，❷在展开的列表中单击 "新建" 命令，如右图所示。即可在快速访问工具栏中添加该常用命令。

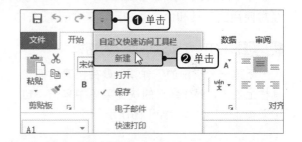

第30招　在快速访问工具栏上添加其他命令

如果想要对选项卡下的其他命令进行快速调用，可通过以下方法将其添加到快速访问工具栏中。

打开一个空白的工作簿，❶在 "插入" 选项卡下的 "表格" 组中右击要添加的命令，如 "表格" 按钮，❷在弹出的快捷菜单中单击 "添加到快速访问工具栏" 命令，如右图所示。即可将该命令添加到快速访问工具栏中。

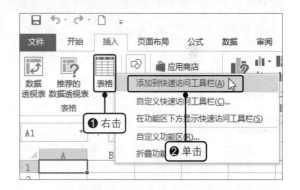

第31招　改变快速访问工具栏的显示位置

为了更方便地使用快速访问工具栏中的工具，可将快速访问工具栏移动到功能区下方。

打开一个空白的工作簿，❶在快速访问工具栏上右击任意一个命令，❷在弹出的快捷菜单中单击 "在功能区下方显示快速访问工具栏" 命令，如右图所示。即可将快速访问工具栏移动到功能区的下方。

第32招　折叠功能区增大工作表的编辑区域

如果想要让窗口的编辑区域尽可能大，可对功能区进行隐藏操作。具体的操作方法如下。

打开一个空白工作簿，❶单击窗口右上角的"功能区显示选项"按钮，❷在展开的列表中单击"自动隐藏功能区"选项，如右图所示。

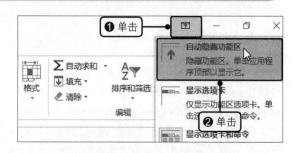

第33招　在功能区添加新的选项卡和命令

如果想要更加高效地应用一些工具和命令，可在Excel组件中创建新的选项卡，并将需要经常使用的工具和命令添加到创建的选项卡中。具体的操作方法如下。

步骤01　打开"Excel选项"对话框

新建一个空白的工作簿，❶在快速访问工具栏上右击，❷在弹出的快捷菜单中单击"自定义功能区"命令，如下图所示。

步骤02　新建选项卡

弹出"Excel 选项"对话框，❶在"自定义功能区"选项组下的列表框中单击一个主选项卡，如"开始"选项卡，❷单击"新建选项卡"按钮，如下图所示。

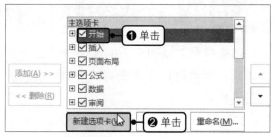

步骤03　选择命令

❶单击"从下列位置选择命令"选项右侧的下三角按钮，❷在展开的列表中单击"不在功能区中的命令"选项，如下图所示。

步骤04　添加命令

❶在列表框中选择要添加的命令，如"百分号"，❷单击"添加"按钮，如下图所示。

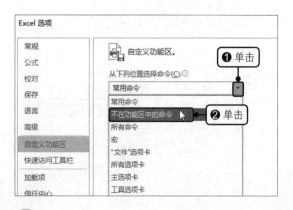

步骤05 显示添加的选项卡和命令

应用相同的方法继续添加所需命令，即可在对话框右侧的"自定义功能区"选项组下的列表框中看到"开始"选项卡下新建的选项卡及该选项卡下默认组中添加的命令，如右图所示。

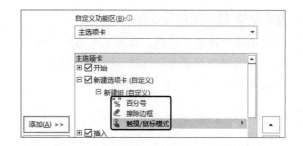

第34招 重命名组件的选项卡和组名

为了提高工作效率，可根据自己的使用习惯对选项卡和组进行重命名，具体的操作方法如下。

步骤01 打开对话框

打开一个空白的工作簿，打开"Excel 选项"对话框，❶在"自定义功能区"选项组下的列表框中选中"新建选项卡（自定义）"，❷单击"重命名"按钮，如下图所示。

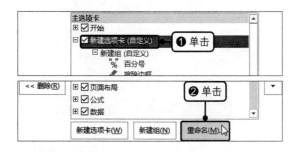

步骤02 重命名选项卡

弹出"重命名"对话框，❶在"显示名称"文本框中输入选项卡的名称，如"常用"，❷单击"确定"按钮，如下图所示。

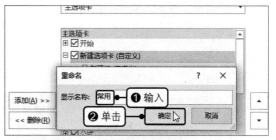

步骤03 打开对话框

可看到重命名选项卡的效果，❶选中"自定义功能区"选项组列表框中的"新建组（自定义）"，❷单击"重命名"按钮，如下图所示。

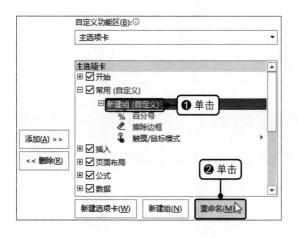

步骤04 重命名组

弹出"重命名"对话框，❶在"符号"列表框中选择一个图标，❷在"显示名称"文本框中输入"设置"，❸单击"确定"按钮，如下图所示。

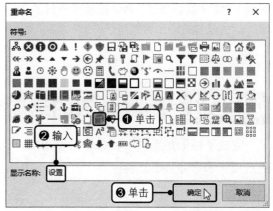

步骤05 显示重命名效果

单击"确定"按钮，返回工作簿中，即可在功能区中看到重命名选项卡和组后的效果，如右图所示。

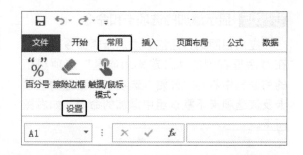

第35招 移动选项卡和命令的位置

如果对选项卡和命令的放置位置不满意，可以将命令和选项卡移动到顺手的位置。具体的操作方法如下。

步骤01 移动命令

打开一个空白的工作簿，单击"文件"按钮，在打开的视图菜单中单击"选项"命令，打开"Excel 选项"对话框，❶在"自定义功能区"选项组下的列表框中单击要移动的命令，❷单击两次"上移"按钮，如下图所示。

步骤02 移动选项卡的位置

❶选中要移动的选项卡，如"常用（自定义）"选项卡，❷单击"下移"按钮，如下图所示。完成移动操作后单击"确定"按钮。

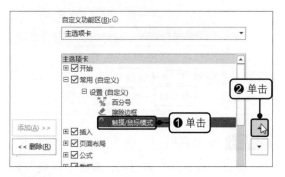

步骤03 显示移动效果

返回工作簿中，可看到"常用"选项卡移动到了"插入"后，而在"常用"选项卡下可看到"触摸/鼠标模式"命令按钮移动到了"设置"组的最前方，如右图所示。

第36招 删除添加的选项卡和命令

完成了被添加选项卡和命令的使用后，为了避免其占据一部分的功能区空间，可将添加的选项卡和命令移出功能区。

步骤01 删除命令

打开一个空白工作簿，单击"文件"按钮，在打开的视图菜单中单击"选项"命令，打开"Excel 选项"对话框，❶在"自定义功能区"选项组下的列表框中右击命令，❷在弹出的快捷菜单中单击"删除"命令，如下图所示。

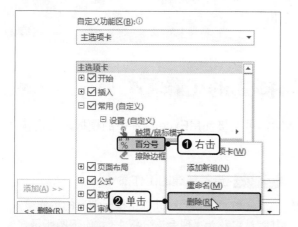

步骤02 删除选项卡

如果要删除某个选项卡，❶则右击列表框中要删除的选项卡，如"常用（自定义）"选项卡，❷在弹出的快捷菜单中单击"删除"命令，如下图所示。单击"确定"按钮，即可删除选项卡及选项卡下的所有命令。

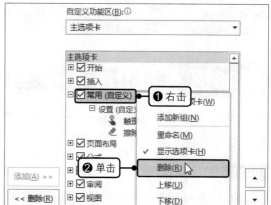

第37招 隐藏主要选项卡

自定义添加的选项卡可以删除，但是对于功能区中的主选项卡，则只能通过以下方法将其隐藏。

打开一个空白工作簿，单击"文件"按钮，在打开的视图菜单中单击"选项"命令，打开"Excel 选项"对话框，在"自定义功能区"选项卡下的"自定义功能区"选项组的列表框中，取消勾选"审阅"复选框，如右图所示。单击"确定"按钮，即可隐藏该选项卡。

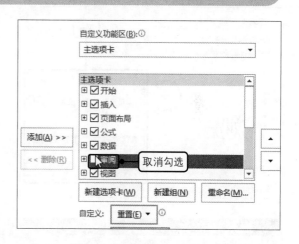

读书笔记

第2章 工作簿与工作表基本操作

要想了解并掌握Excel组件的主要功能，用户首先就需要对工作簿的一些基本操作进行学习，如保存、关闭工作簿。此外，了解工作簿的视图方式以及显示比例的调整操作也很有必要。在掌握了工作簿的一些基本功能后，用户还需要对工作表的一些基本操作进行学习，如插入、移动、重命名、隐藏及工作表的选定等操作。

第38招 利用模板新建自带样式的工作簿

当用户想要直接创建具有一定样式的工作簿时，可直接使用Excel组件中的模板来实现快速创建。

步骤01 选择模板

启动 Excel 组件，在开始屏幕中双击要创建的工作簿模板，如"现金流分析"模板，如下图所示。

步骤02 查看新建的工作簿

此时可看到 Excel 根据模板创建的工作簿，其默认名称为"现金流分析1"，如下图所示。

> **⏰ 提示**
>
> 由于 Excel 默认显示的模板有限，如果开始屏幕中没有显示想要的模板工作簿，可在搜索框中输入模板关键字，单击"开始搜索"按钮，在搜索结果中双击要创建的工作簿模板，即可完成该模板工作簿的创建操作。

第39招 保存工作簿

在Excel组件中编辑好表格内容后，为方便后期的查看和使用，需将其保存至指定的位置，具体的操作法如下。

步骤01 保存工作簿

新建一个空白的工作簿，在任意一个工作表中编辑好数据后，单击快速访问工具栏中的"保存"按钮，如下图所示。

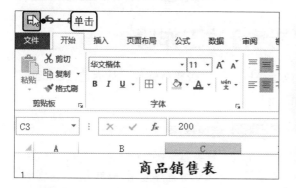

步骤03 设置保存位置和文件名

弹出"另存为"对话框，❶设置好文件的保存位置，❷在"文件名"文本框中输入工作簿的保存名称，如右图所示。单击"保存"按钮，即可完成保存操作。

步骤02 单击"浏览"按钮

系统自动切换至视图菜单的"另存为"面板中，单击"浏览"按钮，如下图所示。

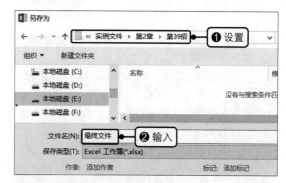

第40招　快速关闭当前工作簿窗口

完成工作簿的编辑和保存后，就可以将其关闭了。关闭工作簿窗口的方法有多种，最常见的方法为直接单击窗口控制按钮中的"关闭"按钮，如右图所示。

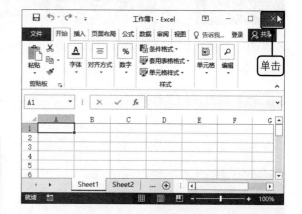

> **提示**
> 直接按下【Alt+F4】组合键，也可以快速关闭当前打开的工作簿窗口。

第41招　快速关闭全部工作簿

当打开了多个工作簿窗口，且任务栏上多个窗口图标呈合并状态时，可通过以下方法来快速关闭打开的多个工作簿。

❶在任务栏上右击Excel组件的窗口图标，❷在弹出的快捷菜单中单击"关闭所有窗口"命令，如右图所示。

第42招 强制关闭不能正常运行的工作簿

当长时间使用计算机而引起的内存不够，或者是打开了一些恶意软件，从而造成Excel窗口不能关闭时，可以使用任务管理器强制关闭Excel窗口。

步骤01 启动任务管理器

❶右击任务栏的空白处，❷在弹出的快捷菜单中单击"任务管理器"命令，如下图所示。

步骤02 结束程序

弹出"任务管理器"对话框，❶单击"应用"选项组下的 Excel 程序应用，❷单击"结束任务"按钮，如下图所示。

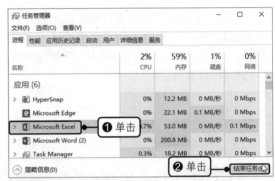

第43招 以只读方式打开工作簿

为了有效保护工作簿的原始状态，可以用只读方式打开工作簿，从而限制对原始工作簿的编辑和修改。

步骤01 打开其他工作簿

启动 Excel 组件，在"最近使用的文档"面板中单击"打开其他工作簿"按钮，如下图所示。

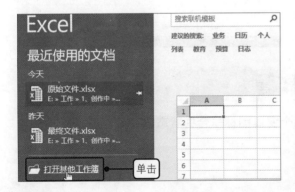

步骤02 单击"浏览"按钮

系统自动切换至"打开"面板中，单击"浏览"按钮，如下图所示。

步骤03 以只读方式打开文件

　　弹出"打开"对话框，❶找到文件的保存位置，选中要打开的文件，❷单击"打开"右侧的下三角按钮，❸在展开的列表中单击"以只读方式打开"选项，如右图所示。

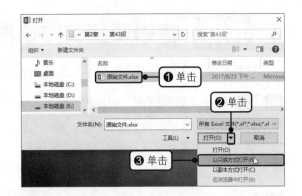

第44招　分页预览工作簿内容

　　如果想要以分页的方式预览工作簿内容，可通过以下方法来实现。

　　打开原始文件，在"视图"选项卡下的"工作簿视图"组中单击"分页预览"按钮，如右图所示。即可看到分页预览的工作簿效果。

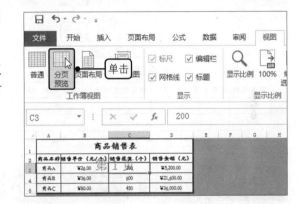

第45招　放大或缩小查看工作表内容

　　当工作表中的内容由于过大或过小而不便于查看时，可调整工作表窗口的显示比例。

步骤01 放大查看工作表内容

　　打开原始文件，连续单击状态栏中的"放大"按钮，如下图所示。即可看到工作表中的内容被放大显示了。

步骤02 缩小查看工作表内容

　　将鼠标放置在显示比例的"缩放"滑块上，按住鼠标左键向左移动，即可发现工作表中的内容被缩小显示了，如下图所示。

第46招 精确调整工作表内容的显示比例

如果想要对工作表内容的显示比例进行精确的设定，则可以通过以下方法来实现。

步骤01 打开"显示比例"对话框

打开原始文件，在"视图"选项卡下的"显示比例"组中单击"显示比例"按钮，如下图所示。

步骤02 精确设置缩放大小

弹出"显示比例"对话框，❶在"缩放"选项组下单击"50%"单选按钮，❷单击"确定"按钮，如下图所示。

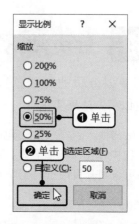

第47招 返回100%的显示比例

调整了工作表内容的显示比例后，如果想要返回原始的正常比例状态，即100%的显示比例，可通过以下方法来实现。

打开原始文件，在"视图"选项卡下的"显示比例"组中单击"100%"按钮，如右图所示。即可将放大后的显示比例返回100%的显示效果。

第48招 放大选定的单元格区域内容

如果想要放大查看选定单元格或区域的内容，可通过缩放到选定区域功能来实现。

打开原始文件，❶选定要查看的单元格，如单元格C3，❷在"视图"选项卡下的"显示比例"组中单击"缩放到选定区域"按钮，如右图所示。

第49招　同时查看或使用工作簿的不同区域

若要对一个工作簿不同位置的数据进行操作时，可以在不关闭当前文件的情况下，新建另一个工作窗口来执行多任务活动，此时不同窗口里更改的是同一个工作簿。

步骤01　新建窗口

打开原始文件，在"视图"选项卡下的"窗口"组中单击"新建窗口"按钮，如下图所示。

步骤02　显示新建窗口的效果

此时弹出了一个新的窗口，新窗口的内容与原工作簿窗口的内容完全一样，但新窗口的名称变为了"原始文件.xlsx:2"，如下图所示。

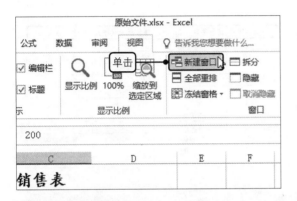

第50招　并排查看多个工作簿内容

当需要同时查看多个工作簿内容时，可以使用全部重排功能来对多个工作簿内容进行比较查看。

步骤01　重排窗口

打开原始文件，在"视图"选项卡下的"窗口"组中单击"全部重排"按钮，如下图所示。

步骤02　垂直并排窗口

❶在弹出的"重排窗口"对话框中选择合适的排列方式，如"垂直并排"，❷单击"确定"按钮，如下图所示。

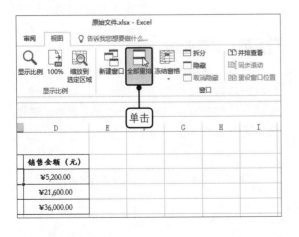

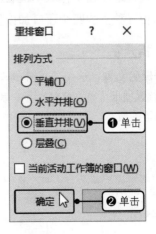

第51招 固定标题行便于审阅表格内容

当工作表中含有大量的数据，拖动滚动条时标题行不能始终显示在工作表中，在查找或编辑数据时会很不方便，此时可以使用冻结窗格功能固定工作表的标题行。

步骤01 冻结首行

打开原始文件，❶在"视图"选项卡下的"窗口"组中单击"冻结窗格"按钮，❷在展开的列表中单击"冻结首行"选项，如下图所示。

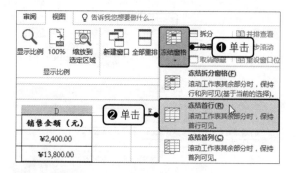

步骤02 显示冻结效果

完成冻结首行的操作后，向下滑动鼠标，可看到工作表的首行会始终显示在工作表中，如下图所示。

	A	B	C	D
	商品名称	销售单价（元/个）	销售数量（个）	销售金额（元）
8	G	¥78.00	450	¥35,100.00
9	H	¥10.00	600	¥6,000.00
10	I	¥10.00	620	¥6,200.00
11	J	¥20.00	700	¥14,000.00
12	K	¥45.00	800	¥36,000.00
13	L	¥78.00	900	¥70,200.00
14	M	¥90.00	600	¥54,000.00
15	N	¥30.00	120	¥3,600.00
16	O	¥50.00	450	¥22,500.00
17	P	¥25.00	36	¥900.00
18	Q	¥40.00	300	¥12,000.00

步骤03 取消冻结窗格

如果要取消冻结的效果，❶则在"视图"选项卡下的"窗口"组中单击"冻结窗格"按钮，❷在展开的列表中单击"取消冻结窗格"选项，如右图所示。

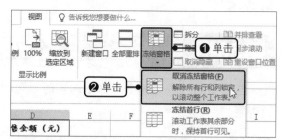

第52招 拆分窗口对比表格前后数据

若要查看或比较工作表不同位置的数据，可通过拆分窗口功能来实现，该功能可将工作表拆分为相互独立的四个窗口加以显示。

步骤01 拆分窗口

打开原始文件，选中要拆分的单元格后，在"视图"选项卡下的"窗口"组中单击"拆分"按钮，如下图所示。

步骤02 显示拆分效果

可看到选中单元格的左上角会显示两条拆分线，该拆分线会将工作表拆分为四个区域，拖动水平和垂直滚动条，可对比查看处于工作表不同位置的内容，如下图所示。

	A	C	D	E
1	商品名称	销售数量（个）	销售金额（元）	
2	A	200	¥2,400.00	
3	B	600	¥13,800.00	
4	C	450	¥4,500.00	
5	D	100	¥4,500.00	

第53招　隐藏当前工作簿窗口的内容

如果想要暂时隐藏当前工作簿的窗口内容和文件名，可通过以下方法来实现。

步骤01　隐藏窗口

打开原始文件，在"视图"选项卡下的"窗口"组中单击"隐藏"按钮，如下图所示。

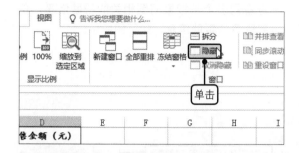

步骤02　显示隐藏效果

可看到工作簿中的内容和工作簿名称都会被隐藏，如下图所示。

第54招　取消隐藏工作簿窗口

如果想要查看隐藏窗口的工作簿内容，可通过以下方法取消窗口的隐藏。

步骤01　单击"取消隐藏"按钮

打开原始文件，在"视图"选项卡下的"窗口"组中单击"取消隐藏"按钮，如下图所示。

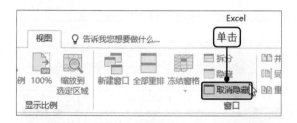

步骤02　取消工作簿的隐藏

弹出"取消隐藏"对话框，❶在"取消隐藏工作簿"列表框中选择要取消隐藏的工作簿，❷单击"确定"按钮，如下图所示。

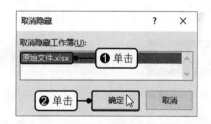

第55招　在多个打开的工作簿中实现快速切换

当打开了多个工作簿时，要想快速从一个工作簿中切换到另一个工作簿中时，可通过以下方法来实现。

打开两个原始文件，切换至任意一个文件窗口中，❶在"视图"选项卡下的"窗口"组中单击"切换窗口"按钮，❷在展开的列表中可看到已经打开的两个文件名，其中当前文件为勾选状态，此时可单击要切换的文件名，如右图所示。

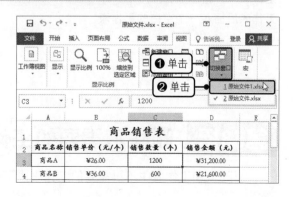

第56招 轻松获取组件的帮助

使用Excel编辑数据的过程中，难免会碰到许多难以解决的问题，此时可以通过系统提供的帮助功能方便快捷地查找解决这些问题的办法。

步骤01 搜索问题

打开一个空白的工作簿，❶在选项卡右侧的"告诉我你想要做什么"搜索文本框中输入要搜索的问题，如"替换"，❷在展开的搜索结果列表中单击"获取有关'替换'的帮助"选项，如下图所示。

步骤02 选择要查看的问题

弹出"Excel 2016 帮助"窗口，在对话框中可看到多个与搜索问题相关的帮助信息，单击要查看的帮助信息，如下图所示。

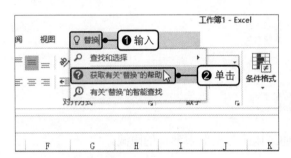

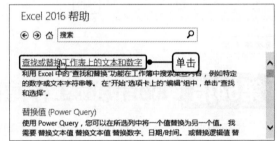

步骤03 查看问题的详细内容

进入帮助信息的详细界面，可看到与搜索问题相关的详细介绍，如右图所示。

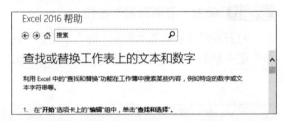

第57招 新增空白工作表

当工作簿中的工作表数不够的时候，可插入新的空白工作表。

打开原始文件，单击工作表标签后的"新工作表"按钮，如右图所示。即可在"一分店"工作表后插入一个空白的工作表。

第58招 删除不需要的工作表

对于Excel工作簿中不再需要的工作表，可以将其删除，具体的操作方法如下。

步骤01 删除工作表

打开原始文件，❶右击要删除的工作表标签，❷在弹出的快捷菜单中单击"删除"命令，如下图所示。

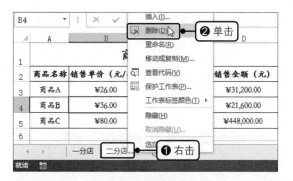

步骤02 确定删除工作表

弹出提示框，提示用户是否确定要永久删除该工作表，如果是，则单击"删除"按钮，如下图所示。

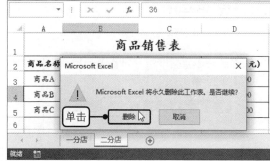

> ⏰ **提示**
>
> 如果要删除的为空白工作表，则会直接删除该工作表，不会弹出提示框。

第59招　在同一工作簿中移动工作表

如果想要在同一个工作簿中移动工作表，可通过以下方法来实现。

打开原始文件，在要移动的工作表标签上按住鼠标左键不放，如"三分店"工作表标签，拖动至要移动的位置，如"二分店"工作表标签后，如右图所示。释放鼠标后，即可将"三分店"工作表移至"二分店"工作表后。

第60招　在不同工作簿间移动工作表

如果想要将一个工作簿中的工作表移动到其他工作簿中，可通过以下方法来实现。

步骤01 移动工作表

打开两个原始文件，❶在"原始文件1"工作簿中右击要移动的工作表标签，❷在弹出的快捷菜单中单击"移动或复制"命令，如右图所示。

步骤02 选择目标工作簿

弹出"移动或复制工作表"对话框，❶单击"工作簿"右侧的下三角按钮，❷在展开的列表中单击"原始文件.xlsx"，如下图所示。

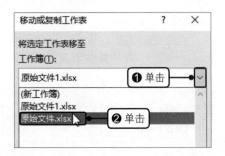

步骤03 设置工作表的放置位置

在"下列选定工作表之前"列表框中单击要移动到的位置，如"（移至最后）"选项，如下图所示，单击"确定"按钮。

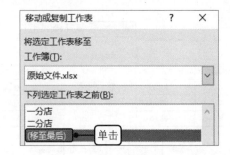

步骤04 显示移动后的效果

返回工作簿窗口，可看到"原始文件1"工作簿中的"三分店"工作表移动到了"原始文件"工作簿的最后，如右图所示。

第61招　在同一工作簿中复制工作表

若在同一个工作簿中移动工作表时不想影响原位置上的工作表，可通过复制功能来调用工作表。

步骤01 复制工作表

打开原始文件，❶右击要复制的工作表标签，❷在弹出的快捷菜单中单击"移动或复制"命令，如下图所示。

步骤02 设置工作表的移动位置

弹出"移动或复制工作表"对话框，❶在"下列选定工作表之前"列表框中单击要移动到的位置，如"（移至最后）"选项，❷勾选"建立副本"复选框，如下图所示，单击"确定"按钮。

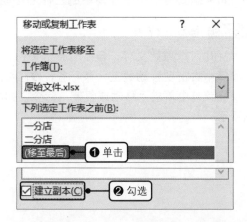

步骤03 显示复制后的效果

返回工作簿，可看到工作簿中的"二分店"工作表后新增了一个名为"二分店（2）"的工作表，且两个工作表中的内容相同，如右图所示。

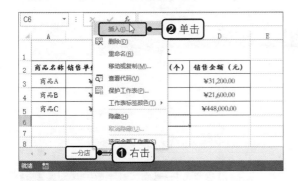

第62招 在工作簿中插入电子表格方案

在断网情况下，如果要在工作表插入一个具有样式的电子表格，可通过以下方法来实现。

步骤01 单击"插入"命令

打开原始文件，❶右击工作表标签，❷在弹出的快捷菜单中单击"插入"命令，如下图所示。

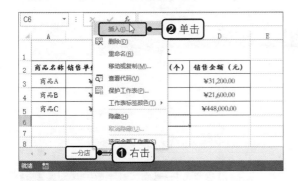

步骤03 显示插入效果

返回工作表中，即可看到工作表的前方插入了一个"贷款分期偿还计划表"工作表，在该表中可看到已有的表格样式和效果，如右图所示。

步骤02 插入电子表格方案

弹出"插入"对话框，双击要插入的电子表格方案，如"贷款分期付款"表格，如下图所示。

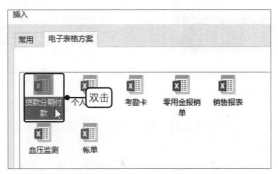

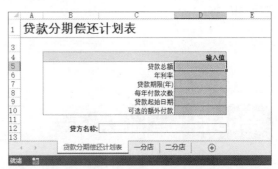

第63招 重命名工作表区分表格内容

当难以通过默认的工作表名称来识别和归类各个工作表中的内容时，可以为工作表重命名。

步骤01 单击"重命名"命令

打开原始文件，❶右击需重命名的工作表标签，如"二分店（2）"，❷在弹出的快捷菜单中单击"重命名"命令，如下左图所示。

步骤02 重命名工作表

此时工作表标签呈可编辑状态，直接输入新的名称，如"三分店"，按下【Enter】键后，即可完成重命名操作，如下右图所示。

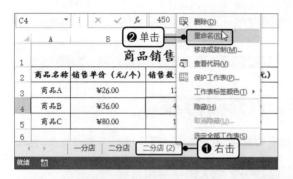

> **⏰ 提示**
>
> 在工作表标签上双击，当工作表标签呈可编辑状态后，输入新的工作表名，也可以重命名工作表。

第64招 设置标签颜色突出工作表

为了突出显示某个工作表，可为该工作表标签设置突出的标签颜色。

打开原始文件，❶右击要设置的工作表标签，如"二分店"工作表标签，❷在弹出的快捷菜单中单击"工作表标签颜色 > 红色"选项，如右图所示。

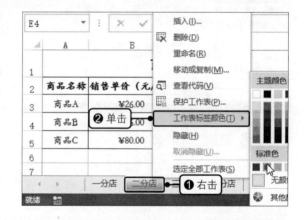

第65招 隐藏工作表

当工作簿中的工作表太多时，为了便于其他工作表的编辑，可将暂时不需要使用的工作表隐藏。具体的操作方法如下。

打开原始文件，❶右击要隐藏的工作表标签，如"三分店"，❷在弹出的快捷菜单中单击"隐藏"命令，如右图所示。应用相同的方法可隐藏其他工作表。

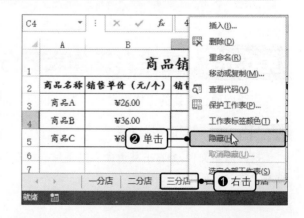

第66招 显示隐藏的工作表

如果需要使用被隐藏了的工作表，可取消工作表的隐藏，具体的操作方法如下。

步骤01 取消隐藏

打开原始文件，❶右击任意一个工作表标签，如"二分店"工作表标签，❷在弹出的快捷菜单中单击"取消隐藏"命令，如下图所示。

步骤02 取消隐藏工作表

弹出"取消隐藏"对话框，❶在"取消隐藏工作表"列表框中单击要取消隐藏的工作表，❷单击"确定"按钮，如下图所示。

第67招 选定全部工作表

当需要对同一工作簿中的所有工作表进行相同的操作时，如果逐个进行设置，不仅麻烦还浪费时间。此时可以选中全部工作表来提高工作效率，具体操作如下。

步骤01 选定全部工作表

打开原始文件，❶右击任意一个工作表标签，❷在弹出的快捷菜单中单击"选定全部工作表"命令，如下图所示。

步骤02 显示选中效果

完成工作表的全部选中后，可看到工作簿名称后会出现"工作组"字样，如下图所示。

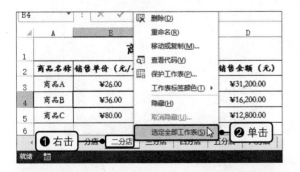

第68招 选择多个连续的工作表

如果需要对工作簿中的多个连续工作表进行相同的操作，可通过以下方法一次性选中多个连续的工作表。

打开原始文件，选中第一个要选择的工作表标签，如"二分店"，按住【Shift】键不放，单击最后要选择的工作表标签，如"五分店"，如右图所示。即可选中多个连续的工作表。

第69招 选择多个不连续的工作表

如果需要对工作簿中的多个不连续工作表进行相同的操作，可一次性选中多个不连续的工作表来节约操作时间。

打开原始文件，选中第一个要选择的工作表标签，如"二分店"，按住【Ctrl】键不放，单击其他要选择的工作表标签，即可选中多个不连续的工作表，如右图所示。

第70招 快速定位到指定工作表

当Excel工作簿中的工作表数量太多而不能快速定位到指定的工作表中时，可通过以下方法来实现。

步骤01 打开"激活"对话框

打开原始文件，在工作表标签左侧的切换按钮上右击，如下图所示。

步骤02 选择要查看的工作表

弹出"激活"对话框，单击要查看的工作表，如"五分店"，如下图所示。单击"确定"按钮，即可切换至指定的工作表中。

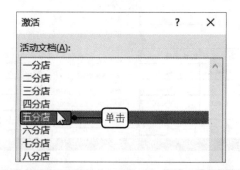

第71招 在状态栏中显示选中区域的最值

在工作表中选中部分数据时，其状态栏会自动显示选中数据的统计信息，如数据的平均值和求和值等，如果想要显示其他数据信息，如最大值和最小值，可通过以下方法来实现。

步骤01 设置要显示的命令

打开原始文件，❶在状态栏的空白处右击，❷在弹出的快捷菜单中分别单击"最小值"和"最大值"命令，如下图所示。

步骤02 显示设置效果

在工作表中选中单元格区域 D3:D10，即可在状态栏中看到选中区域中的数据最大值和最小值，如下图所示。

读书笔记

第3章 单元格的基本操作

掌握了工作簿和工作表的基本操作后，还需要对工作表的最小组成单位，即单元格进行了解。本章主要对单元格的各种基本功能，如选定、插入、删除、合并、拆分等操作进行介绍，还将对行列的插入、删除、隐藏及高度和宽度的调整进行简单介绍。

第72招 选定工作表中的单个单元格

若要对工作表中的某个单元格进行输入或编辑操作，需先选中要操作的单元格。具体的操作方法如下。

打开原始文件，单击 D 列与第 3 行的交叉处，即可选中单元格 D3，如右图所示。

	A	B	C	D	E
1	成都分公司第一季度销售业绩表				
2	产品名称	1月份	2月份	3月份	总计
3	电视机	¥ 11,000	¥ 11,000	¥ 11,000	¥ 33,000
4	电冰箱	¥ 10,000	¥ 9,000	¥ 10,000	¥ 29,000
5	空 调	¥ 10,000	¥ 10,000	¥ 9,500	¥ 29,500
6	吸尘器	¥ 80,000	¥ 6,500	单击 0	¥ 93,500
7	饮水机	¥ 7,500	¥ 10,000	¥ 6,400	¥ 23,900
8	消毒柜	¥ 6,500	¥ 7,500	¥ 5,500	¥ 19,500
9					
10					

第73招 选定工作表中的单元格区域

如果要对工作表中的单元格区域进行输入和编辑操作，就必须先选中单元格区域。具体的操作方法如下。

打开原始文件，选中单元格 A2，按住鼠标左键不放拖动至单元格 E8，即可选中单元格区域 A2:E8，如右图所示。

	A	B	C	D	E
1	成都分公司第一季度销售业绩表				
2	产品名称	1月份	2月份	3月份	总计
3	电视机	¥ 11,000	¥ 11,000	¥ 11,000	¥ 33,000
4	电冰箱	¥ 10,000	¥ 9,000	¥ 10,000	¥ 29,000
5	空 调	¥ 10,000	¥ 10,000	¥ 9,500	¥ 29,500
6	吸尘器	¥ 80,000	¥ 6,500	¥ 7,000	¥ 93,500
7	饮水机	¥ 7,500	¥ 10,000	¥ 6,400	¥ 23,900
8	消毒柜	¥ 6,500	¥ 7,500	¥ 5,500 拖动	19,500
9					
10					

第74招 选定不连续的单元格区域

如果要对不连续的单元格区域进行相同的操作，可通过以下方法选中不连续的单元格区域。

打开原始文件，❶选中单元格 A2，❷按住【Ctrl】键不放，再按住鼠标左键不放拖动选中其他单元格或单元格区域，如单元格区域 C5:E8，如右图所示。即可选中不连续的单元格区域。

	A	B	C	D	E
1	成都分公司第一季度销售业绩表				
2	产品名称 ❶单击		2月份	3月份	总计
3	电视机	¥ 11,000	¥ 11,000	¥ 11,000	¥ 33,000
4	电冰箱	¥ 10,000	¥ 9,000	¥ 10,000	¥ 29,000
5	空 调	¥ 10,000	¥ 10,000	¥ 9,500	¥ 29,500
6	吸尘器	¥ 80,000	¥ 6,500	¥ 7,000	¥ 93,500
7	饮水机	¥ 7,500	¥ 10,000	¥ 6,400	¥ 23,900
8	消毒柜	¥ 6,500	¥ 7,500	¥ 5,500	¥ 19,500
9					
10				❷ 按住 Ctrl 键拖动	
11					

第75招　选定工作表的整行数据

如果要对工作表中的整行数据进行操作，可通过以下方法选中整行内容。

打开原始文件，单击要选中行的行号，如行号"3"，即可选中整行数据，如右图所示。

	A	B	C	D	E
1	成都分公司第一季度销售业绩表				
2	产品名称	1月份	2月份	3月份	总计
3	电视[单击]	¥ 11,000	¥ 11,000	¥ 11,000	¥ 33,000
4	电冰箱	¥ 10,000	¥ 9,000	¥ 10,000	¥ 29,000
5	空调	¥ 10,000	¥ 10,000	¥ 9,500	¥ 29,500
6	吸尘器	¥ 80,000	¥ 6,500	¥ 7,000	¥ 93,500
7	饮水机	¥ 7,500	¥ 10,000	¥ 6,400	¥ 23,900
8	消毒柜	¥ 6,500	¥ 7,500	¥ 5,500	¥ 19,500

第76招　选定工作表的整列数据

如果要对工作表中的整列数据进行操作，可通过以下方法选中整列数据内容。

打开原始文件，单击要选中列的列号，如列号"B"，即可选中整列数据，如右图所示。

	A	B ↓ [单击]	C	D	E
1	成都分公司第一季度销售业绩表				
2	产品名称	1月份	2月份	3月份	总计
3	电视机	¥ 11,000	¥ 11,000	¥ 11,000	¥ 33,000
4	电冰箱	¥ 10,000	¥ 9,000	¥ 10,000	¥ 29,000
5	空调	¥ 10,000	¥ 10,000	¥ 9,500	¥ 29,500
6	吸尘器	¥ 80,000	¥ 6,500	¥ 7,000	¥ 93,500
7	饮水机	¥ 7,500	¥ 10,000	¥ 6,400	¥ 23,900
8	消毒柜	¥ 6,500	¥ 7,500	¥ 5,500	¥ 19,500
9					

第77招　选定全部单元格

如果工作表中的数据较多，不便于通过拖动来全部选中，可使用以下方法来快速达到目的。

打开原始文件，单击工作表左上角的"全选"按钮，即可选定工作表中的全部单元格，如右图所示。

[单击]	A	B	C	D	E
1	成都分公司第一季度销售业绩表				
2	产品名称	1月份	2月份	3月份	总计
3	电视机	¥ 11,000	¥ 11,000	¥ 11,000	¥ 33,000
4	电冰箱	¥ 10,000	¥ 9,000	¥ 10,000	¥ 29,000
5	空调	¥ 10,000	¥ 10,000	¥ 9,500	¥ 29,500
6	吸尘器	¥ 80,000	¥ 6,500	¥ 7,000	¥ 93,500
7	饮水机	¥ 7,500	¥ 10,000	¥ 6,400	¥ 23,900
8	消毒柜	¥ 6,500	¥ 7,500	¥ 5,500	¥ 19,500

第78招　选择多个工作表的同一区域

当需要对多个工作表的同一区域进行相同的操作时，为了提高工作效率，可通过以下方法选中多个工作表的同一区域。

打开原始文件，❶按住【Ctrl】键不放，选中多个工作表，❷在任一工作表中按住鼠标左键不放拖动选中单元格区域 B3:D8，如右图所示。即可发现其他工作表中相同的区域也被选中了。

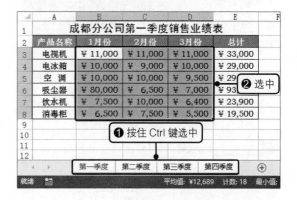

第79招 在工作表中插入单元格

在制作表格或编辑数据时，常常会遇到要在工作表的指定位置插入一个新单元格，此时可以通过以下操作来实现单元格的插入。

步骤01 单击"插入"命令

打开原始文件，❶在单元格 A5 中右击鼠标，❷在弹出的快捷菜单中单击"插入"命令，如下图所示。

步骤02 插入单元格

弹出"插入"对话框，❶单击"活动单元格下移"单选按钮，❷单击"确定"按钮，如下图所示。

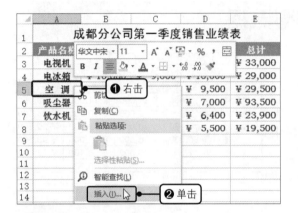

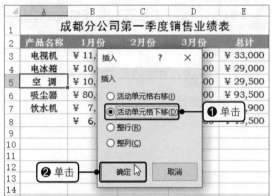

步骤03 显示插入效果

返回工作表中，即可看到原来单元格 A5 及以下的内容都下移了，而原来单元格 A5 的上方插入了一个空白的单元格，如右图所示。

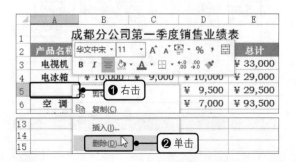

第80招 删除工作表中的单元格

当工作表中存在一些多余的单元格时，可将其删除，具体的操作方法如下。

步骤01 单击"删除"命令

打开原始文件，❶在单元格 A5 中右击鼠标，❷在弹出的快捷菜单中单击"删除"命令，如下图所示。

步骤02 删除单元格

弹出"删除"对话框，❶单击"下方单元格上移"单选按钮，❷单击"确定"按钮，如下图所示。

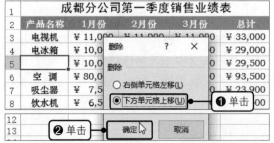

第81招　在工作表中插入空白行

如果需要在表格中输入遗漏的行数据，可通过以下方法在工作表中插入空白行。具体的操作方法如下。

步骤01　插入空白行

打开原始文件，❶在行号"5"上右击，❷在弹出的快捷菜单中单击"插入"命令，如下图所示。

步骤02　显示插入效果

可看到第 5 行为空白行，原行号"5"的内容都整体下移了，如下图所示。

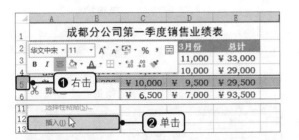

第82招　在工作表中插入空白列

当需要在表格中输入遗漏的列数据时，可通过以下方法在工作表中插入空白列。具体的操作方法如下。

步骤01　插入空白列

打开原始文件，❶在列号"D"上右击，❷在弹出的快捷菜单中单击"插入"命令，如下图所示。

步骤02　显示插入效果

可看到列号"D5"前方插入了一列空白列，且列号"D"中的内容都整体右移了，如下图所示。

第83招　删除表格行及行数据内容

在Excel表格中编辑数据时，对于无用的行及行数据可进行删除。

打开原始文件，❶在行号"3"上右击，❷在弹出的快捷菜单中单击"删除"命令，如右图所示。即可删除行号"3"中的内容，且行号"3"下的内容行会整体上移。

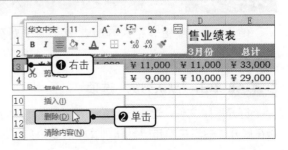

⏰ **提示**

> 如果要删除整列，则在列号上右击，在弹出的快捷菜单中单击"删除"命令。

第84招 隐藏表格行数据

在工作表中录入或编辑数据时，为了节约工作表的界面空间，可先将不需要显示的行数据隐藏起来。具体的操作方法如下。

步骤01 隐藏行数据

打开原始文件，❶按住鼠标左键拖动选中行号"4"和"5"，然后右击，❷在弹出的快捷菜单中单击"隐藏"命令，如下图所示。

步骤02 显示插入效果

此时选中行及行中的内容都被隐藏了，如下图所示。若要隐藏列数据，则在列号上右击，在弹出的快捷菜单中单击"隐藏"命令。

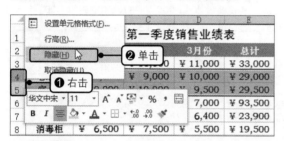

第85招 取消行数据的隐藏效果

如果需要使用隐藏的行数据，可将其显示出来。具体的操作方法如下。

打开原始文件，❶选中并右击隐藏行的相邻两行行号，如行号"3"和"6"，❷在弹出的快捷菜单中单击"取消隐藏"命令，如右图所示。

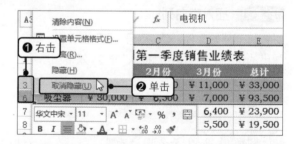

⏰ **提示**

> 选中并右击隐藏列的相邻两列列号，在弹出的快捷菜单中单击"取消隐藏"命令，即可取消隐藏列数据。

第86招 查看单元格的默认列宽值

使用Excel编辑表格内容时，为了便于对列宽进行精确设置，可对原有的宽度值进行查看。具体的操作方法如下。

步骤01 单击"默认列宽"选项

打开原始文件，选中任意单元格，❶在"开始"选项卡下的"单元格"组中单击"格式"按钮，❷在展开的列表中单击"默认列宽"选项，如下左图所示。

步骤02 查看默认的列宽值

弹出"标准列宽"对话框，在"标准列宽"文本框中可看到工作表中单元格的默认列宽值，如下右图所示。如果要调整该工作表的标准列宽，可在"标准列宽"文本框中输入新的列宽值，然后单击"确定"按钮即可。

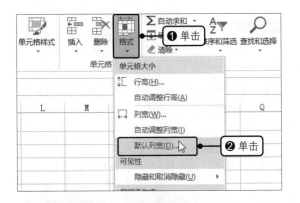 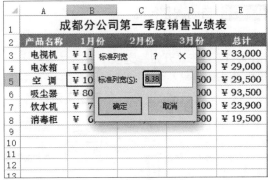

第87招 手动调整行高和列宽

当单元格中的内容受到行高或列宽的限制而不能完全显示出来时，可直接通过拖动鼠标的方式手动调整行高和列宽。

步骤01 调整行高

打开原始文件，将鼠标放置在行号"1"的下行号线上，当鼠标变为 ╪ 形状时，按住鼠标左键向下拖动，如下图所示。拖动至合适的高度后释放鼠标即可。

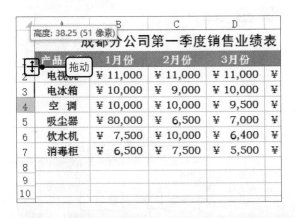

步骤02 调整列宽

将鼠标放置在列号"A"的右列号线上，当鼠标变为 ╫ 形状时，按住鼠标左键向右拖动，如下图所示。拖动至合适的宽度后释放鼠标即可。

⏰ **提示**

若要同时调整多行行高或多列列宽，可先选中多行或多列，然后调整其中任意行或列的行高或列宽即可。

第88招 设置自动适合内容的行高和列宽

如果想要让单元格的行高和列宽自动适应不同的数据高度和宽度，可通过自动调整行高和列宽功能来实现。具体的操作方法如下。

步骤01 自动调整行高

打开原始文件，选中要自动调整行高的单元格 A1，❶在"开始"选项卡下的"单元格"组中单击"格式"按钮，❷在展开的列表中单击"自动调整行高"选项，如下图所示。

步骤02 自动调整列宽

选中要自动调整列宽的单元格 A2，❶在"开始"选项卡下的"单元格"组中单击"格式"按钮，❷在展开的列表中单击"自动调整列宽"选项，如下图所示。

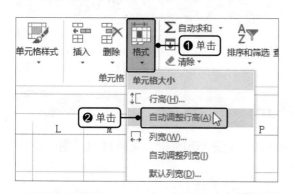
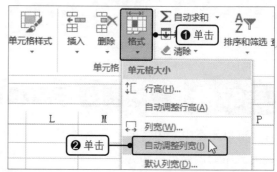

第89招 精确设置行高和列宽

除了可以利用直接拖动和自动调整的方式设置行高和列宽，还可以通过对话框精确调整行高和列宽。

步骤01 单击"行高"选项

打开原始文件，选择要调整行高的单元格 A1，❶在"开始"选项卡下的"单元格"组中单击"格式"按钮，❷在展开的列表中单击"行高"选项，如下图所示。

步骤02 设置行高

弹出"行高"对话框，❶在"行高"文本框中输入要设置的行高值，❷单击"确定"按钮，如下图所示。即可完成行高的精确设置。

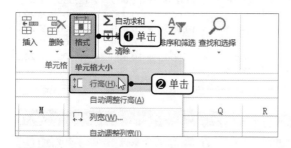
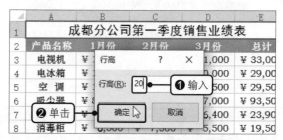

步骤03 单击"列宽"选项

选中单元格 A2，❶在"开始"选项卡下的"单元格"组中单击"格式"按钮，❷在展开的列表中单击"列宽"选项，如下左图所示。

步骤04 设置列宽

弹出"列宽"对话框，❶在"列宽"文本框中输入要设置的列宽值，❷单击"确定"按钮，如下右图所示。即可完成列宽的精确设置。

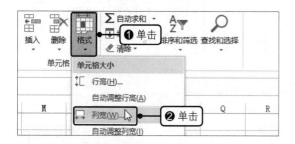
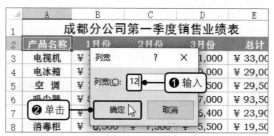

第90招 合并单元格并居中单元格内容

如果想要在不改变单元格列宽的基础上容纳较长的文本和数据内容，可将相邻的多个单元格合并为一个单元格。具体的操作方法如下。

步骤01 合并居中单元格

打开原始文件，❶选中单元格区域 A1:E1，❷在"开始"选项卡下的"对齐方式"组中单击"合并后居中"按钮，如下图所示。

步骤02 显示合并居中效果

完成合并后居中的操作后，可看到选中的多个单元格合并为了一个单元格，且单元格中的内容居中显示，如下图所示。

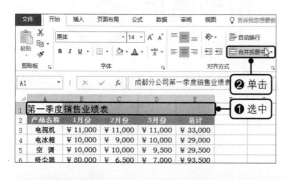

	A	B	C	D	E
1	成都分公司第一季度销售业绩表				
2	产品名称	1月份	2月份	3月份	总计
3	电视机	￥11,000	￥11,000	￥11,000	￥33,000
4	电冰箱	￥10,000	￥9,000	￥10,000	￥29,000
5	空调	￥10,000	￥10,000	￥9,500	￥29,500
6	吸尘器	￥80,000	￥6,500	￥7,000	￥93,500
7	饮水机	￥7,500	￥10,000	￥6,400	￥23,900
8	消毒柜	￥6,500	￥7,500	￥5,500	￥19,500
9					
10					
11					

第91招 跨越合并单元格

如果想要将相同行中的所选单元格分别合并到一个单元格中，可通过跨越合并功能来实现。具体的操作方法如下。

步骤01 跨越合并单元格

打开原始文件，❶选中单元格区域 A2:B8，❷在"开始"选项卡下的"对齐方式"组中单击"合并后居中"右侧的下三角按钮，❸在展开的列表中单击"跨越合并"选项，如右图所示。

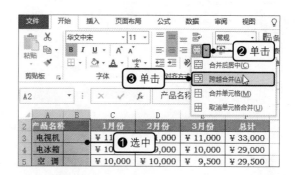

步骤02 显示跨越合并效果

完成单元格的跨越合并操作后，即可看到 A、B 列相同行的单元格分别合并为了一个单元格，如右图所示。

成都分公司第一季度销售业绩表			
产品名称	1月份	2月份	3月份	总计
电视机	¥ 11,000	¥ 11,000	¥ 11,000	¥ 33,000
电冰箱	¥ 10,000	¥ 9,000	¥ 10,000	¥ 29,000
空 调	¥ 10,000	¥ 10,000	¥ 9,500	¥ 29,500
吸尘器	¥ 80,000	¥ 6,500	¥ 7,000	¥ 93,500
饮水机	¥ 7,500	¥ 10,000	¥ 6,400	¥ 23,900
消毒柜	¥ 6,500	¥ 7,500	¥ 5,500	¥ 19,500

第92招 取消单元格合并

如果想要让Excel中已经合并的单元格返回未合并时的效果，可通过取消单元格合并功能来实现。

打开原始文件，❶选中单元格 A1，❷在"开始"选项卡下的"对齐方式"组中单击"合并后居中"右侧的下三角按钮，❸在展开的列表中单击"取消单元格合并"选项，如右图所示。

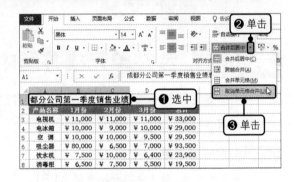

读书笔记

第4章 数据的录入与编辑

在Excel中可以输入多种类型的数据，如普通文本、日期数据及一些具有特殊格式的数据，而要实现各种类型数据的输入和编辑操作，掌握数字格式的设置功能是很有必要。此外，为了提高用户录入和编辑数据的有效性和效率，还需掌握移动和复制、查找和替换以及一些特殊的输入技巧。

第93招 在单元格中输入普通文本

如果要在单元格中输入普通的文本数据，可直接通过以下方法来实现。

打开原始文件，❶切换至中文输入法，❷在单元格 A1 中输入"员工工资统计表"，按下【Enter】键，即可看到输入文本后的效果，如右图所示。

	A	B	C	D	E	F
1			员工工资统计表 ←❷输入			
2	员工编号	姓名	基本工资	业绩工资	总工资	是否领取
3	001	张三	¥ 1,500	¥ 2,500	¥ 4,000	
4	002	李四	¥ 1,500	¥ 3,400	¥ 4,900	
5	003	王五	¥ 1,500	¥ 1,500	¥ 3,000	
6		周六	¥ 1,500	¥ 2,000	¥ 3,500	
7	005	郑七	¥ 1,500		¥ 1,500	
8	006	吴八	¥ 1,500	¥ 4,500	¥ 6,000	
9	007	刘九	¥ 1,500	¥ 5,700	¥ 7,200	
10			中 ... ←❶切换			
11						

第94招 巧妙输入以0开头的数值型文本

当需要在工作表中输入以0开头的数字时，可通过以下方法实现快速输入。

打开原始文件，❶切换至英文输入法，❷在单元格 A6 中输入"'004"，按下【Enter】键后可看到显示的文本为"004"，如右图所示。

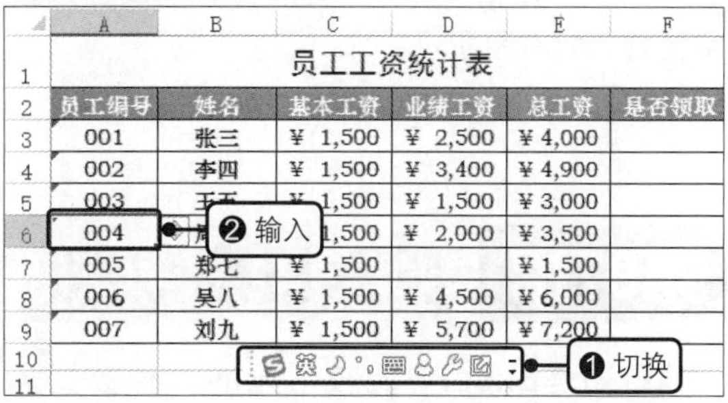

	A	B	C	D	E	F
1			员工工资统计表			
2	员工编号	姓名	基本工资	业绩工资	总工资	是否领取
3	001	张三	¥ 1,500	¥ 2,500	¥ 4,000	
4	002	李四	¥ 1,500	¥ 3,400	¥ 4,900	
5	003	王五	¥ 1,500	¥ 1,500	¥ 3,000	
6	004		❷输入 ¥ 1,500	¥ 2,000	¥ 3,500	
7	005	郑七	¥ 1,500		¥ 1,500	
8	006	吴八	¥ 1,500	¥ 4,500	¥ 6,000	
9	007	刘九	¥ 1,500	¥ 5,700	¥ 7,200	
10			英 ... ←❶切换			
11						

第95招 输入负数数据

如果要输入负数数据，则可使用以下方法直接输入。

打开原始文件，在单元格 D7 中输入"-200"，按下【Enter】键，即可看到输入负数的工作表效果，如右图所示。

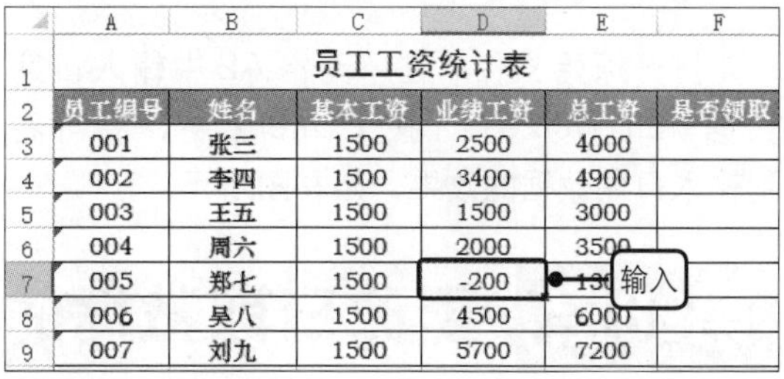

	A	B	C	D	E	F
1			员工工资统计表			
2	员工编号	姓名	基本工资	业绩工资	总工资	是否领取
3	001	张三	1500	2500	4000	
4	002	李四	1500	3400	4900	
5	003	王五	1500	1500	3000	
6	004	周六	1500	2000	3500	
7	005	郑七	1500	-200	130 输入	
8	006	吴八	1500	4500	6000	
9	007	刘九	1500	5700	7200	

第96招 设置负数的显示方式

如果对负数的显示效果不满意，可通过设置单元格格式来改变负数的显示格式。具体的操作方法如下。

步骤01 打开"设置单元格格式"对话框

打开原始文件，选中含有负数的单元格 D7，在"开始"选项卡下的"数字"组中单击对话框启动器，如下图所示。

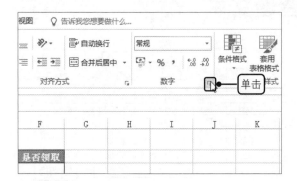

步骤02 选择负数类型

弹出"设置单元格格式"对话框，❶在"数字"选项卡下的"分类"列表框中单击"数值"类型，❷在"负数"列表框中选择要应用的格式，如下图所示。

步骤03 显示设置效果

单击"确定"按钮，返回工作表中，即可看到选中单元格 D7 中的负数变为了设置的数字格式，如右图所示。

员工编号	姓名	基本工资	业绩工资	总工资	是否领取
001	张三	1500	2500	4000	
002	李四	1500	3400	4900	
003	王五	1500	1500	3000	
004	周六	1500	2000	3500	
005	郑七	1500	(200.00)	1300	
006	吴八	1500	4500	6000	
007	刘九	1500	5700	7200	

第97招 输入日期数据

日期是Excel中比较常见的一种数据类型，当需要在单元格中输入日期数据时，可直接通过斜线"/"或连字符"-"来连接日期中的年、月、日。

打开原始文件，在单元格 A2 中输入日期数据"2017/8/29"，按【Enter】键，即可看到输入日期数据的效果，如右图所示。

第98招 更改日期数据的格式

如果对输入的日期格式效果不满意，可在对话框中选择合适的日期格式，具体的操作方法如下。

步骤01 打开"设置单元格格式"对话框

打开原始文件，❶选中填写了日期的单元格 A2，❷在"开始"选项卡下的"数字"组中单击对话框启动器，如下图所示。

步骤02 选择日期格式

弹出"设置单元格格式"对话框，❶在"数字"选项卡下的"分类"列表框中单击"日期"类型，❷在"类型"列表框中选择要设置的日期格式，如下图所示。即可在"示例"选项组下预览到更改后的日期效果。

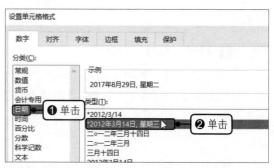

第99招 设置指数的上标效果

在实际工作中，有时会需要在单元格中输入某数的平方、立方及其他方式的上标，此时就可以通过上标功能在单元格中实现上标效果。

步骤01 打开"设置单元格格式"对话框

打开原始文件，❶选中单元格 C3 中的数据"2"，❷在"开始"选项卡下的"字体"组中单击对话框启动器，如下图所示。

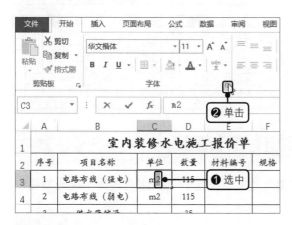

步骤02 设置上标效果

弹出"设置单元格格式"对话框，在"特殊效果"选项组下勾选"上标"复选框，如下图所示。单击"确定"按钮。

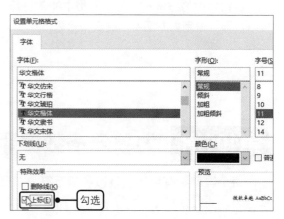

步骤03 显示设置效果

应用相同的方法对单元格 C4 中的数据"2"进行设置，即可得到如右图所示的效果。

	A	B	C	D	E	F	G
1		室内装修水电施工报价单					
2	序号	项目名称	单位	数量	材料编号	规格	金额
3	1	电路布线（强电）	m^2	115			
4	2	电路布线（弱电）	m^2	115			
5	3	供水管铺设	m	35			
6	4	排水管铺设	m	12			
7	5	小吊灯	套	20			

> **⏰ 提示**
>
> 如果要设置下标效果，则在"设置单元格格式"对话框中勾选"下标"复选框。

第100招 插入特殊的符号

当无法通过键盘输入一些特殊符号时，可利用 Excel 中的符号功能实现，具体的操作方法如下。

步骤01 打开"符号"对话框

打开原始文件，选中要插入符号的单元格后，在"插入"选项卡下的"符号"组中单击"符号"按钮，如下图所示。

步骤02 插入符号

弹出"符号"对话框，❶在"符号"选项卡下设置"字体"为"Wingdings"，❷在列表框中双击要插入的符号，如下图所示。单击"关闭"按钮。

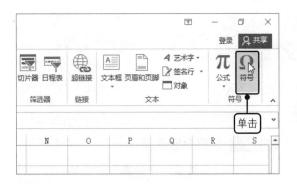

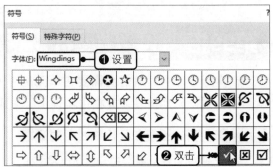

步骤03 显示插入符号效果

应用相同的方法在其他单元格中插入特殊符号，即可得到如右图所示的表格效果。

第101招 为单元格数据添加货币符号

每个国家都有自己的货币和货币符号，且相互之间有一定的兑换比例。为了区分表格中金额数据的货币种类，可为数据添加货币符号。

步骤01 添加货币符号

打开原始文件，选中单元格区域 C3:E9，❶在"开始"选项卡下的"数字"组中单击"数字格式"右侧的下三角按钮，❷在展开的列表中单击"货币"选项，如右图所示。

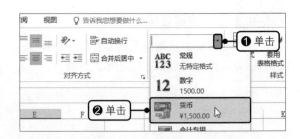

步骤02　显示添加效果

完成货币符号的添加后，可看到选中区域中的单元格数值前都添加了货币符号，如右图所示。

	A	B	C	D	E
1			员工工资统计表		
2	员工编号	姓名	基本工资	业绩工资	总工资
3	001	张三	¥1,500.00	¥2,500.00	¥4,000.00
4	002	李四	¥1,500.00	¥3,400.00	¥4,900.00
5	003	王五	¥1,500.00	¥1,500.00	¥3,000.00
6	004	周六	¥1,500.00	¥2,000.00	¥3,500.00
7	005	郑七	¥1,500.00	(¥200.00)	¥1,300.00
8	006	吴八	¥1,500.00	¥4,500.00	¥6,000.00
9	007	刘九	¥1,500.00	¥5,700.00	¥7,200.00

第102招　减少数字的小数位数

当单元格中的数值数据小数位数较多时，为了让数据更加简洁和直观，可减少数据的小数位数。

步骤01　减少小数位数

打开原始文件，❶选中单元格区域 C3:E9，❷在"开始"选项卡下的"数字"组中单击"减少小数位数"按钮，如下图所示。

步骤02　显示操作效果

完成减少小数位数的操作后，可看到选中区域中的单元格数值小数位数减少了一位，如下图所示。

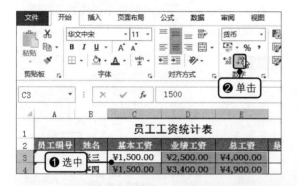

	A	B	C	D	E
1			员工工资统计表		
2	员工编号	姓名	基本工资	业绩工资	总工资
3	001	张三	¥1,500.0	¥2,500.0	¥4,000.0
4	002	李四	¥1,500.0	¥3,400.0	¥4,900.0
5	003	王五	¥1,500.0	¥1,500.0	¥3,000.0
6	004	周六	¥1,500.0	¥2,000.0	¥3,500.0
7	005	郑七	¥1,500.0	(¥200.0)	¥1,300.0
8	006	吴八	¥1,500.0	¥4,500.0	¥6,000.0
9	007	刘九	¥1,500.0	¥5,700.0	¥7,200.0
10					
11					

> ⏰ **提示**
>
> 如果要增加小数位数，则在选中了单元格后，在"开始"选项卡下的"数字"组中单击"增加小数位数"按钮。

第103招　添加千位分隔符查看大数据

为了便于查看单元格中的大数值数据，可为其添加千位分隔符。具体操作方法如下。

步骤01　添加千位分隔符

打开原始文件，❶按住鼠标左键拖动选中单元格区域 C3:E9，❷在"开始"选项卡下的"数字"组中单击"千位分隔样式"按钮，如下左图所示。

步骤02　显示添加效果

完成操作后，可看到选中区域的千位分隔符添加效果，此外，系统还自动为选中区域设置了两个小数位数，如下右图所示。

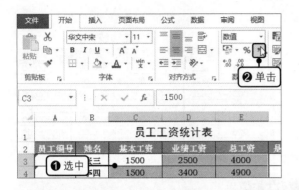

第104招 设置百分比展示数据占比情况

如果想要知道某个单元格中的单项数据占其他单元格中合计数据的百分比情况，可设置百分比的单元格格式。

步骤01 设置百分比效果

打开原始文件，❶按住鼠标左键拖动选中单元格区域D2:D7，❷在"开始"选项卡下的"数字"组中单击"百分比样式"按钮，如下图所示。

步骤02 增加小数位数

即可看到选中区域添加了百分比后的效果，如果需要查看更加精确的小数数值，可在"数字"组中单击两次"增加小数位数"按钮，如下图所示。

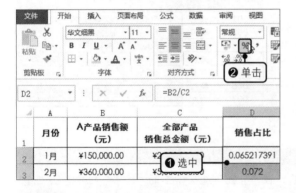

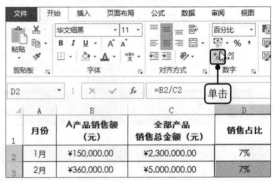

步骤03 显示设置效果

完成百分比和小数位数的添加后，可看到各个月份的销售占比情况，如右图所示。

月份	A产品销售额（元）	全部产品销售总金额（元）	销售占比
1月	¥150,000.00	¥2,300,000.00	6.52%
2月	¥360,000.00	¥5,000,000.00	7.20%
3月	¥390,000.00	¥4,800,000.00	8.13%
4月	¥200,000.00	¥6,000,000.00	3.33%
5月	¥300,000.00	¥8,000,000.00	3.75%
6月	¥120,000.00	¥6,060,000.00	1.98%

第105招 巧妙利用文本型数据输入长数字

当单元格中输入的数据位数较多时，会自动变成科学计数，而不能直接以数值的方式显示，此时可以通过设置文本单元格格式来展示多位数的数据。

步骤01 打开"设置单元格格式"对话框

打开原始文件，❶选中要设置格式的单元格区域 C2:C10，❷在"开始"选项卡下的"数字"组中单击对话框启动器，如下图所示。

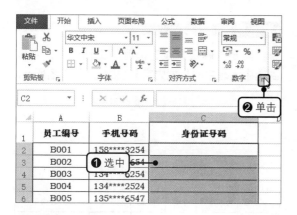

步骤03 输入长数字

单击"确定"按钮，返回工作表中，在单元格 C2 中输入身份证号码，即可看到该数据能够完全显示在单元格中，如右图所示。

步骤02 选择数字格式

打开"设置单元格格式"对话框，在"数字"选项卡下的"分类"列表框中单击"文本"类型，如下图所示。

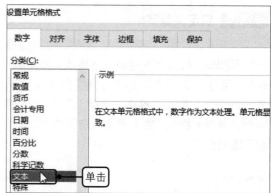

第106招　将单元格数值更改为中文大写数字

日常办公中，尤其是财务人员，常常会用到中文大写数字，如果直接输入中文大写，会比较麻烦且易出错，此时可设置单元格格式将输入的数字转换为中文大写数字。

步骤01 设置中文大写数字

打开原始文件，选中单元格 E8，在"开始"选项卡下的"数字"组中单击对话框启动器，打开"设置单元格格式"对话框，❶在"数字"选项卡下的"分类"列表框中单击"特殊"类型，❷在"类型"列表框中单击"中文大写数字"选项，如下图所示。

步骤02 显示设置效果

单击"确定"按钮，返回工作表中，可看到选中单元格 E8 中的金额数据变为了中文的大写数字，如下图所示。

序号	商品名称	单位	数量	单价	总金额
1	A	台	400	¥180.00	¥72,000.00
2	B	台	500	¥500.00	¥250,000.00
3	C	台	600	¥200.00	¥120,000.00
4	D	台	450	¥500.00	¥225,000.00
5	E	台	560	¥900.00	¥504,000.00
合计					¥1,171,000.00
总价人民币大写			壹佰壹拾柒万壹仟		

第107招 隐藏单元格中的数据内容

在实际工作中，若要让工作表中的内容显示为空白单元格的效果，可以通过以下方法将其隐藏。

步骤01 自定义数字格式

打开原始文件，选中要隐藏内容的单元格区域 E2:E6，打开"设置单元格格式"对话框。❶在"数字"选项卡下的"分类"列表框中单击"自定义"类型，❷在"类型"下的文本框中删除原有的格式，输入英文状态下的";;;"，如下图所示。

步骤02 显示隐藏效果

单击"确定"按钮，返回工作表中，可看到选中区域中的数据内容已被隐藏，如下图所示。

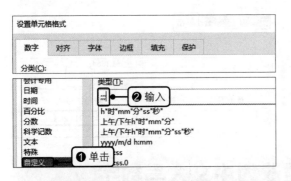

第108招 为单元格数字设置自定义的格式

如果已有的数字格式不能满足实际需求，可自定义数字的格式，具体的操作方法如下。

步骤01 自定义数字格式

打开原始文件，选中要设置的单元格区域 F2:F7，打开"设置单元格格式"对话框。❶在"数字"选项卡下的"分类"列表框中单击"自定义"类型，❷在"类型"下的文本框中输入"0!.0,"万元""，如下图所示。

步骤02 显示设置效果

单击"确定"按钮，返回工作表中，即可看到单元格区域 F2:F7 中的数据后自动添加了"万元"字样，如下图所示。

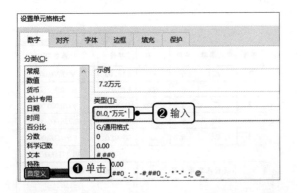

第109招 为不连续的单元格输入相同数据

当需要在多个不同的单元格中输入相同数据时，逐个地输入会很浪费时间，此时可通过以下方法实现快速输入。

打开原始文件，选中单元格 B5，按住【Ctrl】键不放，单击其他要选中的单元格，在最后选中的单元格中输入"数码产品"文本内容，按下【Ctrl+Enter】组合键，即可在选中的多个单元格中输入相同的数据，如右图所示。

	A	B	C	D	E
1	第一季度销售统计表				
2	商品名称	商品种类	销售单价	销售数量	销售金额（元）
3	冰箱		¥5,000.00	600	¥3,000,000.00
4	电饭煲		¥199.00	700	¥139,300.00
5	笔记本	数码产品	¥2,600.00	500	¥1,300,000.00
6	单反相机	数码产品	¥69,000.00	500	¥34,500,000.00
7	平板电脑	数码产品	¥3,9 输入	550	¥2,145,000.00
8	显示器	数码产品	¥2,0	360	¥720,000.00
9	空调		¥8,000.00	600	¥4,800,000.00
10	电脑主机	数码产品	¥700.00	890	¥623,000.00

第110招 使用填充柄填充数据

当需要在多个连续的单元格中输入有规律的数据时，可利用 Excel 提供的填充柄功能快速填充单元格数据。

步骤01 填充单元格区域

打开原始文件，选中单元格 B2，并将鼠标指针移至其右下角，当鼠标指针呈+形状时，按住鼠标左键不放，拖动鼠标至单元格 B10 处，如下图所示。

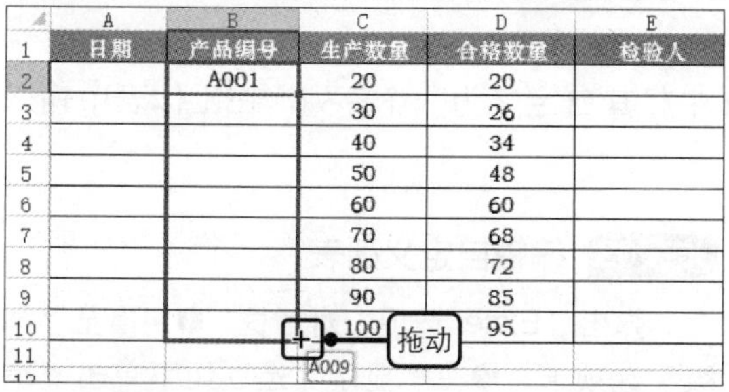

	A	B	C	D	E
1	日期	产品编号	生产数量	合格数量	检验人
2		A001	20	20	
3			30	26	
4			40	34	
5			50	48	
6			60	60	
7			70	68	
8			80	72	
9			90	85	
10		+ 100 拖动		95	
11		A009			

步骤02 显示填充效果

填充完毕后，释放鼠标，即可看到自动填充的数据效果，如下图所示。

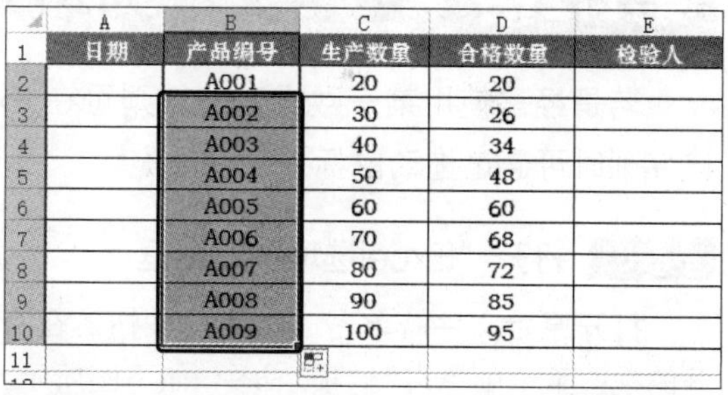

	A	B	C	D	E
1	日期	产品编号	生产数量	合格数量	检验人
2		A001	20	20	
3		A002	30	26	
4		A003	40	34	
5		A004	50	48	
6		A005	60	60	
7		A006	70	68	
8		A007	80	72	
9		A008	90	85	
10		A009	100	95	
11					

第111招 使用对话框填充数据

如果要填充的数据具有一定的规律，但又无法直接使用填充柄来完成填充时，则可使用序列功能来实现。

步骤01 输入数据并选中单元格区域

打开原始文件，在单元格 A2 中输入日期"8月1日"，按住鼠标左键拖动选中单元格区域 A2:A10，如右图所示。

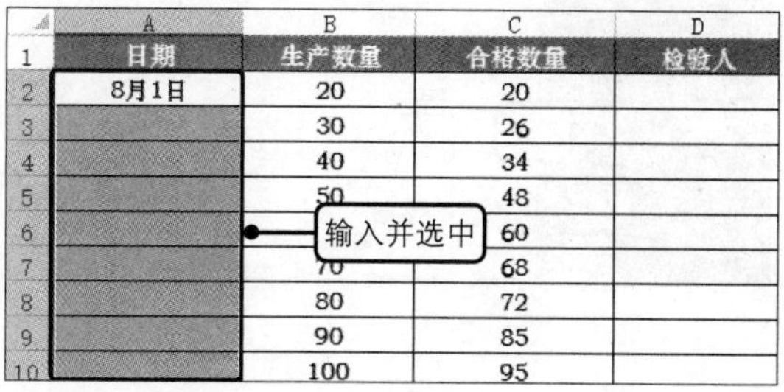

	A	B	C	D
1	日期	生产数量	合格数量	检验人
2	8月1日	20	20	
3		30	26	
4		40	34	
5		50	48	
6		输入并选中 60	60	
7		70	68	
8		80	72	
9		90	85	
10		100	95	

步骤02 单击"序列"选项

❶在"开始"选项卡下的"单元格"组中单击"填充"按钮，❷在展开的列表中单击"序列"选项，如右图所示。

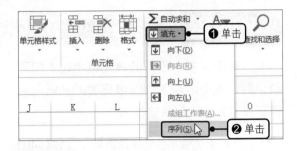

步骤03 设置填充工作日

弹出"序列"对话框，❶设置序列的"类型"为"日期"、"日期单位"为"工作日"，❷单击"确定"按钮，如下图所示。

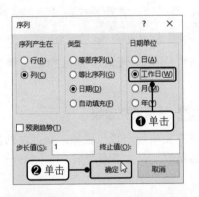

步骤04 查看填充的工作日效果

返回工作簿窗口，即可看到填充的工作日序列效果，如下图所示。

	A	B	C
1	日期	生产数量	合格数量
2	8月1日	20	20
3	8月2日	30	26
4	8月3日	40	34
5	8月4日	50	48
6	8月7日	60	60
7	8月8日	70	68
8	8月9日	80	72
9	8月10日	90	85
10	8月11日	100	95

第112招 自定义序列填充

若是经常使用某一数据系列，则可在 Excel 中将其自定义为一个序列，在工作表中输入该序列时可通过拖动鼠标来实现填充。

步骤01 打开"Excel选项"对话框

打开原始文件，单击"文件"按钮，在打开的视图菜单中单击"选项"命令，如下图所示。

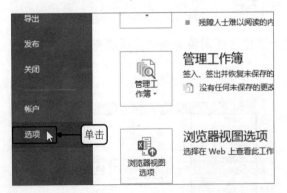

步骤02 编辑自定义列表

弹出"Excel 选项"对话框，❶切换至"高级"选项卡，❷在"显示"选项组下单击"编辑自定义列表"按钮，如下图所示。

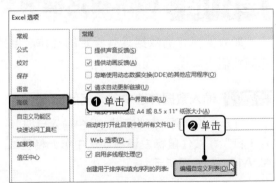

步骤03　输入自定义序列

弹出"自定义序列"对话框，❶在"输入序列"列表框中输入自定义序列，可利用【Enter】键实现换行，❷输入完毕后单击"添加"按钮，如右图所示。

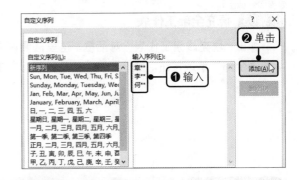

步骤04　输入并填充序列

连续单击"确定"按钮，返回工作簿窗口，❶在单元格 E2 中输入"章**"，❷拖动单元格 E2 右下角的填充柄，向下拖动至单元格 E10 中，如下图所示。

步骤05　查看填充的自定义序列

释放鼠标后，即可看到填充的自定义序列效果，如下图所示。

	A	B	C	D
1	日期	生产数量	合格数量	检验人
2	8月1日	20	20	章**
3	8月2日	30	26	
4	8月3日	40	34	❶输入
5	8月4日	50	48	
6	8月7日	60	60	❷拖动
7	8月8日	70	68	
8	8月9日	80	72	
9	8月10日	90	85	
10	8月11日	100	95	
11				何**
12				

	A	B	C	D
1	日期	生产数量	合格数量	检验人
2	8月1日	20	20	章**
3	8月2日	30	26	李**
4	8月3日	40	34	何**
5	8月4日	50	48	章**
6	8月7日	60	60	李**
7	8月8日	70	68	何**
8	8月9日	80	72	章**
9	8月10日	90	85	李**
10	8月11日	100	95	何**
11				
12				

第113招　同时填充多个工作表

当需要在同一个工作簿中多个工作表的相同位置输入相同数据时，可以利用填充成组工作表的方法实现快速填充。

步骤01　选中工作表和区域

打开原始文件，❶利用【Ctrl】键同时选中多个工作表，❷在"Sheet1"工作表中选中单元格区域 A1:D1，如下图所示。

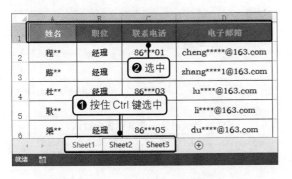

步骤02　单击"成组工作表"选项

❶在"开始"选项卡下的"单元格"组中单击"填充"按钮，❷在展开的列表中单击"成组工作表"选项，如下图所示。

步骤03 填充全部工作表

弹出"填充成组工作表"对话框,这里需要填充内容和格式,❶则单击"全部"单选按钮,❷单击"确定"按钮,如右图所示。

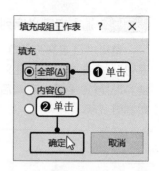

第114招 移动单元格中的数据

当 Excel 中的数据内容位于错误的单元格中时,可直接使用鼠标将单元格中的数据内容拖动到对应的单元格中。

步骤01 移动单元格

打开原始文件,将鼠标放置在单元格 A7 的边框线上,当鼠标变为 形状时,按住鼠标左键不放,向下拖动至单元格 A8 中,如下图所示。

步骤02 显示移动效果

即可看到单元格 A7 中的内容移动到了单元格 A8 中,而单元格 A7 变为了空白的单元格,如下图所示。

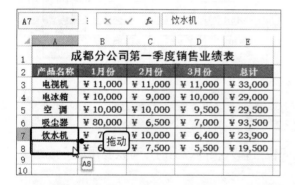

第115招 复制单元格中的内容

为了简化多个单元格相同内容的输入和编辑操作,可将已经输入和编辑好数据的单元格内容通过复制的方式粘贴到其他单元格中。

步骤01 复制数据

打开原始文件,❶在"一分店"工作表中按住鼠标左键拖动选中要复制的单元格区域 A1:E8,❷在"开始"选项卡下的"剪贴板"组中单击"复制"按钮,如右图所示。

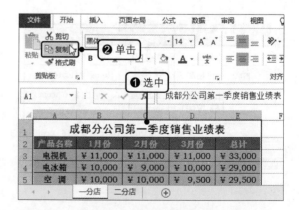

步骤02 粘贴数据

❶切换至"二分店"工作表中，选中单元格 A1，❷在"开始"选项卡下的"剪贴板"组中单击"粘贴"下三角按钮，❸在展开的列表中单击"保留源列宽"选项，如右图所示。

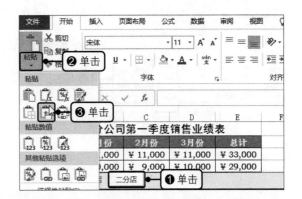

第116招 将表格内容粘贴为图片格式

为了避免表格内容不小心被修改，且更加方便地查看内容，可将表格内容复制后粘贴为图片格式。

步骤01 复制表格内容

打开原始文件，❶按住鼠标左键拖动选中工作表中要复制的单元格区域 A1:E9，❷在"开始"选项卡下的"剪贴板"组中单击"复制"按钮，如下图所示。

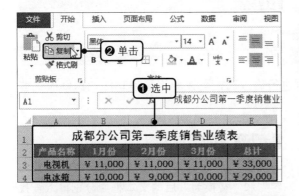

步骤02 粘贴为图片

❶选中单元格 F1，❷在"开始"选项卡下的"剪贴板"组中单击"粘贴"下三角按钮，❸在展开的列表中单击"图片"选项，如下图所示。

第117招 查找指定的数据内容

当需要在存了大量数据的工作表中查找某个数据时，可通过查找功能快速查找符合指定条件的单元格数据。

步骤01 打开"查找和替换"对话框

打开原始文件，选中任一单元格，❶在"开始"选项卡下的"编辑"组中单击"查找和选择"按钮，❷在展开的列表中单击"查找"选项，如下左图所示。

步骤02 输入查找内容

弹出"查找和替换"对话框，❶在"查找内容"后的文本框中输入"扫描仪"，❷单击"查找全部"按钮，如下右图所示。

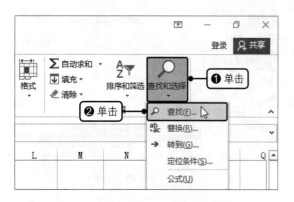

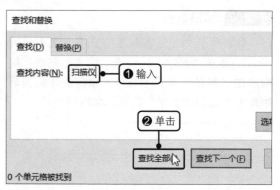

步骤03 查看符合所输内容的单元格

此时可在对话框中看到含有"扫描仪"的
单元格，并在对话框底部显示"10 个单元格被
找到"，如右图所示。

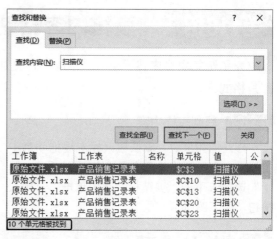

⏰ **提示**

除了可以通过功能区中的命令打开"查
找和替换"对话框，还可以利用【Ctrl+F】
组合键打开。

第118招 替换数据内容

当需要对表格中某些具有相同属性的数据进行修改时，可以利用替换功能快速修改这些
数据，提高工作效率。

步骤01 打开"查找和替换"对话框

打开原始文件，选中任一单元格，❶在"开
始"选项卡下的"编辑"组中单击"查找和选
择"按钮，❷在展开的列表中单击"替换"选项，
如下图所示。

步骤02 替换数据内容

弹出"查找和替换"对话框，❶在"查找内
容"和"替换为"后的文本框中分别输入查找
和替换内容，❷单击"全部替换"按钮，如下
图所示。

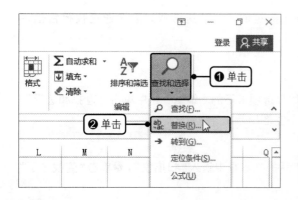

步骤03　完成替换

弹出提示框，提示完成了 50 处替换，单击"确定"按钮，如右图所示。单击对话框中的"关闭"按钮，即可看到工作表中的 2016 全部替换为了 2017。

第119招　替换工作表中的单元格格式

替换功能除了可以替换工作表中的内容，还可以替换单元格格式。具体的操作方法如下。

步骤01　单击"选项"按钮

打开原始文件，选中任一单元格，在"开始"选项卡下的"编辑"组中单击"查找和选择"按钮，在展开的列表中单击"替换"选项，打开"查找和替换"对话框，在"替换"选项卡下单击"选项"按钮，如右图所示。

步骤02　单击"格式"按钮

单击"查找内容"后的"格式"按钮，如下图所示。

步骤03　查找字体格式

弹出"查找格式"对话框，在"字体"选项卡下设置需查找的字体、字形、字号和颜色，如下图所示。

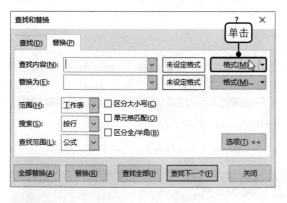

步骤04　查找填充色

❶切换至"填充"选项卡，❷在"背景色"选项组下单击要查找的填充颜色，如下左图所示。

步骤05　替换格式

单击"确定"按钮，返回"查找和替换"对话框中，❶应用相同的方法设置好要替换为的格式，❷单击"全部替换"按钮，如下右图所示。

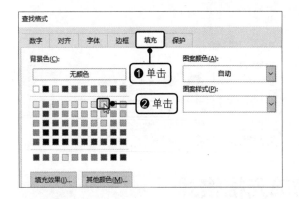

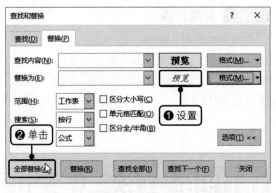

步骤06 显示替换效果

　　弹出提示框，提示完成的替换数，单击"确定"按钮，再单击对话框中的"关闭"按钮，返回工作表中，即可看到替换后的效果，如右图所示。

	A	B	C	D
1	****信息公司2017年3月产品销售记录表			
2	记录编号	日期	产品名称	销售金额（元）
3	1	2017/3/1	扫描仪	¥395,000.00
4	2	2017/3/2	显示器	¥450,000.00
5	3	2017/3/2	数字相机	¥400,000.00
6	4	2017/3/3	喷墨打印机	¥620,000.00
7	5	2017/3/4	*调制解调器*	¥365,000.00
8	6	2017/3/4	显示器	¥600,000.00
9	7	2017/3/4	刻录器	¥560,000.00
10	8	2017/3/5	扫描仪	¥420,000.00
11	9	2017/3/6	*光驱*	¥350,000.00

第120招　巧用通配符查找模糊数据

　　若需要只根据查找值的一部分进行查找，可以利用通配符的特性来实现模糊查找。

　　打开原始文件，选中任一单元格，在"开始"选项卡下的"编辑"组中单击"查找和选择"按钮，在展开的列表中单击"查找"选项，打开"查找和替换"对话框，❶在"查找"选项卡下的"查找内容"文本框中输入"章*"，❷单击"查找全部"按钮，即可在对话框中看到模糊查找的结果，如右图所示。

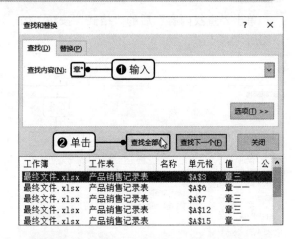

第121招　在整个工作簿中查找数据

　　使用查找功能时，默认只会在当前的工作表中进行查找操作，如果要查找整个工作簿中的数据，则可通过以下方法实现。

步骤01 打开"查找和替换"对话框

　　打开原始文件，选中任一单元格，❶在"开始"选项卡中的"编辑"组中单击"查找和选择"按钮，❷在展开的列表中单击"查找"选项，如下左图所示。

步骤02 单击"选项"按钮

弹出"查找和替换"对话框，❶在"查找"选项卡下的"查找内容"文本框中输入"王*"，❷单击"选项"按钮，如下右图所示。

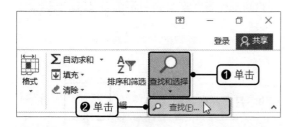

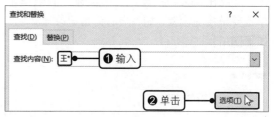

步骤03 在工作簿中查找

❶单击"范围"右侧的下三角按钮，❷在展开的列表中单击"工作簿"选项，如下图所示。

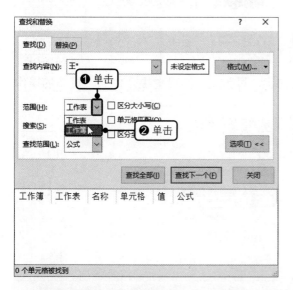

步骤04 显示查找结果

单击"查找全部"按钮，即可在对话框中看到在整个工作簿中查找到的结果，如下图所示。

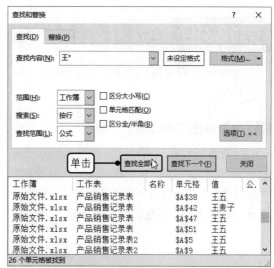

第122招　插入超链接实现数据内容的跳转

若要实现从当前工作表跳转到其他文件或区域，可在工作表中插入链接到其他文件或区域的超链接。

步骤01 打开"插入超链接"对话框

打开原始文件，选中要插入超链接的单元格 E1，在"插入"选项卡下的"链接"组中单击"超链接"按钮，如右图所示。

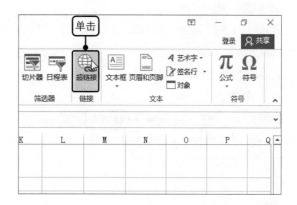

步骤02 设置链接方式

弹出"插入超链接"对话框，❶在"链接到"选项组下单击"本文档中的位置"按钮，❷在"或在此文档中选择一个位置"列表框中单击要链接的位置，如"产品销售记录表2"，如下图所示。

步骤03 启动超链接

单击"确定"按钮，返回工作表中，单击单元格 E1 中的文本内容，如下图所示，即可跳转到工作表"产品销售记录表 2"。

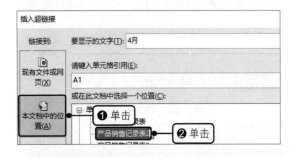

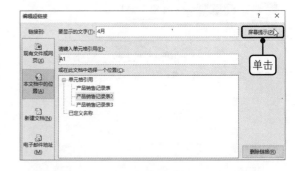

第123招 设置超链接的跳转提示信息

为便于分辨设置的超链接会跳转到的链接内容，可为超链接设置提示信息，具体的操作方法如下。

步骤01 单击"屏幕提示"按钮

打开原始文件，选中插入超链接的单元格 E1，在"插入"选项卡下的"链接"组中单击"超链接"按钮，打开"编辑超链接"对话框，单击"屏幕提示"按钮，如右图所示。

步骤02 设置屏幕提示文字

弹出"设置超链接屏幕提示"对话框，❶在"屏幕提示文字"下的文本框中输入"跳转至4月份的销售记录表"，❷单击"确定"按钮，如下图所示。

步骤03 显示添加的屏幕提示文字效果

单击"确定"按钮，返回工作表中，将鼠标放置在设置了超链接的单元格 E1 的文本上，即可看到弹出的屏幕提示文字，如下图所示。

第124招 更改超链接的颜色

为了让添加的超链接效果与工作表更加契合，可以对超链接颜色和访问过的超链接颜色进行更改。

步骤01 单击"自定义颜色"选项

打开原始文件，❶在"页面布局"选项卡下的"主题"组中单击"颜色"按钮，❷在展开的列表中单击"自定义颜色"选项，如下图所示。

步骤02 设置超链接颜色

弹出"新建主题颜色"对话框，❶设置"超链接"的颜色为"黑色，文字 1"、"已访问的超链接"颜色为"红色"，❷单击"保存"按钮，如下图所示。

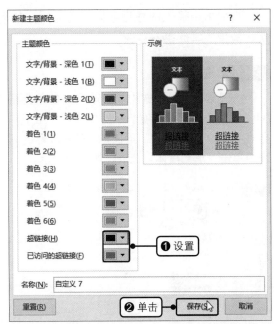

第125招 删除超链接

如果对工作表中插入的超链接不满意，或者想要改变超链接的内容，可删除插入的超链接。

打开原始文件，选中已经插入了超链接的单元格 E1，在"插入"选项卡下的"链接"组中单击"超链接"按钮，打开"编辑超链接"对话框，单击"删除链接"按钮，如右图所示。

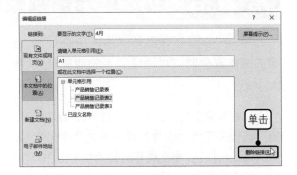

第5章　表格的美化设计

掌握了单元格数据的输入和编辑操作后，为了让单调的工作表更具美观性和专业性，还需要掌握一些简单的美化工作表的功能。本章将以此为目的，详细介绍Excel中文本字体格式的设置、单元格数据对齐方式的调整以及表格的边框和填充效果等的设置。

第126招　更改单元格数据的字体效果

当表格中输入的数据字体不符合用户的喜好或当前表格的整体效果时，可以通过以下方法对数据的字体进行更改。

步骤01　选择字体

打开原始文件，选中要更改字体的单元格A1，❶在"开始"选项卡下的"字体"组中单击"字体"右侧的下三角按钮，❷在展开的列表中单击"华文楷体"选项，如下图所示。

步骤02　显示设置效果

应用相同的方法设置其他单元格的字体，即可得到如下图所示的效果。

第127招　调整单元格数据内容的字体大小

当 Excel 的数据内容字体大小不符合当前的文本效果时，可通过字号功能更改文字大小。

打开原始文件，选中单元格A1，❶在"开始"选项卡下的"字体"组中单击"字号"右侧的下三角按钮，❷在展开的列表中单击"20"磅，如右图所示。

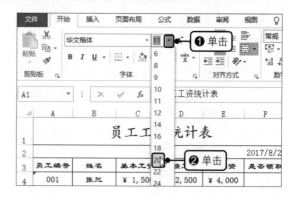

第128招　快速更改数据的字体大小

如果想要快速更改单元格内容的字体大小，可通过以下方法来实现。

打开原始文件，❶选中单元格 A2，❷在"开始"选项卡下的"字体"组中单击"减小字号"按钮，如右图所示。如果要增大字号，则单击"字体"组中的"增大字号"按钮。

第129招　加粗表格中的数据内容

如果想要突出显示表格的标题或者是某些表格数据内容，可通过加粗功能实现。

打开原始文件，❶选中单元格 A1，❷在"开始"选项卡下的"字体"组中单击"加粗"按钮，如右图所示。

第130招　让表格内容倾斜显示

当想要让表格中的内容拥有特殊的文字效果时，可通过倾斜功能来实现。

打开原始文件，❶选中单元格 A2，❷在"开始"选项卡下的"字体"组中单击"倾斜"按钮，如右图所示。

第131招　添加下画线强调数据内容

为了强调并突出表格中的某些数据内容，可为其添加下画线。

打开原始文件，❶选中单元格 D4，❷在"开始"选项卡下的"字体"组中单击"下画线"按钮，如右图所示。

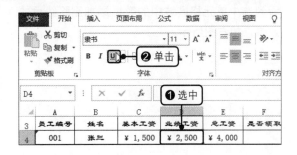

第132招 添加双下画线强调数据内容

除了可以添加单下画线来突出强调表格中的数据内容，还可以添加双下画线来实现突出目的。

打开原始文件，❶选中单元格 D4，❷在"开始"选项卡下的"字体"组中单击"下画线"右侧的下三角按钮，❸在展开的列表中单击"双下画线"选项，如右图所示。

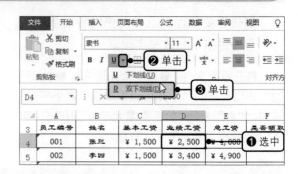

第133招 添加删除线标记删除内容

在编辑 Excel 表格数据内容的过程中，如果既想要删除表格中多余的数据内容，又想要保留删除的痕迹，可通过删除线功能实现。

步骤01 打开对话框

打开原始文件，❶选中单元格区域 A5:F5，❷在"开始"选项卡下的"字体"组中单击对话框启动器，如下图所示。

步骤02 添加删除线

弹出"设置单元格格式"对话框，在"字体"选项卡下的"特殊效果"选项组下勾选"删除线"复选框，如下图所示。

步骤03 显示添加删除线效果

单击"确定"按钮，返回工作表中，即可看到选中单元格区域中的数据添加删除线后的效果，如右图所示。

第134招　为数据内容添加突出效果的颜色

为了让 Excel 中的数据内容更加突出，可更改字体的颜色。

打开原始文件，按住鼠标左键拖动选中单元格区域 A3:F3，❶在"开始"选项卡下的"字体"组中单击"字体颜色"右侧的下三角按钮，❷在展开的列表中单击"红色"选项，如右图所示。

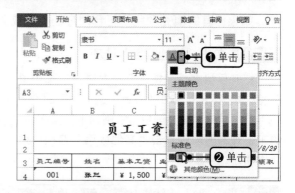

第135招　返回未设置时的普通字体格式

如果想要删除设置好的单元格字体格式效果，可通过普通字体功能返回默认的字体格式效果。

步骤01　打开"设置单元格格式"对话框

打开原始文件，❶选中单元格区域 A3:F3，❷在"开始"选项卡下的"字体"组中单击对话框启动器，如下图所示。

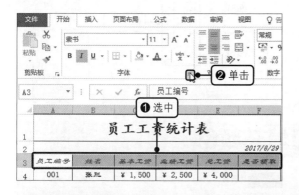

步骤02　设置普通字体

弹出"设置单元格格式"对话框，在"字体"选项卡下勾选"普通字体"复选框，如下图所示。单击"确定"按钮。

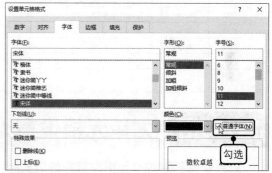

第136招　为单元格设置醒目的填充颜色

为了让表格中的某个或某些单元格更加醒目，可以为单元格设置填充颜色。

打开原始文件，按住鼠标左键拖动选中单元格区域 A3:F3，❶在"开始"选项卡下的"字体"组中单击"填充颜色"右侧的下三角按钮，❷在展开的列表中单击"白色，背景1，深色15%"选项，如右图所示。

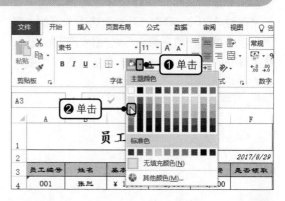

第137招 自定义单元格的填充颜色

如果已有的填充颜色不符合用户的喜好或实际工作需要，可为单元格自定义填充颜色。

步骤01 单击"其他颜色"选项

打开原始文件，按住鼠标左键拖动选中单元格区域 A3:F3，❶在"开始"选项卡下的"字体"组中单击"填充颜色"右侧的下三角按钮，❷在展开的列表中单击"其他颜色"选项，如下图所示。

步骤02 自定义填充颜色

弹出"颜色"对话框，❶切换至"自定义"选项卡，❷设置"颜色模式"为"RGB"，设置颜色值为"218、242、232"，❸单击"确定"按钮，如下图所示。

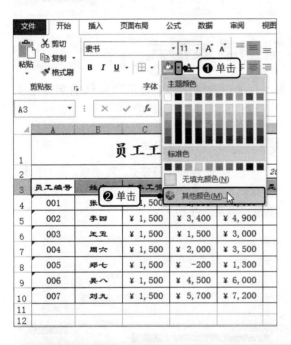

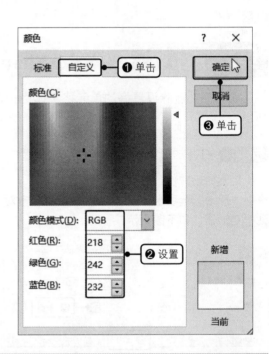

第138招 为单元格设置无填充颜色

如果想要删除对单元格设置好的填充颜色，可通过无填充颜色来实现。

打开原始文件，按住鼠标左键拖动选中单元格区域 A3:F3，❶在"开始"选项卡下的"字体"组中单击"填充颜色"右侧的下三角按钮，❷在展开的列表中单击"无填充颜色"选项，如右图所示。

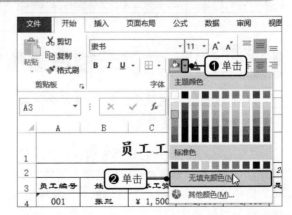

第139招　为单元格设置多样的双色填充效果

如果已有的单色填充效果不能满足实际工作需要，还可以为单元格设置双色填充效果，具体的操作方法如下。

步骤01 打开对话框

打开原始文件，❶按住鼠标左键拖动选中单元格区域A3:F3，❷在"开始"选项卡下的"字体"组中单击对话框启动器，如下图所示。

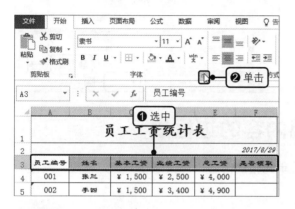

步骤02 单击"填充效果"按钮

弹出"设置单元格格式"对话框，❶切换至"填充"选项卡，❷单击"填充效果"按钮，如下图所示。

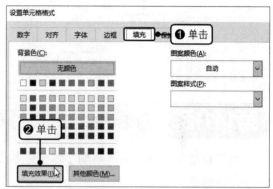

步骤03 设置填充颜色

弹出"填充效果"对话框，设置"双色"后的"颜色1"为"绿色，个性色6，淡色80%"，"颜色2"为"白色，背景1，深色15%"，如下图所示。

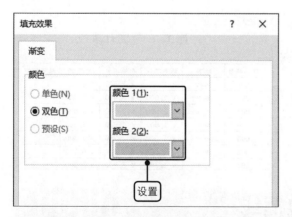

步骤04 设置底纹样式

❶在"底纹样式"选项组下单击"角部辐射"单选按钮，可在"示例"选项组下预览设置效果，❷单击"确定"按钮，如下图所示。

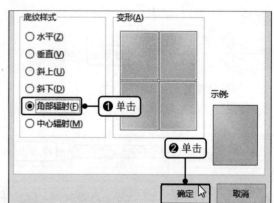

第140招　为单元格设置美观的底纹图案

除了可以为单元格设置单色和双色的填充效果来美化表格，还可以为单元格设置具有图案的底纹填充效果。

步骤01 设置图案颜色

打开原始文件，选中单元格区域 A3:F3，单击"开始"选项卡下的"字体"组中的对话框启动器，打开"设置单元格格式"对话框，❶切换至"填充"选项卡，❷单击"图案颜色"右侧的下三角按钮，❸在展开的列表中单击"绿色，个性色 6，"，如下图所示。

步骤02 选择图案样式

❶单击"图案样式"右侧的下三角按钮，❷在展开的列表中单击"50% 灰色"样式，如下图所示。完成后单击"确定"按钮，返回工作表中，即可看到为选中单元格区域填充的图案颜色和样式。

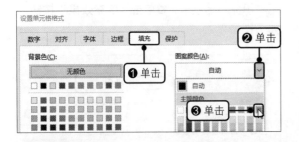

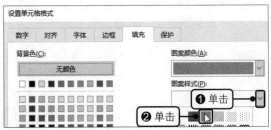

第141招　为表格添加分隔内容的边框线

为了规范化表格，并清晰明了地分隔各个单元格的内容，可为表格添加边框线。具体的操作方法如下。

步骤01 添加框线

打开原始文件，选中单元格区域 A3:F10，❶在"开始"选项卡下的"字体"组中单击"下框线"右侧的下三角按钮，❷在展开的列表中单击"所有框线"选项，如下图所示。

步骤02 显示添加效果

完成框线的添加后，可看到选中单元格区域中的每个单元格都添加了边框，如下图所示。

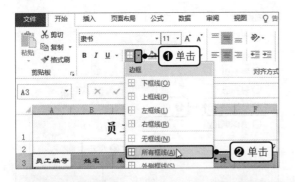

第142招　手动绘制表格边框线

除了可以通过以上方法添加表格边框，还可以通过绘制功能为表格绘制需要的边框线。

步骤01 启动绘制边框功能

打开原始文件，❶在"开始"选项卡下的"字体"组中单击"下框线"右侧的下三角按钮，❷在展开的列表中单击"绘制边框"选项，如下左图所示。

步骤02 绘制边框

此时鼠标变为了 ✐ 形状，在要绘制边框的边框线上单击并拖动鼠标，如下右图所示，即可为该边框添加边框线。

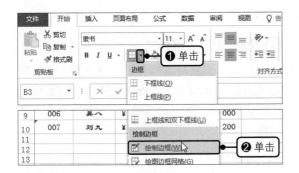

步骤03 显示绘制效果

应用相同的方法为其他边框绘制边框线，即可得到如右图所示的表格效果。

第143招　设置表格的边框颜色

为了让表格的边框更加美观，可为表格的边框设置合适的颜色。具体的操作方法如下。

步骤01 选择线条颜色

打开原始文件，❶在"开始"选项卡下的"字体"组中单击"下框线"右侧的下三角按钮，❷在展开的列表中单击"线条颜色 > 红色"选项，如下图所示。

步骤02 应用线条颜色

此时鼠标变为了 ✐ 形状，在要改变框线颜色的边框上单击并拖动鼠标，如下图所示，即可更改工作表中的边框颜色。

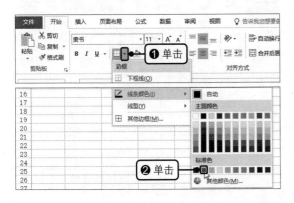

第144招 为表格边框设置其他样式

除了可以为表格设置实心的默认线条样式外，还可以通过设置单元格格式功能为表格边框设置其他样式。

步骤01 打开对话框

打开原始文件，❶按住鼠标左键拖动选中单元格区域 A3:F10，❷在"开始"选项卡下的"字体"组中单击对话框启动器，如下图所示。

步骤02 设置边框样式

弹出"设置单元格格式"对话框，❶切换至"边框"选项卡下，❷在"样式"列表框中选择边框样式，❸在"预置"选项组下单击"外边框"按钮，如下图所示。

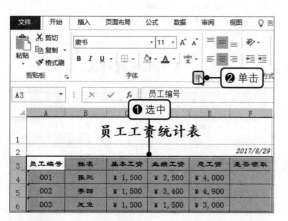

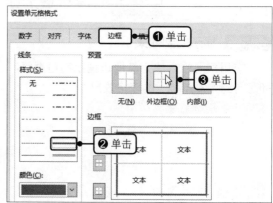

步骤03 显示设置效果

单击"确定"按钮，返回工作表中，即可看到选中区域的外边框添加了设置后的边框效果，如右图所示。

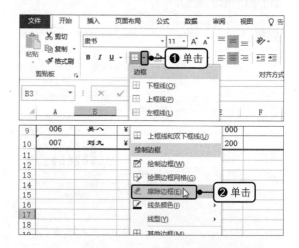

第145招 擦除多余的表格边框线条

当表格中添加的边框样式或颜色不符合实际工作需要时，可使用擦除边框功能将其擦除。

步骤01 选择擦除工具

打开原始文件，❶在"开始"选项卡下的"字体"组中单击"下框线"右侧的下三角按钮，❷在展开的列表中单击"擦除边框"选项，如右图所示。

步骤02 擦除边框

此时鼠标变为了 ⌀ 形状，在要擦除的边框上按住鼠标左键拖动，如下图所示。完成擦除后释放鼠标即可。

	A	B	C	D	E	F
1			员工工资统计表			
2						2017/8/29
3	员工编号	姓名	基本工资	业绩工资	总工资	是否领取
4	001	张三	¥ 1,500	¥ 2,500	¥ 4,000	
5	002	李四	¥ 1,500	¥ 3,400	¥ 4,900	
6	003	王五	¥ 1,500	¥ 1,500	¥ 3,000	
7	004	周六	¥ 1,500	¥ 2,000	¥ 3,500	
8	005	郑七	¥ 1,500	¥ -200	¥ 1,300	
9	006	吴八	¥ 1,500	¥ 4,500	¥ 6,000	
10	007	✎ [拖动]	¥ 1,500	¥ 5,700	¥ 7,200	
11						
12						

步骤03 显示擦除效果

应用相同的方法擦除其他边框线，得到如下图所示的表格效果。

	A	B	C	D	E	F
1			员工工资统计表			
2						2017/8/29
3	员工编号	姓名	基本工资	业绩工资	总工资	是否领取
4	001	张三	¥ 1,500	¥ 2,500	¥ 4,000	
5	002	李四	¥ 1,500	¥ 3,400	¥ 4,900	
6	003	王五	¥ 1,500	¥ 1,500	¥ 3,000	
7	004	周六	¥ 1,500	¥ 2,000	¥ 3,500	
8	005	郑七	¥ 1,500	¥ -200	¥ 1,300	
9	006	吴八	¥ 1,500	¥ 4,500	¥ 6,000	
10	007	刘九	¥ 1,500	¥ 5,700	¥ 7,200	
11						
12						

第146招 为单元格添加斜线边框

在 Excel 工作表的制作过程中，偶尔会需要在一个单元格中制作斜线表头分别表示行与列的不同内容。其具体的操作方法如下。

步骤01 打开对话框

打开原始文件，❶选中单元格区域A2，❷在"开始"选项卡下的"字体"组中单击对话框启动器，如下图所示。

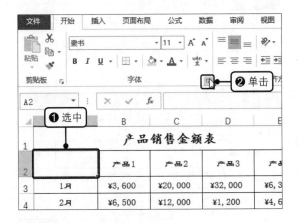

步骤02 添加斜框线

弹出"设置单元格格式"对话框，❶切换至"边框"选项卡，❷在"边框"选项组下单击要添加的斜线框线，如下图所示。

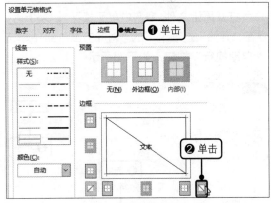

步骤03 显示斜边框效果

单击"确定"按钮，返回工作表中，可看到选中单元格添加斜线后的效果，在单元格中输入合适的文本，即可得到如右图所示的效果。

	A	B	C	D	E
1			产品销售金额表		
2	月份 ／ 产品	产品1	产品2	产品3	产品4
3	1月	¥3,600	¥20,000	¥32,000	¥6,300
4	2月	¥6,500	¥12,000	¥1,200	¥4,600
5	3月	¥4,500	¥30,000	¥45,000	¥5,000
6	4月	¥7,800	¥40,000	¥60,000	¥7,000
7	5月	¥6,300	¥60,000	¥7,000	¥9,000

第147招 设置单元格文本的对齐方式

为了让表格更加整洁和统一，可根据自己的需要设置单元格的对齐方式。具体操作方法如下。

步骤01 设置对齐方式

打开原始文件，❶选中单元格区域A2，❷在"开始"选项卡下的"对齐方式"组中单击"左对齐"按钮，如下图所示。

步骤02 显示设置效果

完成设置后，可看到单元格A2中的文本在单元格中左对齐显示，如下图所示。

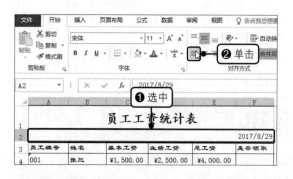

第148招 自动换行单元格内容

当单元格中输入了较多的数据内容时，可能会由于列宽不够而不能完全显示数据内容，此时可通过自动换行功能在不改变列宽的基础上显示单元格中的全部内容。

步骤01 自动换行单元格内容

打开原始文件，❶选中单元格区域C3:E3，❷在"开始"选项卡下的"对齐方式"组中单击"自动换行"按钮，如下图所示。

步骤02 显示换行效果

完成自动换行设置后，可看到选中单元格中的超长文本会自动换行，如下图所示。

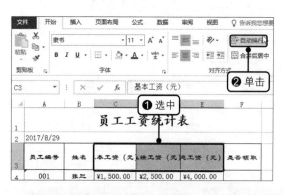

第149招 强制换行单元格内容

除了可以使用自动换行功能对多内容的单元格进行换行，还可以使用强制换行功能对单元格中的内容进行换行。

打开原始文件，将鼠标定位在单元格 A1 文本中的"** 信息公司"后，按下【Alt+Enter】组合键，可将光标后的文本切换到相同单元格的第二行，如右图所示。

A	B	C	D	E	F
信息公司 员工工资统计表					
员工编号	姓名	基本工资 （元）	业绩工资 （元）	总工资 （元）	是否领取
001	张三	¥1,500.00	¥2,500.00	¥4,000.00	
002	李四	¥1,500.00	¥3,400.00	¥4,900.00	
003	王五	¥1,500.00	¥1,500.00	¥3,000.00	
004	周六	¥1,500.00	¥2,000.00	¥3,500.00	
005	郑七	¥1,500.00	（¥200.00）	¥1,300.00	
006	吴八	¥1,500.00	¥4,500.00	¥6,000.00	
007	刘九	¥1,500.00	¥5,700.00	¥7,200.00	

第150招　让单元格中的文字竖排显示

在实际工作中，有时会需要在单元格中竖排显示数据内容，此时可以通过以下方法来实现。

步骤01　竖排显示文字

打开原始文件，❶选中单元格 B2，❷在"开始"选项卡下的"对齐方式"组中单击"方向"按钮，❸在展开的列表中单击"竖排文字"选项，如下图所示。

步骤02　显示设置结果

完成设置后，可看到单元格 B2 中文本的竖排显示效果，如下图所示。

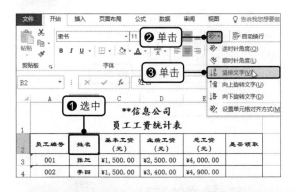

第151招　使用格式刷快速复制文本格式

当单元格中的数据格式复杂多变时，逐个设置会耗费大量时间且易出错。此时可以使用 Excel 中的格式刷工具将设置好的单元格格式轻松复制到其他的单元格中。

步骤01　启动格式刷功能

打开原始文件，❶选择单元格 C3，❷在"开始"选项卡下的"剪贴板"组中单击"格式刷"按钮，如右图所示。

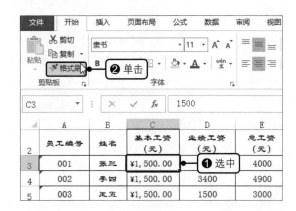

步骤02 应用格式刷

此时鼠标变为⊕♣形状，在要应用所选单元格格式的单元格区域中按住鼠标左键拖动，如下图所示。

	A	B	C	D	E	
2	员工编号	姓名	基本工资（元）	业绩工资（元）	总工资（元）	是
3	001	张三	¥1,500.00	2500	4000	
4	002	李四	¥1,500.00	3400	4900	
5	003	王五	¥1,500.00	1500	3000	
6	004	周六	¥1,500.00	2000	3500	
7	005	郑七	¥1,500.00	-200	1300	
8	006	吴八	¥1,500.00	4500	6000	
9	007	刘九	¥1,500.00	拖动 720	⊕♣	
10						
11						

步骤03 显示应用效果

释放鼠标后，即可看到使用格式刷应用单元格格式后的效果，如下图所示。

	A	B	C	D	E	F
1			****信息公司** **员工工资统计表**			
2	员工编号	姓名	基本工资（元）	业绩工资（元）	总工资（元）	是否领取
3	001	张三	¥1,500.00	¥2,500.00	¥4,000.00	
4	002	李四	¥1,500.00	¥3,400.00	¥4,900.00	
5	003	王五	¥1,500.00	¥1,500.00	¥3,000.00	
6	004	周六	¥1,500.00	¥2,000.00	¥3,500.00	
7	005	郑七	¥1,500.00	(¥200.00)	¥1,300.00	
8	006	吴八	¥1,500.00	¥4,500.00	¥6,000.00	
9	007	刘九	¥1,500.00	¥5,700.00	¥7,200.00	

第152招 清除单元格中的数据格式

当单元格格式的设置不符合实际需要时，可直接清除单元格格式。

打开原始文件，按住鼠标左键拖动选中要清除格式的单元格区域 C3:E9，❶在"开始"选项卡下的"编辑"组中单击"清除"按钮，❷在展开的列表中单击"清除格式"选项，如右图所示。

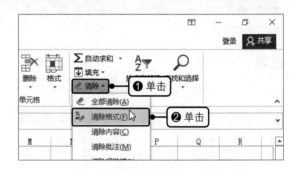

读书笔记

第6章　用条件格式分析数据

为了突出显示工作表中需要的数据，可使用突出显示单元格规则、项目选取规则、数据条、色阶等条件格式工具为满足条件的数据表格添加各种类型的条件格式，从而达到简单分析数据的目的。此外，还可以为工作表数据套用表格格式和单元格样式，从而使制作的表格具有更加专业的外观。

第153招　突出显示大于特定值的单元格

如果需要通过改变颜色、字形、特殊效果等改变格式的方法使得某一类具有共性的单元格突出显示，如大于指定值的单元格，可使用突出显示单元格功能来实现。

步骤01　选择条件格式工具

打开原始文件，选中单元格区域 C4:C14，❶在"开始"选项卡下的"样式"组中单击"条件格式"按钮，❷在展开的列表中单击"突出显示单元格规则 > 大于"选项，如下图所示。

步骤02　设置条件格式

弹出"大于"对话框，❶设置要突出显示的业绩额为大于"200000"，要突出显示的效果为"绿填充色深绿色文本"，❷单击"确定"按钮，如下图所示。

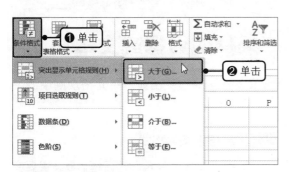

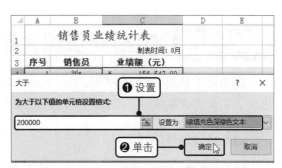

步骤03　显示突出显示效果

返回工作表中，即可看到选中单元格区域中数据大于 200000 的业绩额会以绿色的单元格填充色和深绿色的文本突出显示出来，如右图所示。

	A	B	C	D
1		销售员业绩统计表		
2			制表时间：8月	
3	序号	销售员	业绩额（元）	
4	1	刘*	¥ 156,547.00	
5	2	王**	¥ 325,461.00	
6	3	洪**	¥ 254,825.00	
7	4	李**	¥ 124,554.00	
8	5	张**	¥ 168,487.00	
9	6	刘**	¥ 254,152.00	

第154招　突出显示介于两个值之间的单元格

如果需要突出显示介于某两个值之间的单元格数据，则可以通过突出显示单元格规则中的介于功能来完成，具体的操作方法如下。

步骤01 选择条件格式工具

打开原始文件，选中单元格区域 C4:C14，❶在"开始"选项卡下的"样式"组中单击"条件格式"按钮，❷在展开的列表中单击"突出显示单元格规则 > 介于"选项，如下图所示。

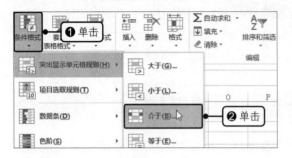

步骤02 设置条件格式

弹出"介于"对话框，❶设置要突出显示的业绩额为介于"200000"和"300000"之间，要突出显示的效果为"浅红色填充"，❷单击"确定"按钮，如下图所示。

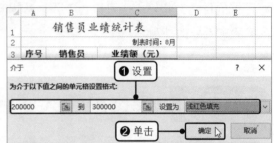

步骤03 显示突出的值

返回工作表中，即可看到表格中业绩额介于 200000 和 300000 之间的单元格被浅红色填充，如右图所示。

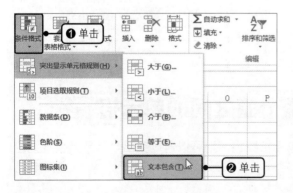

第155招 突出显示包含某一条件的数据或文本

如果需要突出工作表中包含某一条件的数据或文本，可通过突出显示单元格规则中的突出文本包含功能来实现，具体的操作方法如下。

步骤01 选择条件格式工具

打开原始文件，按住鼠标左键拖动选中单元格区域 B4:B14，❶在"开始"选项卡下的"样式"组中单击"条件格式"按钮，❷在展开的列表中单击"突出显示单元格规则 > 文本包含"选项，如下图所示。

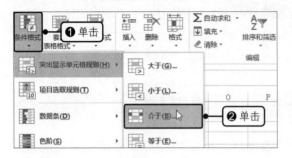

步骤02 设置条件格式

弹出"文本中包含"对话框，❶设置要突出显示的文本为"刘"，要突出显示的效果为"浅红色填充"，❷单击"确定"按钮，如下图所示。

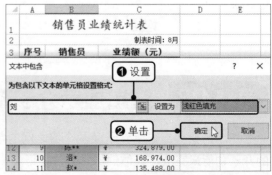

步骤03 突出显示文本单元格

返回工作表中，即可看到表格中含有"刘"的单元格被浅红色填充，如右图所示。

序号	销售员	业绩额（元）
		销售员业绩统计表
		制表时间：8月
1	刘*	￥ 156,547.00
2	王**	￥ 325,461.00
3	洪**	￥ 254,825.00
4	李**	￥ 124,554.00
5	张**	￥ 168,487.00
6	刘**	￥ 254,152.00

第156招　突出显示发生日期数据

如果需要突出显示表格中的某类日期数据时，可通过突出显示单元格规则中的突出发生日期功能来实现，具体的操作方法如下。

步骤01 选择条件格式工具

打开原始文件，按住鼠标左键拖动选中单元格区域 A4:A33，❶在"开始"选项卡下的"样式"组中单击"条件格式"按钮，❷在展开的列表中单击"突出显示单元格规则 > 发生日期"选项，如下图所示。

步骤02 选择要突出显示的日期

弹出"发生日期"对话框，❶单击要突出显示日期右侧的下三角按钮，❷在展开的列表中单击"上周"选项，如下图所示。设置好突出显示的效果，单击"确定"按钮，即可突出显示上周的日期数据。

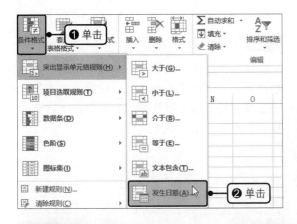

第157招　标记工作表中的重复值

如果需要在数据较多的工作表中查找重复值，一个一个地查找会非常麻烦，此时可使用条件格式查找并突出显示工作表中的重复数据，具体的操作方法如下。

步骤01 选择条件格式工具

打开原始文件，按住鼠标左键拖动选中单元格区域 C4:C15，❶在"开始"选项卡下的"样式"组中单击"条件格式"按钮，❷在展开的列表中单击"突出显示单元格规则 > 重复值"选项，如右图所示。

步骤02 设置条件格式

弹出"重复值"对话框，❶设置填充颜色为"浅红填充色深红色文本"，❷单击"确定"按钮，如下图所示。

步骤03 突出显示重复值

返回工作表中，即可看到表格中含有重复值的单元格被填充为浅红色，文本突出显示为深红色，如下图所示。

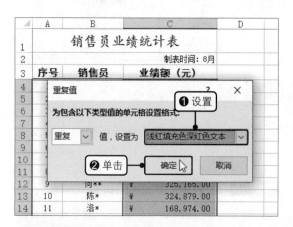

第158招 自定义单元格的突出显示格式

如果内置的突出显示单元格规则的条件格式不能满足实际需求，可自定义单元格的突出显示格式，具体的操作方法如下。

步骤01 选择条件格式工具

打开原始文件，按住鼠标左键拖动选中单元格区域 C4:C15，❶在"开始"选项卡下的"样式"组中单击"条件格式"按钮，❷在展开的列表中单击"突出显示单元格规则 > 小于"选项，如下图所示。

步骤02 设置条件格式

弹出"小于"对话框，❶设置要小于的业绩额为"150000"，❷单击"设置为"右侧的下三角按钮，❸在展开的列表中单击"自定义格式"选项，如下图所示。

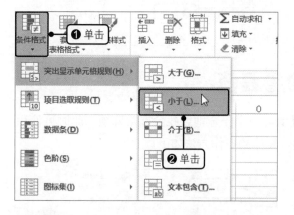

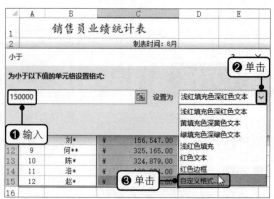

步骤03 设置字体格式

弹出"设置单元格格式"对话框，设置"字形"为"倾斜"、"颜色"为"红色"，如下左图所示。

步骤04　设置填充效果

❶切换至"填充"选项卡，❷在"背景色"选项组下单击要设置的填充色，如下右图所示。

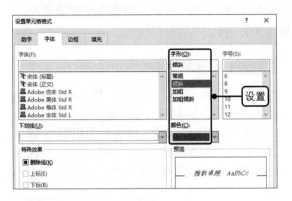
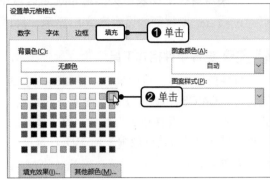

步骤05　突出显示单元格

连续单击"确定"按钮，返回工作表中，即可看到表格中含有重复值的单元格填充为浅绿色，文本突出显示为红色，如右图所示。

	A	B	C	D
1		销售员业绩统计表		
2			制表时间：8月	
3	序号	销售员	业绩额（元）	
4	1	刘*	¥　156,547.00	
5	2	王**	¥　325,461.00	
6	3	洪**	¥　254,825.00	
7	4	李**	¥　124,554.00	
8	5	张**	¥　168,487.00	
9	6	刘**	¥　254,152.00	
10	7	陈**	¥　165,554.00	

第159招　突出前几项值的单元格

如果需要在工作表中突出显示选定区域中最大项、最小项数值所在的单元格，可以通过项目选取规则的设置来突出显示，具体的操作方法如下。

步骤01　选择条件格式工具

打开原始文件，按住鼠标左键拖动选中单元格区域 C4:C33，❶在"开始"选项卡下的"样式"组中单击"条件格式"按钮，❷在展开的列表中单击"项目选取规则 > 前 10 项"选项，如下图所示。

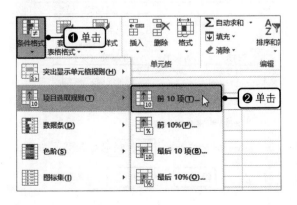

步骤02　设置条件格式

弹出"前 10 项"对话框，❶设置要突出显示的业绩额为前"8"项，突出显示的效果为"浅红色填充"，❷单击"确定"按钮，如下图所示。表格选中区域中值最大的前 8 项所在单元格将以设置的浅红色填充。

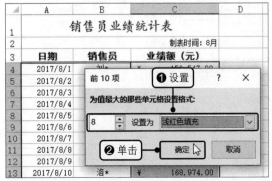

第160招 突出显示百分占比的数据单元格

如果需要在工作表中突出显示选定区域中最大项、最小项的百分比数据所在的单元格，可通过项目选取规则的设置来突出显示，具体的操作方法如下。

步骤01 选择条件格式工具

打开原始文件，按住鼠标左键拖动选中单元格区域 C4:C33，❶在"开始"选项卡下的"样式"组中单击"条件格式"按钮，❷在展开的列表中单击"项目选取规则 > 前 10%"选项，如下图所示。

步骤02 设置条件格式

弹出"前 10%"对话框，❶设置要突出显示的业绩额为前 20%，突出显示的效果为"浅红填充色深红色文本"，❷单击"确定"按钮，如下图所示。表格选中区域中百分占比为 20%所在单元格将以设置的颜色填充。

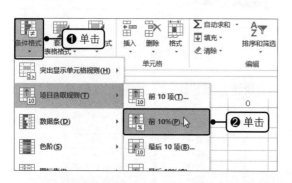

第161招 突出显示高于平均值的数据

如果需要将工作表中大于或小于平均值的单元格突出显示，也可通过项目选取规则功能实现，具体的操作方法如下。

步骤01 选择条件格式工具

打开原始文件，按住鼠标左键拖动选中单元格区域 C4:C33，❶在"开始"选项卡下的"样式"组中单击"条件格式"按钮，❷在展开的列表中单击"项目选取规则 > 高于平均值"选项，如下图所示。

步骤02 设置条件格式

弹出"高于平均值"对话框，❶设置突出显示的效果为"浅红色填充"，❷单击"确定"按钮，如下图所示，即可将高于平均值的单元格填充为浅红色。

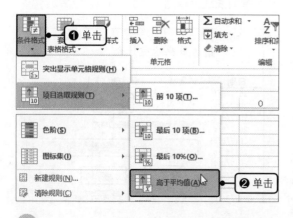

第162招　使用数据条比较数值的大小

在实际工作中，为了提高对比或分析数据的效率，可使用数据条功能对工作表中的数据进行直观的比较。一般情况下，数据条越长，表明该单元格中的数据越大，反之，则数据越小。

步骤01　使用数据条工具

打开原始文件，按住鼠标左键拖动选中单元格区域 C4:C33，❶在"开始"选项卡下的"样式"组中单击"条件格式"按钮，❷在展开的列表中单击"数据条 > 渐变填充 > 绿色数据条"选项，如下图所示。

步骤02　显示比较结果

完成设置后，即可看到选中区域中添加的渐变绿色数据条长度会对应每个单元格中的业绩额值，如下图所示。

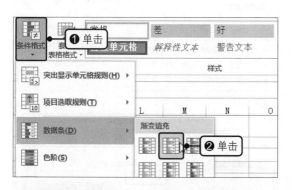

第163招　仅显示数据条对比分析数据

若只需要在单元格中以数据条来对比分析数据时，可通过以下方法实现。

步骤01　选择条件格式工具

打开原始文件，按住鼠标左键拖动选中单元格区域 C4:C33，❶在"开始"选项卡下的"样式"组中单击"条件格式"按钮，❷在展开的列表中单击"数据条 > 其他规则"选项，如下图所示。

步骤02　仅显示数据条

弹出"新建格式规则"对话框，勾选"仅显示数据条"复选框，如下图所示。完成后单击"确定"按钮。

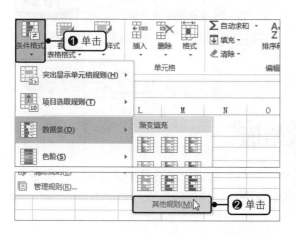

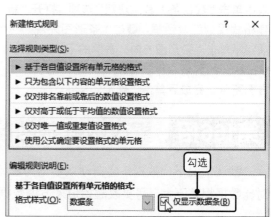

步骤03 显示设置效果

返回工作表中，即可看到选中区域仅使用了数据条对业绩额进行了对比分析，如右图所示。

	A	B	C
1	销售员业绩统计表		
2			制表时间：8月
3	日期	销售员	业绩额（元）
4	2017/8/1	刘*	
5	2017/8/2	王**	
6	2017/8/3	洪**	
7	2017/8/4	李**	
8	2017/8/5	张**	
9	2017/8/6	刘**	

第164招 更改数据条的外观

如果对数据条的填充和边框的样式、颜色不满意，可通过以下方法进行修改。

打开原始文件，按住鼠标左键拖动选中单元格区域 C4:C33，在"开始"选项卡下的"样式"组中单击"条件格式"按钮，在展开的列表中单击"数据条 > 其他规则"选项，打开"新建格式规则"对话框，❶在"条形图外观"选项组下设置"填充"为"实心填充"、数据条"颜色"为"浅绿"、"边框"为"实心边框"、边框"颜色"为"红色"，❷单击"确定"按钮，如右图所示。

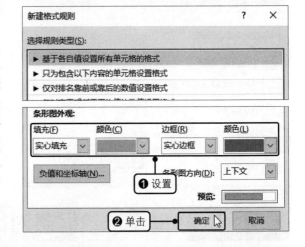

第165招 更改数据条的方向

如果对数据条中条形图的方向不满意，可通过以下方法进行更改。

打开原始文件，按住鼠标左键拖动选中单元格区域 C4:C33，在"开始"选项卡下的"样式"组中单击"条件格式"按钮，在展开的列表中单击"数据条 > 其他规则"选项，打开"新建格式规则"对话框，❶在"条形图外观"选项组下单击"条形图方向"右侧的下三角按钮，❷在展开的列表中单击"从右到左"选项，如右图所示。完成后单击"确定"按钮。

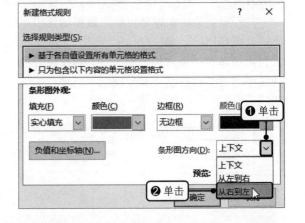

第166招 更改数据条的起始值

默认情况下，数据条会自动以零值为起始值，如果要对比数据的最小值较大，或者各个对比数据相差不大，可更改起始值来方便数据的对比分析，具体的操作方法如下。

打开原始文件，选中单元格区域 C4:C33，在"开始"选项卡下的"样式"组中单击"条件格式"按钮，在展开的列表中单击"数据条 > 其他规则"选项，打开"新建格式规则"对话框，❶在"最小值"组中展开"类型"下拉列表，❷单击"最低值"选项，如下图所示。

 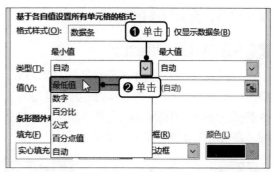

第167招 更改负数数据条的颜色

若应用了数据条的数据区域中含有负值，其自动会为负值数据应用不同的颜色数据条对比分析数据，如果对默认的负数数据条颜色不满意，可通过以下方法进行更改。

步骤01 单击"负值和坐标轴"按钮

打开原始文件，选中单元格区域 B4:B33，在"开始"选项卡下的"样式"组中单击"条件格式"按钮，在展开的列表中单击"数据条 > 其他规则"选项，打开"新建格式规则"对话框，单击"负值和坐标轴"按钮，如下图所示。

步骤02 设置负值条形图的填充颜色

弹出"负值和坐标轴设置"对话框，❶单击"填充颜色"右侧的"颜色选择器"按钮，❷在展开的列表中单击"绿色"按钮，如下图所示。连续单击"确定"按钮，返回工作表中，即可看到选中区域中的负值数据条被填充为绿色。

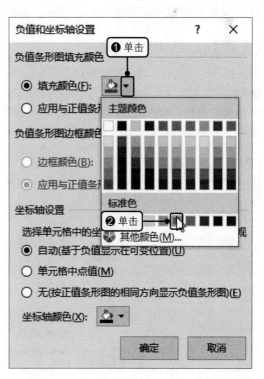

第168招 使用不同色调区分数据的大小

如果需要使数据值的区域范围一目了然，可使用色阶功能中的不同色调区分数据的最值和中间值，具体的操作方法如下。

步骤01 选择条件格式工具

打开原始文件，选中单元格区域 C4:C33，❶在"开始"选项卡下的"样式"组中单击"条件格式"按钮，❷在展开的列表中单击"色阶 > 绿 - 白色阶"选项，如下图所示。

步骤02 显示应用效果

即可看到工作表中选中区域的业绩额应用"绿 - 白色阶"后的效果，可发现业绩额越大，填充颜色越深，如下图所示。

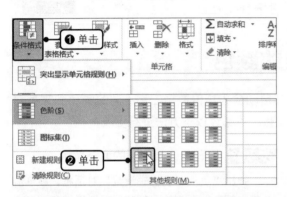

第169招 使用图标集区分数据的大小

如果需要快速地区分数据中的每个等级，可使用图标集功能将分析的数据分为多个类别，且每个类别都用不同的图标加以区分，具体的操作方法如下。

步骤01 选择条件格式工具

打开原始文件，选中单元格区域 C4:C33，❶在"开始"选项卡下的"样式"组中单击"条件格式"按钮，❷在展开的列表中单击"图标集 > 五象限图"选项，如下图所示。

步骤02 显示应用效果

即可看到工作表中选中区域的业绩额数据前会添加一个象限图，其中，业绩额越大，象限图内的深色块就越多，如下图所示。

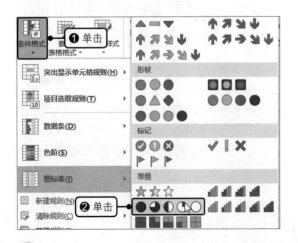

第170招　反转图标集区分数据

如果对单元格区域中应用的图标默认排列顺序不满意，可通过以下操作反转图标次序。

步骤01　选择条件格式工具

打开原始文件，选中单元格区域 C4:C33，❶在"开始"选项卡下的"样式"组中单击"条件格式"按钮，❷在展开的列表中单击"图标集 > 其他规则"选项，如下图所示。

步骤02　反转图标次序

弹出"新建格式规则"对话框，❶设置"图标样式"为"3 个星形"，❷单击"反转图标次序"按钮，如下图所示。单击"确定"按钮，返回工作表中，即可看到图标集会反向区分数据。

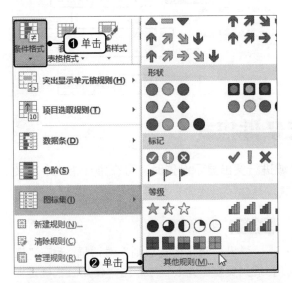

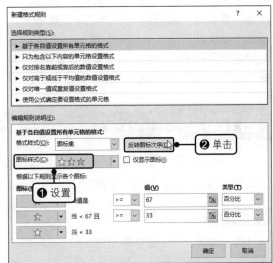

第171招　区分数据时只显示图标集

如果只需要在单元格中以图标来分辨数据的大小，可通过以下方法隐藏数据值，只显示图标集。

打开原始文件，选中单元格区域 C4:C33，在"开始"选项卡下的"样式"组中单击"条件格式"按钮，在展开的列表中单击"图标集 > 其他规则"选项，打开"新建格式规则"对话框，❶设置"图标样式"为"四等级"，❷勾选"仅显示图标"复选框，如右图所示。单击"确定"按钮，选中区域将仅显示图标集来区分数据。

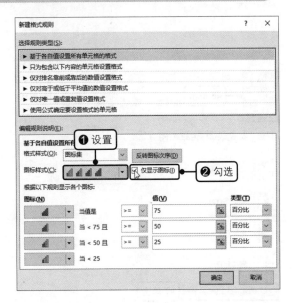

第172招 设置各个图标的显示规则

如果图标集中各个图标所代表的值和类型不符合实际的工作需要，可通过以下方法进行更改。

打开原始文件，选中单元格区域C4:C33，在"开始"选项卡下的"样式"组中单击"条件格式"按钮，在展开的列表中单击"图标集＞其他规则"选项，打开"新建格式规则"对话框，❶设置"图标样式"为"3 个星形"，❷在"根据以下规则显示各个图标"选项组下设置各个星形图标对应的值和类型，❸单击"确定"按钮，如右图所示。

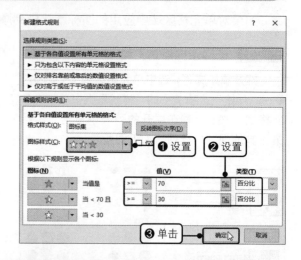

第173招 使用公式自定义条件格式

当不能直接使用已有的条件格式对数据区域进行突出显示设置时，可在条件格式中定义公式对需要突出显示的区域进行计算和比较设置，具体的操作方法如下。

步骤01 单击"新建规则"选项

打开原始文件，选中单元格区域C4:C33，❶在"开始"选项卡下的"样式"组中单击"条件格式"按钮，❷在展开的列表中单击"新建规则"选项，如下图所示。

步骤02 新建规则

弹出"新建格式规则"对话框，❶在"选择规则类型"列表框中单击"使用公式确定要设置格式的单元格"选项，❷在"为符合此公式的值设置格式"文本框中输入"=AND(MONTH(TODAY())=MONTH(C3),DAY(TODAY())=DAY(C3))"公式，❸单击"格式"按钮，如下图所示。

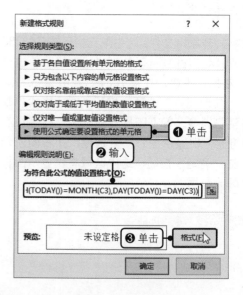

步骤03 设置字体格式

弹出"设置单元格格式"对话框，❶切换至"字体"选项卡，❷设置"字形"为"加粗倾斜"、"颜色"为"红色"，如下图所示。

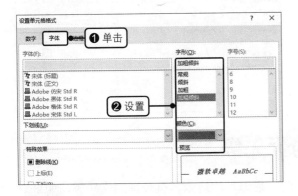

步骤04 设置填充效果

❶切换至"填充"选项卡，❷在"背景色"选项组下单击要设置的填充颜色，如下图所示。单击"确定"按钮。

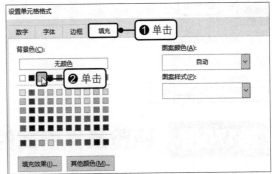

步骤05 显示应用格式效果

返回工作表中，可看到选中单元格区域中生日是当天的单元格 C9 被设置的条件格式突出显示了，如右图所示。

	A	B	C	D	E
1			员工资料表		
2	姓名	年龄	生日	联系电话	
3	黄**	35	3月7日	138****8794	
4	孙**	35	1月28日	135****4879	
5	陈**	34	2月5日	135****5974	
6	刘**	28	1月28日	135****2547	
7	王**	28	3月5日	134****1475	
8	赵**	25	7月1日	134****5897	
9	章**	25	*9月13日*	135****1456	
10	张**	24	1月27日	135****9874	
11	李**	22	1月28日	139****8574	

第174招　查找条件格式

如果希望快速查找出工作表中应用了条件格式的单元格或单元格区域，可通过以下方法来实现。

打开原始文件，❶在"开始"选项卡下的"编辑"组中单击"查找和选择"按钮，❷在展开的列表中单击"条件格式"选项，如右图所示。即可将工作表中应用了条件格式的单元格或单元格区域选中。

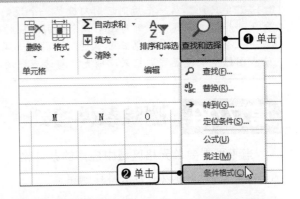

第175招　如果为真则停止规则的应用

当某个单元格区域中应用了两个或更多个条件格式规则时，如果想要控制规则的计算停止时间，可使用如果为真则停止功能。

步骤01 管理规则

打开原始文件，选中单元格区域 C4:C33，❶在"开始"选项卡下的"样式"组中单击"条件格式"按钮，❷在展开的列表中单击"管理规则"选项，如下左图所示。

步骤02 如果为真则停止

弹出"条件格式规则管理器"对话框，如果只计算第一个规则，则勾选第一个规则后的"如果为真则停止"复选框，如下右图所示。完成后单击"确定"按钮。

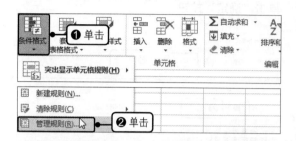

第176招 调整条件格式的优先级

为一个单元格区域应用多个条件格式规则时，后添加的规则具有较高的优先级，如果对已有的优先级顺序不满意，可以使用上移和下移按钮更改规则的优先级顺序。

打开原始文件，选中单元格区域 C4:C33，在"开始"选项卡下的"样式"组中单击"条件格式"按钮，在展开的列表中单击"管理规则"选项，打开"条件格式规则管理器"对话框，❶选中要调整位置的格式，❷单击"上移"按钮，如右图所示。完成后单击"确定"按钮。

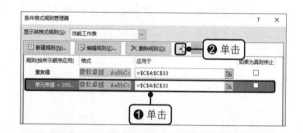

⏰ **提示**

若要只计算第一个规则，则勾选第一个规则对应的"如果为真则停止"复选框。若要只计算第一和第二个规则，则勾选第二个规则对应的"如果为真则停止"复选框。若要只计算第一、二、三个规则，则勾选第三个规则对应的"如果为真则停止"复选框。如果使用了数据条、色阶或图标集来设置规则格式，则无法勾选或取消勾选"如果为真则停止"复选框。

第177招 删除条件格式

当不再需要单元格区域中应用的条件格式规则时，可通过以下方法将其删除。

打开原始文件，按住鼠标左键拖动选中单元格区域 C4:C33，❶在"开始"选项卡下的"样式"组中单击"条件格式"按钮，❷在展开的列表中单击"清除规则 > 清除所选单元格的规则"选项，如右图所示。如果要清除整个工作表中的规则，在展开的列表中单击"清除规则 > 清除整个工作表的规则"选项即可。

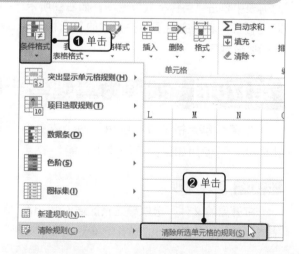

第178招　为表格套用预设的表格格式

完成工作表的制作后，如果觉得工作表太单调，可以直接套用 Excel 组件中自带的多种表格格式来美化 Excel 表格。具体的操作方法如下。

步骤01　套用表格格式

打开原始文件，❶在"样式"组中单击"套用表格格式"按钮，❷在展开的列表中单击要套用的表格样式，如"表样式中等深浅 2"样式，如右图所示。

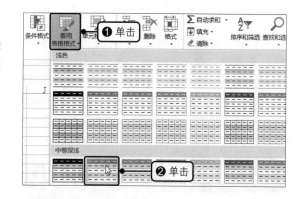

步骤02　设置数据来源

弹出"套用表格式"对话框，❶设置"表数据的来源"为单元格区域 A2:D15，❷勾选"表包含标题"复选框，❸单击"确定"按钮，如下图所示。

步骤03　显示套用效果

返回工作表中，即可看到选择的数据区域套用了表格格式后的效果，如下图所示。

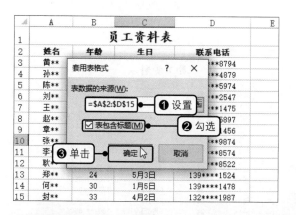

第179招　修改表格样式选项

为工作表套用表格格式后，可根据实际情况删除或添加表格样式选项。具体的操作方法如下。

打开原始文件，选中应用了表格格式的任意单元格，❶在"表格工具 - 设计"选项卡下的"表格样式选项"组中取消勾选"镶边行"复选框，❷勾选"镶边列"复选框，如右图所示。

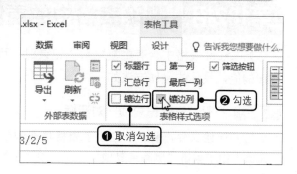

第180招 编辑表格名称

为了便于在公式中对表格数据进行引用，可对该表名称进行编辑，具体的操作方法如下。

打开原始文件，❶选中应用了表格样式的任意单元格，❷在"表格工具 - 设计"选项卡下的"属性"组中的"表名称"文本框中重新输入新的名称，如"员工资料表"，按下【Enter】键，即可完成表名称的更改，如右图所示。

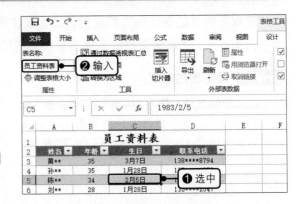

第181招 调整表格大小

如果要增加或减少表格内容，可通过调整表格大小功能来实现，具体的操作方法如下。

步骤01 调整表格大小

打开原始文件，将鼠标放置在表格的右下角，当鼠标指针变为↘形状时，按住鼠标左键不放向上拖动至单元格 D10 中，如下图所示。即可减小表格区域。

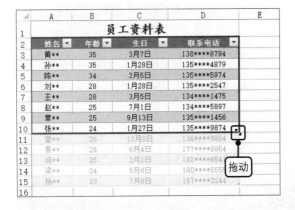

步骤02 显示调整效果

完成调整后，即可看到第 10 行下方的单元格已取消应用表格格式，如下图所示。

第182招 删除表格中的重复项数据

当 Excel 表格中含有重复的数据记录时，可通过删除重复项功能把重复的值删除而保留唯一的值，具体的操作方法如下。

步骤01 打开"删除重复项"对话框

打开原始文件，❶选中应用了表格格式的任意单元格，❷在"表格工具 - 设计"选项卡下"工具"组中单击"删除重复项"按钮，如下左图所示。

步骤02 设置删除重复值的列

弹出"删除重复项"对话框,在"列"列表框中保持默认列的全选状态,单击"确定"按钮,如下右图所示。

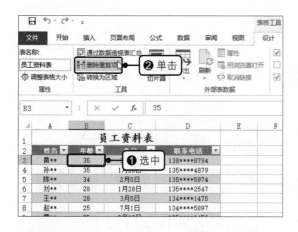
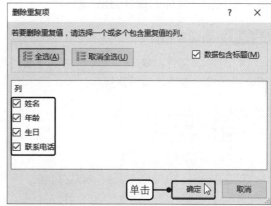

步骤03 确定删除重复项

弹出提示框,提示用户"发现了1个重复值,已将其删除;保留了13个唯一值",单击"确定"按钮,如右图所示。

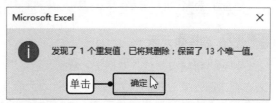

第183招 将表格转换为数据区域

创建了 Excel 表格后,如果只需要表格样式而不需要表功能,可以将表转换为常规工作表上的数据区域。

步骤01 转换表格为数据区域

打开原始文件,❶选中应用了表格格式的任意单元格,❷在"表格工具 - 设计"选项卡下"工具"组中单击"转换为区域"按钮,如下图所示。

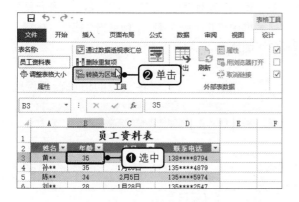

步骤02 确定转换

弹出提示框,提示是否将表转换为普通区域,如果确定,则单击"是"按钮,如下图所示。

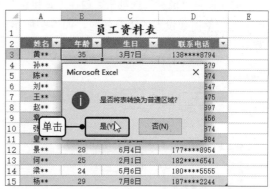

第184招 新建表格样式

如果经常在工作簿中使用某种特定的表格样式，则可通过新建表格样式功能创建一个自定义的格式，具体的操作方法如下。

步骤01 新建表格样式

打开原始文件，❶在"样式"组中单击"套用表格格式"按钮，❷在展开的列表中单击"新建表格样式"选项，如下图所示。

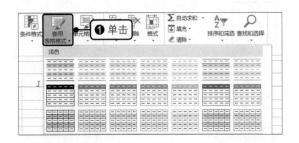

步骤02 选择表元素

弹出"新建表样式"对话框，❶在"名称"文本框中输入要设置的样式名称，❷在"表元素"列表框中单击要设置样式的元素，如"标题行"，❸单击"格式"按钮，如下图所示。

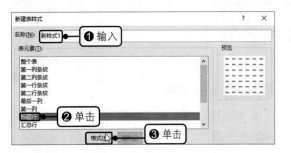

步骤03 设置字体格式

弹出"设置单元格格式"对话框，在"字体"选项卡下设置"字形"为"加粗"、"颜色"为"黑色，文字 1"，如下图所示。

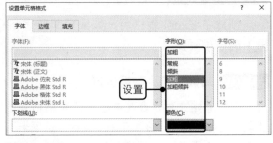

步骤04 设置填充效果

❶切换至"填充"选项卡，❷在"背景色"选项组中单击要设置的填充颜色，如下图所示。单击"确定"按钮。

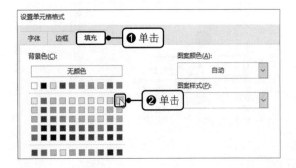

步骤05 选择其他表元素

返回"新建表样式"对话框，❶在"表元素"列表框中单击"整个表"，❷单击"格式"按钮，如下图所示。

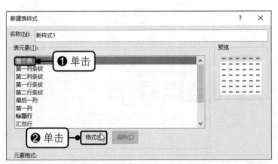

步骤06　设置表格边框

弹出"设置单元格格式"对话框，❶切换至"边框"选项卡，❷设置好外框线、内框线的样式和颜色，如下图所示。

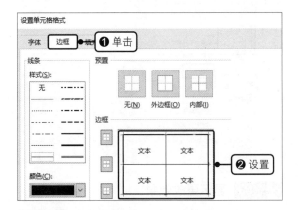

步骤08　设置数据来源

弹出"套用表格式"对话框，❶设置好"表数据的来源"，❷勾选"表包含标题"复选框，❸单击"确定"按钮，如下图所示。

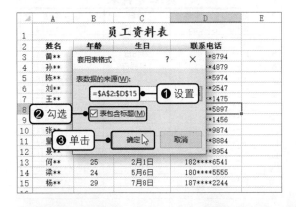

步骤07　套用自定义的样式

连续单击"确定"按钮，返回工作表中，❶在"开始"选项卡下的"样式"组中单击"套用表格格式"按钮，❷在展开的列表中单击"自定义"选项组下的"新样式1"，如下图所示。

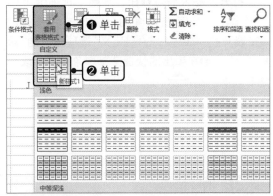

步骤09　显示应用效果

返回工作表中，即可看到设置的数据区域应用自定义的表格格式效果，如下图所示。

	A	B	C	D	E
1	员工资料表				
2	姓名	年龄	生日	联系电话	
3	黄**	35	3月7日	138****8794	
4	孙**	35	1月28日	135****4879	
5	陈**	34	2月5日	135****5974	
6	刘**	28	1月28日	135****2547	
7	王**	28	3月5日	134****1475	
8	赵**	25	7月1日	134****5897	
9	章**	25	9月13日	135****1456	
10	张**	24	1月27日	135****9874	
11	皇**	26	12月8日	136****8884	
12	景**	28	6月4日	177****8954	
13	何**	25	2月1日	182****6541	
14	梁**	24	5月6日	180****5555	
15	杨**	29	7月8日	187****2244	

第185招　套用表格格式并清除原有的单元格格式

如果需要在应用表格格式的同时删除原有的单元格格式，可通过以下方法实现。

打开原始文件，选中已应用了自定义格式的单元格，❶在"开始"选项卡下的"样式"组中单击"套用表格格式"按钮，❷在展开的列表中右击"自定义"选项组下的"新样式1"，❸在弹出的快捷菜单中单击"应用并清除格式"命令，如右图所示。

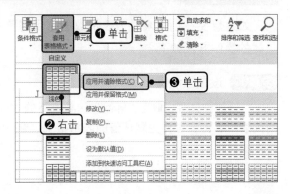

第186招 修改表格格式

如果对自定义的表格格式不满意，可对其进行修改操作，具体的操作方法如下。

步骤01 修改表格格式

打开原始文件，❶在"开始"选项卡下的"样式"组中单击"套用表格格式"按钮，❷在展开的列表中右击"自定义"选项组下的"新样式1"，❸在弹出的快捷菜单中单击"修改"命令，如右图所示。

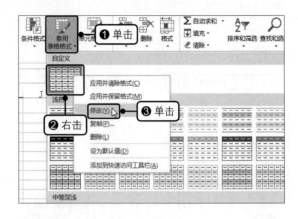

步骤02 清除格式

弹出"修改表样式"对话框，❶在"表元素"列表框中选中要修改的表元素，如"标题行"，❷单击"清除"按钮，如下图所示。

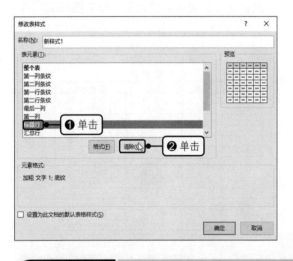

步骤03 显示更改效果

单击"确定"按钮，返回工作表中，即可看到应用了修改表格样式后的表格效果，如下图所示。

	A	B	C	D
1	员工资料表			
2	姓名	年龄	生日	联系电话
3	黄**	35	3月7日	138****8794
4	孙**	35	1月28日	135****4879
5	陈**	34	2月5日	135****5974
6	刘**	28	1月28日	135****2547
7	王**	28	3月5日	134****1475
8	赵**	25	7月1日	134****5897
9	章**	25	9月13日	135****1456
10	张**	24	1月27日	135****9874
11	皇**	26	12月8日	136****8884
12	景**	28	6月4日	177****8954
13	何**	25	2月1日	182****6541
14	梁**	24	5月6日	180****5555
15	杨**	29	7月8日	187****2244
16				

第187招 设置默认的表格格式

如果想要在创建表时为表格数据应用需要的表格样式，可将该表格样式设置为默认值，具体的操作方法如下。

步骤01 设置默认值

打开原始文件，❶在"开始"选项卡下的"样式"组中单击"套用表格格式"按钮，❷在展开的列表中右击要设置为默认值的表格格式，❸在弹出的快捷菜单中单击"设为默认值"命令，如下左图所示。

步骤02　插入表格

在"插入"选项卡下的"表格"组中单击"表格"按钮，如下右图所示。

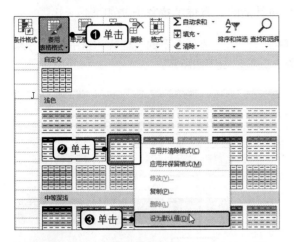

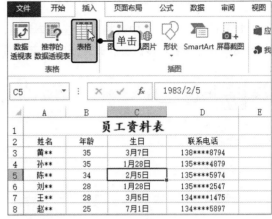

步骤03　设置表格数据来源

弹出"套用表格式"对话框，❶设置"表数据的来源"为单元格区域 A2:D15，❷勾选"表包含标题"复选框，❸单击"确定"按钮，如下图所示。

步骤04　显示创建的表效果

返回工作表中，即可看到选中的表格区域自动应用了设置为默认值的表格格式，如下图所示。

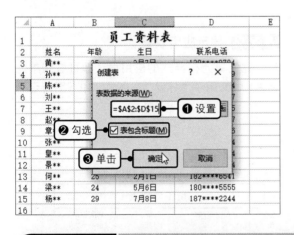

	A	B	C	D	E
1			员工资料表		
2	姓名	年龄	生日	联系电话	
3	黄**	35	3月7日	138****8794	
4	孙**	35	1月28日	135****4879	
5	陈**	34	2月5日	135****5974	
6	刘**	28	1月28日	135****2547	
7	王**	28	3月5日	134****1475	
8	赵**	25	7月1日	134****5897	
9	章**	25	9月13日	135****1456	
10	张**	24	1月27日	135****9874	
11	皇**	26	12月8日	136****8884	
12	景**	28	6月4日	177****8954	
13	何**	25	2月1日	182****6541	
14	梁**	24	5月6日	180****5555	
15	杨**	29	7月8日	187****2244	
16					

第188招　删除自定义的表格格式

如果不需要应用自定义的表格样式，可将其删除，具体的操作方法如下。

打开原始文件，❶在"开始"选项卡下的"样式"组中单击"套用表格格式"按钮，❷在展开的列表中右击要删除的自定义表格格式，❸在弹出的快捷菜单中单击"删除"命令，如右图所示。弹出提示框，提示是否删除该样式，单击"确定"按钮即可完成删除。

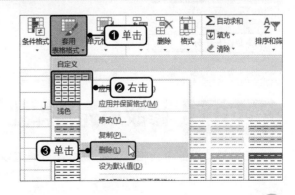

第189招 清除表格格式

如果不再需要在工作表中套用表格格式，可将其清除，具体的操作方法如下。

打开原始文件，选中表格中的任意单元格，❶在"开始"选项卡下的"样式"组中单击"套用表格格式"按钮，❷在展开的列表中单击"清除"选项，如下图所示。

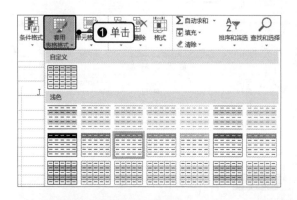 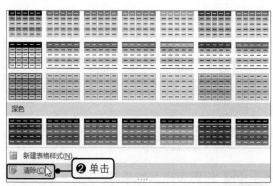

第190招 套用预设的单元格样式

如果需要让工作表上的重要数据更加醒目，可通过单元格样式功能来实现，具体的操作方法如下。

步骤01 应用单元格样式

打开原始文件，选中要应用样式的单元格A1，❶在"开始"选项卡下的"样式"组中单击"单元格样式"按钮，❷在展开的列表中单击要应用的单元格样式，如"标题1"，如下图所示。

步骤02 显示应用效果

完成单元格样式的应用后，即可看到单元格A1中套用了"标题1"样式，如下图所示。

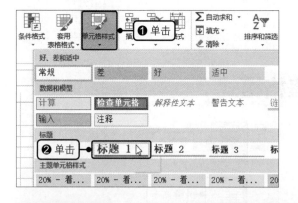

	A	B	C	D	E
1			员工资料表		
2	姓名	年龄	生日	联系电话	
3	黄**	35	3月7日	138****8794	
4	孙**	35	1月28日	135****4879	
5	陈**	34	2月5日	135****5974	
6	刘**	28	1月28日	135****2547	
7	王**	28	3月5日	134****1475	
8	赵**	25	7月1日	134****5897	
9	章**	25	9月13日	135****1456	
10	张**	24	1月27日	135****9874	
11	皇**	26	12月8日	136****8884	
12	景**	28	6月4日	177****8954	
13	何**	25	2月1日	182****6541	
14	梁**	24	5月6日	180****5555	

第191招 修改单元格样式

如果对预设的单元格样式不满意，可通过以下方法对单元格样式进行更改。

步骤01　修改样式

打开原始文件，❶在"开始"选项卡下的"样式"组中单击"单元格样式"按钮，❷在展开的列表中右击要修改的样式，❸在弹出的快捷菜单中单击"修改"命令，如下图所示。

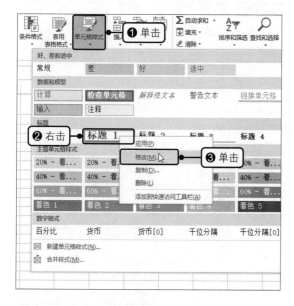

步骤03　设置字体格式

弹出"设置单元格格式"对话框，❶切换至"字体"选项卡，❷设置好字体、字形、字号和颜色，如下图所示。

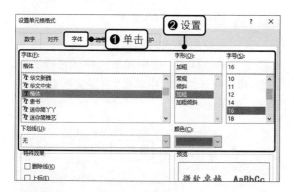

步骤05　显示修改样式效果

连续单击"确定"按钮，返回工作表中，即可看到应用了该样式的单元格变为了修改后的样式效果，如右图所示。

步骤02　单击"格式"按钮

弹出"样式"对话框，可在"样式包括"选项组下看到应用了格式的复选框会呈勾选状态，单击"格式"按钮，如下图所示。

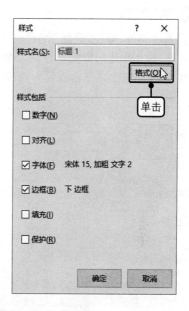

步骤04　设置无边框

❶切换至"边框"选项卡，❷单击"预览"选项组下的"无"按钮，如下图所示。

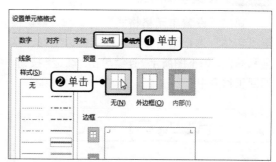

	A	B	C	D	E
1			员工资料表		
2	姓名	年龄	生日	联系电话	
3	黄**	35	3月7日	138****8794	
4	孙**	35	1月28日	135****4879	
5	陈**	34	2月5日	135****5974	
6	刘**	28	1月28日	135****2547	
7	王**	28	3月5日	134****1475	
8	赵**	25	7月1日	134****5897	
9	章**	25	9月13日	135****1456	
10	张**	24	1月27日	135****9874	
11	皇**	26	12月8日	136****8884	

第192招 新建单元格样式

如果经常在工作簿中使用某种特定的单元格样式，则可以根据新建单元格样式功能创建一个自定义的样式，具体的操作方法如下。

步骤01 新建样式

打开原始文件，❶在"开始"选项卡下的"样式"组中单击"单元格样式"按钮，❷在展开的列表中单击"新建单元格样式"选项，如下图所示。

步骤02 单击"格式"按钮

弹出"样式"对话框，❶在"样式名"文本框中输入"新样式"，❷单击"格式"按钮，如下图所示。

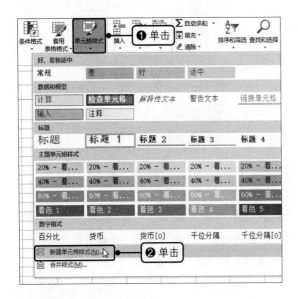

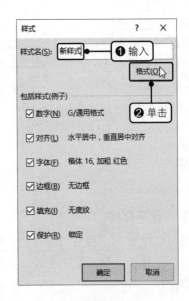

步骤03 设置字体格式

弹出"设置单元格格式"对话框，❶切换至"字体"选项卡，❷设置好字体、字形、字号和颜色，如下图所示。连续单击"确定"按钮，返回工作表中。

步骤04 应用自定义的样式

选中要应用样式的单元格，❶在"开始"选项卡下的"样式"组中单击"单元格样式"按钮，❷在展开的列表中单击"自定义 > 新样式"样式，如下图所示。

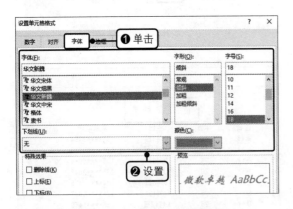

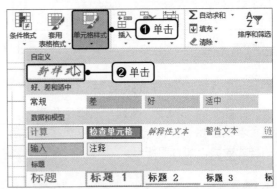

步骤05 显示修改样式效果

即可看到选中单元格应用新建样式后的表格效果，如右图所示。

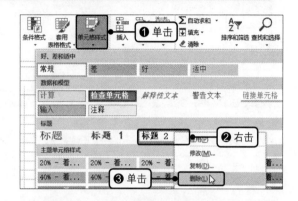

第193招　删除样式库中的样式

当不再需要单元格样式库中的某样式时，可通过以下方法将其删除。

打开原始文件，❶在"开始"选项卡下的"样式"组中单击"单元格样式"按钮，❷在展开的列表中右击要删除的单元格样式，❸在弹出的快捷菜单中单击"删除"命令，如右图所示。

第194招　合并多个工作表中的单元格样式

在一个工作簿中创建了新的单元格样式时，如果希望将该单元格样式应用到其他工作簿中，可通过合并样式功能将这些单元格样式从该工作簿复制到另一工作簿。

步骤01 打开"合并样式"对话框

打开两个原始文件，❶在"原始文件1"中的"开始"选项卡下的"样式"组中单击"单元格样式"按钮，❷在展开的列表中单击"合并样式"选项，如下图所示。

步骤02 设置合并样式来源

弹出"合并样式"对话框，❶在"合并样式来源"列表框中单击要合并的文件，如"原始文件.xlsx"，❷单击"确定"按钮，如下图所示。

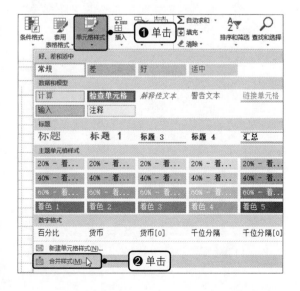

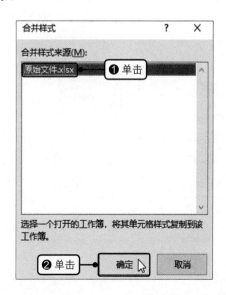

步骤03 显示合并样式效果

返回工作表中，在"原始文件1"的"样式"组中单击"单元格样式"按钮，在展开列表中的"自定义"选项组下可看到从"原始文件"中复制的新样式，如下图所示。

步骤04 确定合并样式

弹出提示框，提示用户是否合并具有相同名称的样式，如果是，则单击"是"按钮，如下图所示。

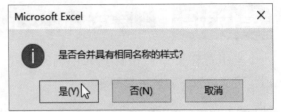

⏰ **提示**

需要注意的是，如果两个工作簿中的样式库不存在区别，则不会弹出步骤04中的提示框。此时，系统只会将另一个工作簿中新建的样式直接复制到该工作簿中。

读书笔记

第7章 用插图增强表格效果

为了增强工作表表现力,可以在工作表中插入需要的图片、形状及SmartArt图形。此外,还可以对图片和图形进行美化操作,使其更能衬托和表达工作表内容。最后,还可以在Excel中插入一些艺术字和文本框来修饰表格内容,从而使表格的内容结构更加丰富和灵活。

第195招 在工作表中插入图片

为了让工作表中的文字更具有说服力,或更直观地展现表格内容,可在工作表中插入图片来实现。具体的操作方法如下。

步骤01 插入图片

打开原始文件,❶选中要插入图片的单元格 B3,❷在"插入"选项卡下的"插图"组中单击"图片"按钮,如下图所示。

步骤02 选择图片

弹出"插入图片"对话框,❶找到图片的保存位置,❷双击要插入的图片,如下图所示。

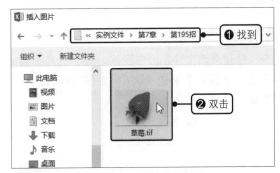

步骤03 显示插入效果

返回工作表中,即可看到工作表中插入图片的效果,如右图所示。

第196招 手动调整图片大小

当工作表中插入的图片超出了要放置的单元格时,可通过以下方法对图片大小进行灵活调整。

打开原始文件,选中需要调整大小的图片,将鼠标放置在图片的右下角的外侧控点上,当鼠

标指针变为＋形状时,按住鼠标左键向内拖动,
如右图所示,将图片调整至合适大小后释放鼠
标即可。

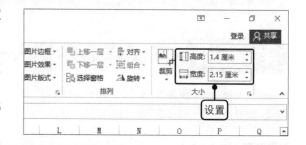

第197招 精确调整图片大小

如果想要将工作表中的图片设置为固定
的大小,可通过以下方法实现。

打开原始文件,选中工作表中的图片,在
"图片工具－格式"选项卡下的"大小"组中
设置"高度"为"1.4厘米"、"宽度"为"2.15
厘米",如右图所示。

第198招 使用缩放比例调整图片大小

除了可以手动调整或精确设置图片的大小,还可以使用缩放比例调整图片大小。具体的
操作方法如下。

步骤01 启动窗格

打开原始文件,选中图片,在"图片工具－
格式"选项卡下单击"大小"组中的对话框启
动器,如下图所示。

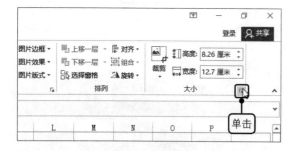

步骤02 调整缩放比例

打开"设置图片格式"任务窗格,在"大
小与属性"选项卡下的"大小"选项组中设置"缩
放高度"和"缩放宽度"都为"17%",如下
图所示。

第199招 移动图片位置

如果图片在工作表中的位置不符合实际
工作需求,可通过以下方法移动图片。

打开原始文件,将鼠标放置在要移动的图
片上,当鼠标指针变为 形状时,按住鼠标左
键不放拖动图片,如右图所示,拖动至合适的
位置后释放鼠标即可。

	A	B	C	D	E
1			水果销售表		
2	产品名称	产品	单价（元/斤）	数量（斤）	金额（元）
3	草莓			2000	¥30,000.00
4	香蕉		¥5.00	1200	¥6,000.00
5	苹果		¥8.00	6000	¥48,000.00

第200招　重设图片大小

如果想要返回未调整图片大小时的效果，可通过重设图片大小功能来实现。

打开原始文件，❶在工作表中插入图片并调整大小后，❷在"图片工具-格式"选项卡下的"调整"组中单击"重设图片"右侧的下三角按钮，❸在展开的列表中单击"重设图片和大小"选项，如右图所示。

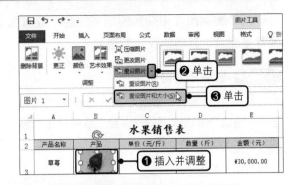

第201招　插入联机图片

除了插入计算机中已有的图片，还可以插入联机搜索的图片。具体的操作方法如下。

步骤01　单击"联机图片"按钮

打开原始文件，❶选中要插入图片的单元格B3，❷在"插入"选项卡下的"插图"组中单击"联机图片"按钮，如下图所示。

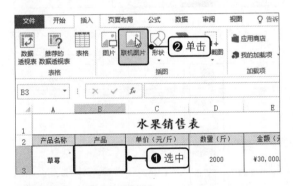

步骤02　搜索图片

弹出"插入图片"面板，❶在搜索框中输入"草莓"，❷单击"搜索"按钮，如下图所示。

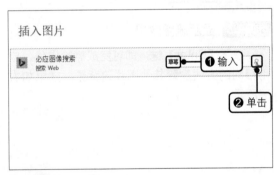

步骤03　插入联机图片

❶在搜索结果中单击要插入的图片，❷单击"插入"按钮，如下图所示。

步骤04　显示插入效果

返回工作表中，即可看到插入联机图片的表格效果，如下图所示。

	A	B	C	D	E
1	水果销售表				
2	产品名称	产品	单价（元/斤）	数量（斤）	金额（元）
3	草莓		¥15.00	2000	¥30,000.00
4	香蕉		¥5.00	1200	¥6,000.00
5	苹果		¥8.00	6000	¥48,000.00
6	葡萄		¥6.00	1000	¥6,000.00

第202招 删除图片背景

为了删除图片中杂乱的细节内容，或者强调、突出工作表中插入图片的主题，可将图片的背景删除。具体的操作方法如下。

步骤01 删除图片背景

打开原始文件，❶选中图片，❷在"图片工具 - 格式"选项卡下的"调整"组中单击"删除背景"按钮，如下图所示。

步骤02 调整删除区域

要删除的背景区域将被着色为洋红色，而要保留的区域将保留自然着色，如果默认保留的区域不符合实际需求，可将鼠标放置在保留区域外侧的控点上，当鼠标指针变为↕形状时，按住鼠标左键拖动，如下图所示。

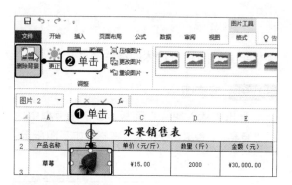

步骤03 显示删除效果

按下【Enter】键，即可完成删除操作，应用相同的方法删除其他图片的背景，效果如右图所示。

第203招 返回未删除背景时的效果

如果需要返回未删除背景时的效果，可通过放弃所有更改功能实现。具体的操作方法如下。

步骤01 单击"删除背景"按钮

打开原始文件，❶选中已删除背景的图片，❷在"图片工具 - 格式"选项卡下的"调整"组中单击"删除背景"按钮，如右图所示。

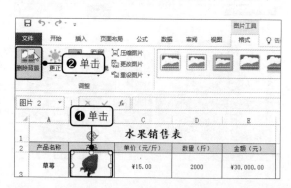

步骤02 放弃更改

在"背景清除"选项卡下的"关闭"组中单击"放弃所有更改"按钮，如右图所示，即可返回未删除背景时的效果。

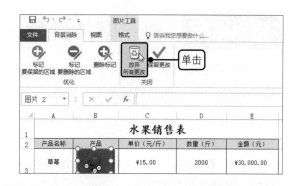

第204招　调整图片的亮度和对比度

如果对插入图片的亮度和对比度效果不满意，可通过以下方法进行调整。

打开原始文件，选中图片，❶在"图片工具-格式"选项卡下的"调整"组中单击"更正"按钮，❷在展开的列表中单击"亮度：+20% 对比度：-20%"，如右图所示。

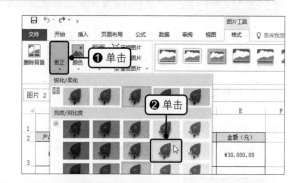

第205招　重置图片的亮度和对比度

如果对调整后的图片亮度和对比度不满意，想要返回未设置时的效果，可通过重置功能实现。

步骤01 单击"图片更正选项"选项

打开原始文件，选中目标图片，❶在"图片工具-格式"选项卡下的"调整"组中单击"更正"按钮，❷在展开的列表中单击"图片更正选项"选项，如下图所示。

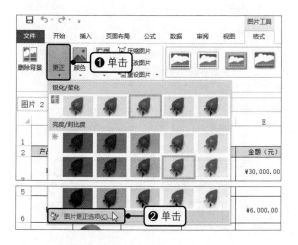

步骤02 重置图片效果

打开"设置图片格式"任务窗格，在"图片"选项卡下的"图片更正"选项组中单击"重置"按钮，如下图所示，即可返回未设置亮度和对比度时的图片效果。

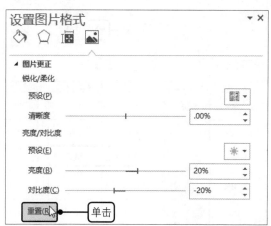

第206招 更改图片颜色

若想要让工作表中插入的图片与表格内容更加契合，可对图片的颜色进行更改。

打开原始文件，选中图片，❶在"图片工具 - 格式"选项卡下的"调整"组中单击"颜色"按钮，❷在展开的列表中单击"饱和度：300%"选项，如右图所示。

第207招 为图片添加艺术效果

为了让工作表中插入的图片具有艺术效果，可通过以下方法来实现。

打开原始文件，选中图片，❶在"图片工具 - 格式"选项卡下的"调整"组中单击"艺术效果"按钮，❷在展开的列表中单击"影印"选项，如右图所示。即可为该图片添加艺术效果。

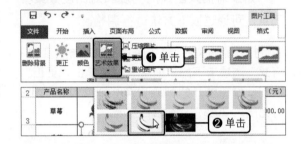

第208招 批量压缩Excel中的图片

当 Excel 工作簿中插入了很多图片，导致文件较大，不便于邮件的发送时，可通过以下方法实现图片的批量压缩。

步骤01 打开对话框

打开原始文件，❶按住【Ctrl】键选中全部图片，❷在"图片工具 - 格式"选项卡下的"调整"组中单击"压缩图片"按钮，如下图所示。

步骤02 压缩图片

弹出"压缩图片"对话框，保持默认的"压缩选项"，❶在"目标输出"选项组下单击"电子邮件（96 ppi）：尽可能缩小文档以便共享"单选按钮，❷单击"确定"按钮，如下图所示。

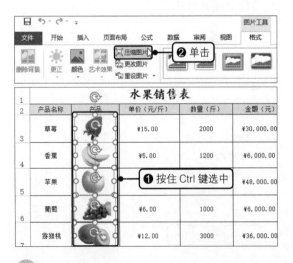

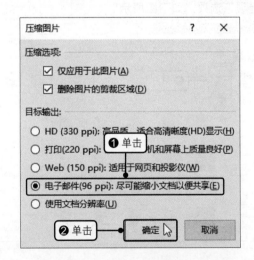

第209招　替换为其他图片

如果插入的图片不符合实际的工作需求，可更改为其他图片，在更改为其他图片的时候，原有图片的格式和大小会保留。

步骤01　更改图片

打开原始文件，❶选中图片，❷在"图片工具-格式"选项卡下的"调整"组中单击"更改图片"按钮，如下图所示。

步骤02　单击"浏览"按钮

弹出"插入图片"面板，单击"浏览"按钮，如下图所示。

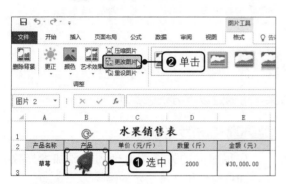

步骤03　选择图片

弹出"插入图片"对话框，❶找到要替换的图片位置，❷双击要替换的图片，如下图所示。

步骤04　显示替换效果

返回工作表中，删除该图片的背景，效果如下图所示。

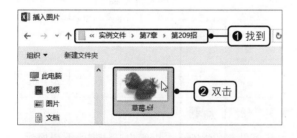

	A	B	C	D	E
1			水果销售表		
2	产品名称	产品	单价（元/斤）	数量（斤）	金额（元）
3	草莓		¥15.00	2000	¥30,000.00
4	香蕉		¥5.00	1200	¥6,000.00
5	苹果		¥8.00	6000	¥48,000.00

第210招　重设图片效果

若工作表中图片的设置效果，如亮度、对比度、颜色等不符合用户的实际需求，可通过重设图片功能放弃对图片格式的更改。

打开原始文件，❶选中图片，❷在"图片工具-格式"选项卡下的"调整"组中单击"重设图片"按钮，如右图所示。

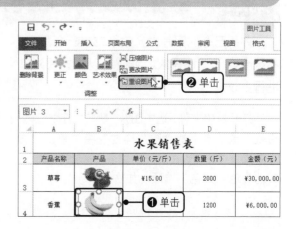

第211招 为图片添加外观样式

如果对工作表中图片的整体外观不满意，可为图片添加样式。具体的操作方法如下。

打开原始文件，选中图片，在"图片工具 - 格式"选项卡下的"图片样式"组中单击快翻按钮，在展开的列表中单击"居中矩形阴影"，如右图所示。应用相同的方法可为其他图片设置样式。

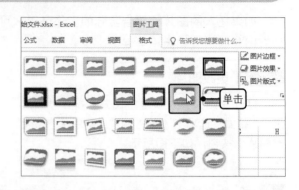

第212招 为图片添加发光效果

如果需要为工作表中插入的图片添加发光效果，可通过以下方法来实现。

步骤01 选择发光效果

打开原始文件，选中图片，❶在"图片工具 - 格式"选项卡下的"图片样式"组中单击"图片效果"按钮，❷在展开的列表中单击"发光 > 橙色，5 pt 发光，个性色 2"，如下图所示。

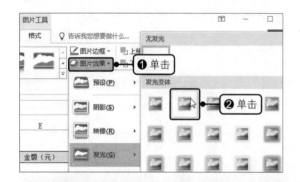

步骤02 显示发光效果

应用相同的方法为其他图片添加发光效果，即可得到如下图所示的效果。

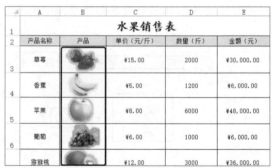

第213招 更改发光的颜色

如果已有的图片发光效果，如发光颜色，不符合实际工作需求，可通过以下方法对其进行更改。

打开原始文件，选中图片，❶在"图片工具 - 格式"选项卡下的"图片样式"组中单击"图片效果"按钮，❷在展开的列表中单击"发光 > 其他亮色 > 红色"选项，如右图所示。

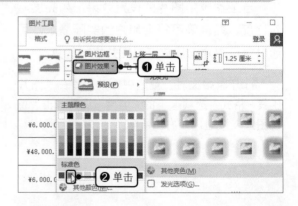

第214招 将图片转换为SmartArt图形

如果需要更加轻松地排列图片，并为图片添加标题及调整图片大小，可将所选的图片转换为 SmartArt 图形。具体的操作方法如下。

步骤01　选择图片版式

打开原始文件，选中草莓图片，❶在"图片工具 - 格式"选项卡下的"图片样式"组中单击"图片版式"按钮，❷在展开的列表中单击"交替图片圆形"，如下图所示。

步骤02　完成版式的设置

完成版式的替换后，在版式框中输入与图片对应的文字内容，并对字体、字号进行设置。对其余图片进行相同设置，最终效果如下图所示。

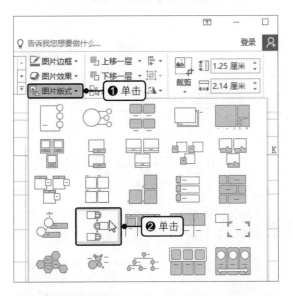

第215招 隐藏工作表中的图片

如果需要暂时隐藏工作表中插入的图片，可通过以下方法来实现。

步骤01　打开"选择"任务窗格

打开原始文件，选中苹果图片，在"图片工具 - 格式"选项卡下的"排列"组中单击"选择窗格"按钮，如下图所示。

步骤02　隐藏图片

打开"选择"任务窗格，可看到工作表中插入的图片，单击要隐藏图片右侧的 按钮，如下图所示。

步骤03 显示隐藏效果

即可看到工作表中对应的图片被隐藏了，如右图所示。

> **⏰ 提示**
>
> 如果要隐藏全部图片，则在打开的"选择"任务窗格中单击"全部隐藏"按钮。

	水果销售表		
产品	单价（元/斤）	数量（斤）	金额（元）
	¥15.00	2000	¥30,000.00
	¥5.00	1200	¥6,000.00
	¥8.00	6000	¥48,000.00
	¥6.00	1000	¥6,000.00

第216招 旋转或翻转图片

如果插入的图片展示方向不正确，可通过旋转功能来旋转图片。具体的操作方法如下。

打开原始文件，选中图片，❶在"图片工具-格式"选项卡下的"排列"组中单击"旋转"按钮，❷在展开的列表中单击"水平翻转"选项，如右图所示。

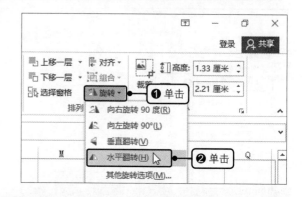

第217招 自定义图片的旋转角度

如果预设的旋转选项不能满足工作的实际需求，可自定义图片的旋转角度。具体的操作方法如下。

步骤01 单击"其他旋转选项"选项

打开原始文件，选中图片，❶在"图片工具-格式"选项卡下的"排列"组中单击"旋转"按钮，❷在展开的列表中单击"其他旋转选项"选项，如下图所示。

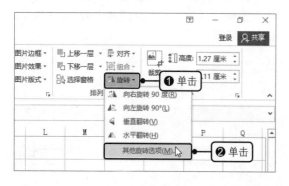

步骤02 设置旋转角度

打开"设置图片格式"任务窗格，在"大小与属性"选项卡下的"大小"选项组中单击"旋转"右侧的数字调节按钮，设置为"-36°"，如下图所示，即可完成图片的旋转操作。

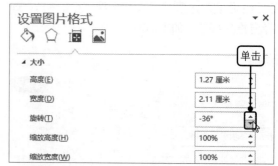

第218招　自由裁剪图片

如果插入的图片中有多余的部分，可通过裁剪功能将不需要的图片区域裁剪掉。具体的操作方法如下。

步骤01　启动裁剪功能

打开原始文件，选中要裁剪的图片，在"图片工具-格式"选项卡下的"大小"组中单击"裁剪"按钮，如下图所示。

步骤02　裁剪图片

将鼠标放置在图片左上角的裁剪控点上，当鼠标指针变为┏形状时，按住鼠标左键向内拖动，即可同时裁剪图片相邻的两边，如下图所示。

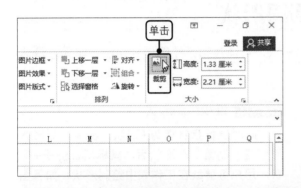

> 🕰 **提示**
>
> 若要同时均匀地裁剪图片的两侧，则在按住【Ctrl】键的同时将任一侧的中心裁剪控点向里拖动。若要同时均匀地裁剪图片的全部四侧，则在按住【Ctrl】键的同时将一个角部裁剪控点向里拖动。

第219招　绘制形状图解表格内容

除了可以在工作表中插入图片，还可以在工作表中绘制图形图解表格内容，具体的操作方法如下。

步骤01　选择形状

打开原始文件，❶在"插入"选项卡下的"插图"组中单击"形状"按钮，❷在展开的列表中单击"矩形"形状，如下图所示。

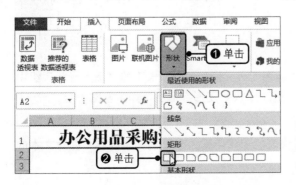

步骤02　绘制形状

此时鼠标指针变为了+形状，在要绘制形状的位置按住鼠标左键不放并拖动鼠标，如下图所示。

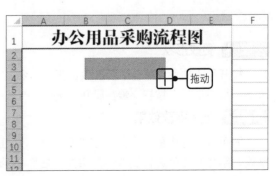

步骤03 显示绘制的形状

完成形状的绘制后释放鼠标，应用相同的方法选择其他形状并进行绘制，即可得到如右图所示的效果。

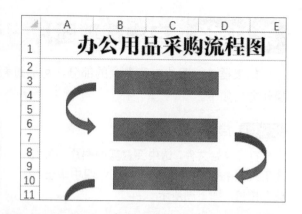

> **⏰ 提示**
>
> 如果要绘制圆形或正方形，选择矩形或椭圆形状后，在要放置形状的位置单击鼠标即可。

第220招 连续绘制多个相同形状

如果需要在工作表中连续绘制多个相同的形状，可通过锁定绘图模式功能来实现。具体的操作方法如下。

步骤01 锁定形状的绘图模式

打开原始文件，❶在"插入"选项卡下的"插图"组中单击"形状"按钮，❷在展开的列表中右击"圆角矩形"形状，❸在弹出的快捷菜单中单击"锁定绘图模式"命令，如下图所示。

步骤02 连续绘制形状

此时鼠标指针变为+形状，在要绘制形状的位置绘制第一个形状后，鼠标指针仍呈+形状，用户可继续在工作表中绘制形状，如下图所示。绘制多个形状后，按下【Esc】键，即可退出绘图模式。

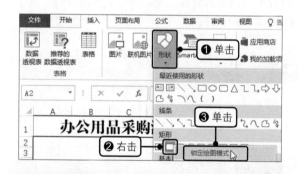

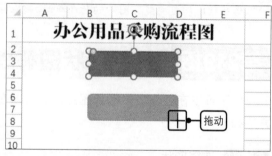

第221招 更改为其他形状

如果工作表中插入的形状不符合实际的图解效果，可将其更改为其他形状。具体的操作方法如下。

步骤01 更改形状

打开原始文件，❶选中要更改的形状，❷在"绘图工具 - 格式"选项卡下的"插入形状"组中单击"编辑形状"按钮，❸在展开的列表中单击"更改形状 > 菱形"形状，如下左图所示。

步骤02 显示更改效果

即可看到选中的圆角矩形变为了菱形，在工作表的形状中输入合适的文本内容，并对文本的字体、字号和颜色进行更改，效果如下右图所示。

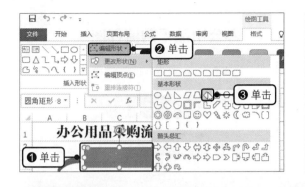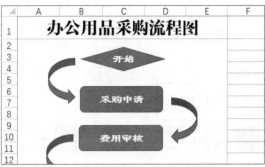

第222招 编辑形状的顶点

若绘制的多边形或自由曲线不符合实际工作需求，可利用编辑顶点功能对形状的顶点进行细微调整。具体的操作方法如下。

步骤01 启动编辑顶点功能

打开原始文件，❶选中要编辑的形状，❷在"绘图工具 - 格式"选项卡下的"插入形状"组中单击"编辑形状"按钮，❸在展开的列表中单击"编辑顶点"选项，如下图所示。

步骤02 编辑顶点

此时鼠标呈✥形状，将鼠标放置在要编辑的形状的某一顶点上，按住鼠标左键不放向下拖动，如下图所示。拖动至合适的位置后释放鼠标，在形状外的其他任意位置单击，即可退出顶点的编辑状态。

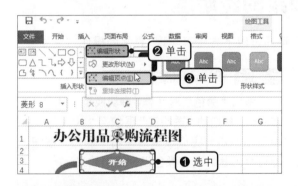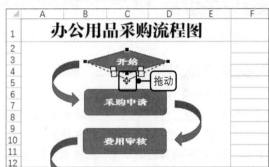

第223招 为形状添加样式

如果想要为工作表中绘制的形状添加视觉样式，可通过形状样式功能实现。具体的操作方法如下。

步骤01 选择样式

打开原始文件，选中要应用样式的形状，在"绘图工具 - 格式"选项卡下的"形状样式"组中单击快翻按钮，在展开的列表中单击"彩色轮廓 - 橙色，强调颜色2"样式，如下左图所示。

步骤02 显示应用效果

应用相同的方法为其他形状应用样式，最终效果如下右图所示。

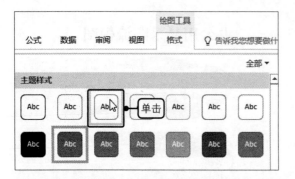

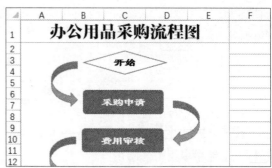

第224招 设置形状填充颜色

如果默认绘制的形状填充颜色不具有美观性，可通过以下方法更改填充颜色。

打开原始文件，选中要设置填充颜色的形状，❶在"绘图工具 - 格式"选项卡下的"形状样式"组中单击"形状填充"右侧的下三角按钮，❷在展开的列表中单击"绿色，个性色6"，如右图所示。

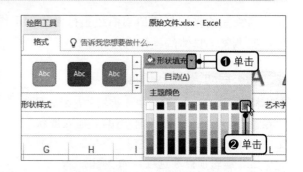

第225招 设置形状填充效果的透明度

如果想让插入的形状填充效果具有透明度，可通过以下方法来实现。具体的操作方法如下。

步骤01 单击"其他填充颜色"选项

打开原始文件，选中要设置透明效果的形状，❶在"绘图工具 - 格式"选项卡下的"形状样式"组中单击"形状填充"右侧的下三角按钮，❷在展开的列表中单击"其他填充颜色"选项，如下图所示。

步骤02 设置透明度

弹出"颜色"对话框，❶切换至"自定义"选项卡，❷拖动"透明度"滑块至"50%"位置，如下图所示。完成设置后单击"确定"按钮，即可为形状的填充颜色设置透明效果。

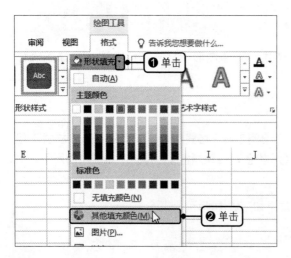

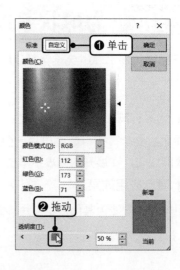

第226招　为形状填充图案

为进一步丰富形状效果，增强其表现力，可以为形状填充图案。具体的操作方法如下。

打开原始文件，选中要设置填充图案的形状，❶在"绘图工具 - 格式"选项卡下的"形状样式"组中单击"形状填充"右侧的下三角按钮，❷在展开的列表中单击"纹理 > 栎木"选项，如右图所示。

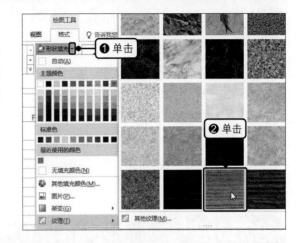

第227招　更改形状轮廓的颜色

如果形状的轮廓颜色与整体配色不够契合，可对轮廓颜色进行更改。具体的操作方法如下。

打开原始文件，选中要设置填充颜色的形状，❶在"绘图工具 - 格式"选项卡下的"形状样式"组中单击"形状轮廓"右侧的下三角按钮，❷在展开的列表中单击"红色"，如右图所示。

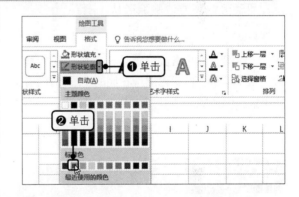

第228招　更改形状轮廓的粗细

如果想要突出显示形状的轮廓，从而达到突出显示形状的效果，可对形状轮廓的粗细进行调整。具体的操作方法如下。

打开原始文件，选中要设置轮廓的形状，❶在"绘图工具 - 格式"选项卡下的"形状样式"组中单击"形状轮廓"右侧的下三角按钮，❷在展开的列表中单击"粗细 >1.5 磅"选项，如右图所示。

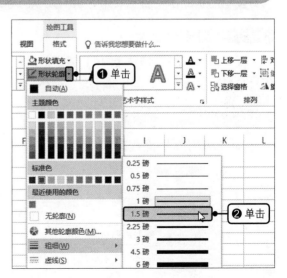

第229招 虚线化形状的轮廓

如果想要改变形状轮廓的线条样式，可通过以下方法来实现。

打开原始文件，选中要设置轮廓的形状，❶在"绘图工具 - 格式"选项卡下的"形状样式"组中单击"形状轮廓"右侧的下三角按钮，❷在展开的列表中单击"虚线 > 长画线"选项，如右图所示。

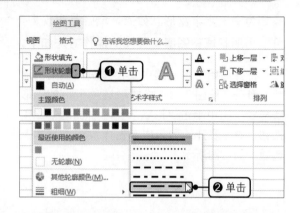

第230招 删除形状的轮廓

如果需要让形状以无轮廓的效果进行展示，可通过以下方法删除形状轮廓。

打开原始文件，选中要设置无轮廓的形状，❶在"绘图工具 - 格式"选项卡下的"形状样式"组中单击"形状轮廓"右侧的下三角按钮，❷在展开的列表中单击"无轮廓"选项，如右图所示。

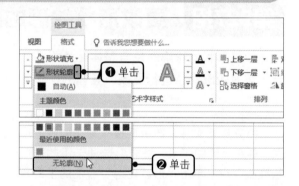

第231招 对齐多个形状

当工作表中插入了多个形状时，为了保持多个形状排列的整齐和美观性，可通过对齐功能对多个形状的水平居中效果、横向或纵向等方向的分布情况进行调整。

步骤01 选中多个形状

打开原始文件，按住【Ctrl】键不放，连续单击要对齐的多个形状，选中多个形状，如下图所示。

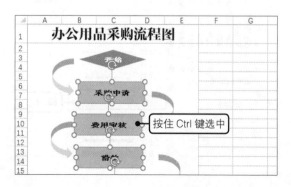

步骤02 水平居中形状

❶在"绘图工具 - 格式"选项卡下的"排列"组中单击"对齐"按钮，❷在展开的列表中单击"水平居中"选项，如下图所示。

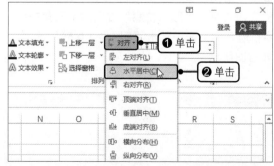

步骤03 纵向分布形状

❶在"绘图工具 - 格式"选项卡下的"排列"组中单击"对齐"按钮，❷在展开的列表中单击"纵向分布"选项，如右图所示。应用相同的方法可设置其他形状的对齐效果。

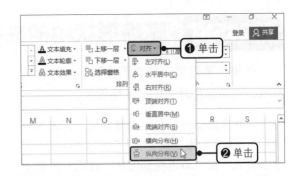

第232招　将多个形状进行组合

如果经常需要对多个形状进行相同的操作，可将多个形状组合为一个对象。具体的操作方法如下。

打开原始文件，利用【Ctrl】键选中要组合的多个形状，❶在"绘图工具 - 格式"选项卡下的"排列"组中单击"组合"按钮，❷在展开的列表中单击"组合"选项，如右图所示。

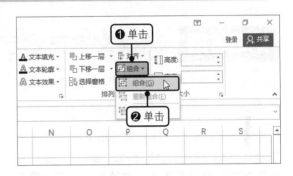

第233招　取消多个形状的组合

如果要取消多个对象的组合，返回未组合时的效果，可通过取消组合功能断开组合对象之间的连接。

打开原始文件，利用【Ctrl】键选中要取消组合的形状，❶在"绘图工具 - 格式"选项卡下的"排列"组中单击"组合"按钮，❷在展开的列表中单击"取消组合"选项，如右图所示。

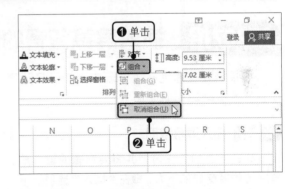

第234招　为形状中的文本添加艺术效果

如果想要让形状中的文本内容更加具有美观性，可为其设置艺术效果。具体的操作方法如下。

打开原始文件，选中要设置文本艺术效果的形状，在"绘图工具 - 格式"选项卡下的"艺术字样式"组中单击快翻按钮，在展开的列表中单击"填充 - 黑色，文本 1，阴影"，如右图所示。

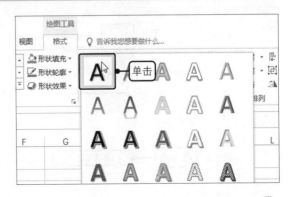

第235招　删除形状中的文本艺术效果

　　如果想要返回未设置艺术效果时的文本样式，可清除形状中的艺术字效果。

　　打开原始文件，选中已经设置了艺术效果的形状，在"绘图工具 - 格式"选项卡下的"艺术字样式"组中单击快翻按钮，在展开的列表中单击"清除艺术字"选项，如右图所示。

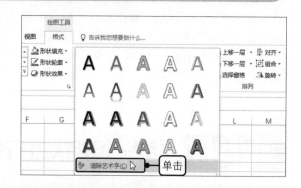

第236招　转换文本艺术字的样式

　　为了增加文本的视觉效果，还可以转换艺术字样式。具体的操作方法如下。

　　打开原始文件，选中要转换文本艺术样式的形状，❶在"绘图工具 - 格式"选项卡下的"艺术字样式"组中单击"文本效果"按钮，❷在展开的列表中单击"转换 > 倒 V 型"选项，如右图所示。

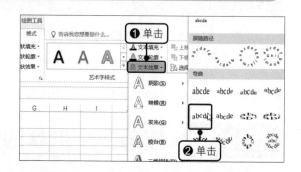

第237招　插入屏幕剪辑的图片

　　如果需要快速地在工作表中添加已打开窗口的某部分图片内容，可通过屏幕剪辑功能来实现。具体的操作方法如下。

步骤01　插入屏幕截图

　　新建空白的工作簿，并将要剪辑的窗口放置在工作簿窗口的下方，❶在"插入"选项卡下的"插图"组中单击"屏幕截图"按钮，❷在展开列表中单击"屏幕剪辑"选项，如下图所示。

步骤02　屏幕截图

　　此时鼠标指针呈＋形状，在要剪辑的窗口中按住鼠标左键拖动，如下图所示。即可将拖动过的窗口内容截取到工作表中。

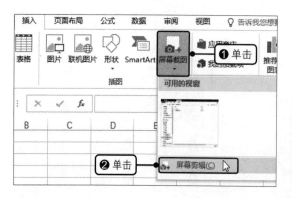

第238招　插入文本框灵活安排表格内容

如果需要更加灵活地对表格内容进行排版和整理，可在工作表中插入文本框。具体的操作方法如下。

步骤01　插入文本框

打开原始文件，❶在"插入"选项卡下的"文本"组中单击"文本框"下三角按钮，❷在展开的列表中单击"横排文本框"选项，如下图所示。

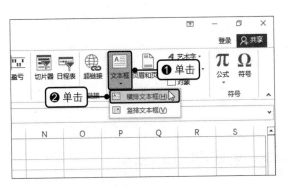

步骤02　绘制文本框

此时鼠标指针呈↓形状，在要放置文本框的位置按住鼠标左键不放拖动鼠标，如下图所示。

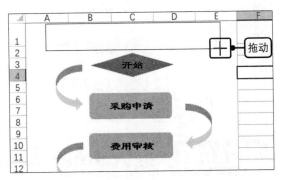

步骤03　完成文本框的绘制

完成绘制后释放鼠标左键，在文本框中输入文本内容，并对文本内容的字体、字号等进行设置，效果如右图所示。

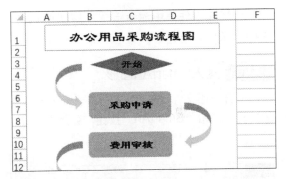

第239招　绘制竖排文本框

除了可以插入横排文本框对表格内容进行灵活地排版，还可以插入竖排文本框实现相同的目的。具体的操作方法如下。

步骤01　插入文本框

打开原始文件，❶在"插入"选项卡下的"文本"组中单击"文本框"下三角按钮，❷在展开的列表中单击"竖排文本框"选项，如右图所示。

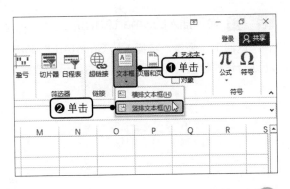

步骤02 绘制文本框

鼠标指针呈↓形状，在要放置文本框的位置按住鼠标左键不放并拖动鼠标，如下图所示。

步骤03 完成文本框的绘制

完成绘制后释放鼠标，在文本框中输入文本内容，并对文本内容的字体、字号等进行设置，如下图所示。

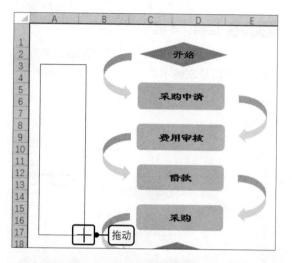

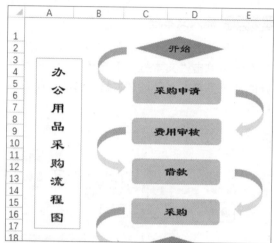

第240招 插入SmartArt图形表现数据内容

为了在工作表中演示流程、层次结构及循环关系等，可在工作表中插入 SmartArt 图形。具体的操作方法如下。

步骤01 插入SmartArt图形

打开原始文件，在"插入"选项卡下的"插图"组中单击"SmartArt"按钮，如下图所示。

步骤02 选择SmartArt图形

弹出"选择 SmartArt 图形"对话框，❶单击"层次结构"类型，❷在右侧的面板中双击"组织结构图"图形，如下图所示。

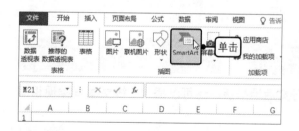

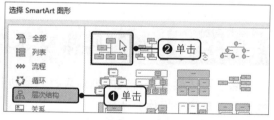

步骤03 显示插入的SmartArt图形

返回工作表中，将插入的 SmartArt 图形移动到合适的位置，即可得到如右图所示的效果。

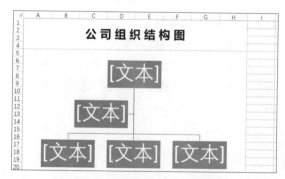

第241招　在SmartArt图形中输入文本

在工作表中插入了 SmartArt 图形后，可通过文本窗格功能快速在图形中输入和组织文本，具体的操作方法如下。

步骤01　打开文本窗格

打开原始文件，选中 SmartArt 图形，在"SmartArt 工具 - 设计"选项卡下的"创建图形"组中单击"文本窗格"按钮，如下图所示。

步骤02　输入文本内容

在 SmartArt 图形右侧弹出的文本窗格中输入合适的文本内容，如下图所示。完成后单击"关闭"按钮，关闭文本窗格。

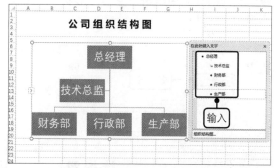

第242招　在SmartArt图形中添加形状

默认情况下，在 Excel 中插入的每种 SmartArt 图形布局均有固定数量的形状。当默认的数量不足以展现数据内容时，可根据实际工作需要添加形状，具体的操作步骤如下。

步骤01　添加形状

打开原始文件，❶选中 SmartArt 图形中要添加形状的形状，❷在"SmartArt 工具 - 设计"选项卡下的"创建图形"组中单击"添加形状"右侧的下三角按钮，❸在展开的列表中单击"在后面添加形状"选项，如下图所示。

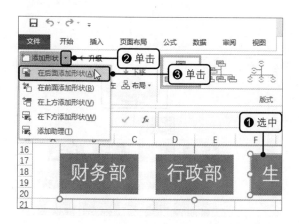

步骤02　显示添加形状效果

即可发现选中形状的后面添加了一个同等级别的形状，应用相同的方法在图形中添加形状，并输入对应的文本内容，最终效果如下图所示。

第243招 更改SmartArt图形的形状

若需要突出显示 SmartArt 图形中的某个形状，可将其更改为其他形状。具体的操作方法如下。

步骤01 更改形状

打开原始文件，在 SmartArt 图形中选中要更改的形状，❶在"SmartArt 工具 - 格式"选项卡下的"形状"组中单击"更改形状"按钮，❷在展开的列表中单击"菱形"形状，如下图所示。

步骤02 显示更改效果

完成选中形状的更改后，可看到所选形状变为了菱形，如下图所示。

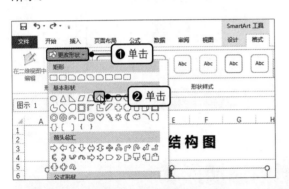

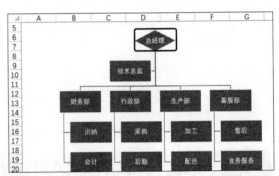

第244招 更改SmartArt图形的大小

除了可以使用更改形状方法突出显示某个形状中的内容，还可以调整该形状大小来实现该目的，具体的操作方法如下。

步骤01 增大形状

打开原始文件，❶选中 SmartArt 图形中要增大的形状，❷在"SmartArt 工具 - 格式"选项卡下的"形状"组中连续单击"增大"按钮，如下图所示。如果要减小某个形状，则可在选中形状后，单击"减小"按钮。

步骤02 显示增大效果

当形状的增大至合适的大小后，停止单击，SmartArt 图形中增大形状后的效果如下图所示。

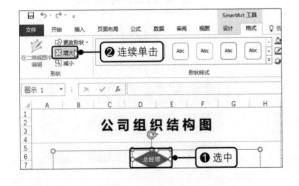

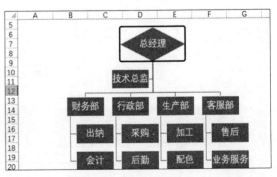

第245招 更改SmartArt图形的分支布局

如果对 SmartArt 图形的默认分支布局效果不满意，可通过以下方法进行调整。

步骤01 设置形状的布局

打开原始文件，❶选中 SmartArt 图形中要调整布局的形状，如含有"财务部"文本的形状，❷在"SmartArt 工具 - 设计"选项卡下的"创建图形"组中单击"布局"按钮，❸在展开的列表中单击"标准"选项，如下图所示。

步骤02 显示布局效果

应用相同的方法更改其他相同级别的形状布局，即可得到如下图所示的效果。

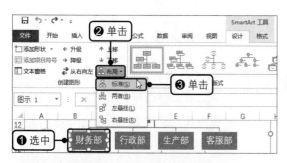

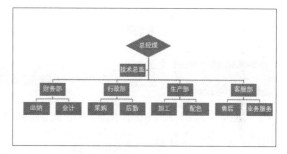

第246招 移动SmartArt图形中的形状位置

如果 SmartArt 图形中的形状在排列上较为紧凑，不便于各个形状内容的查看，可调整图形中形状的位置。具体的操作方法如下。

步骤01 移动形状

打开原始文件，将鼠标放置在 SmartArt 图形需移动的形状上方，当鼠标指针变为形状时，按住鼠标左键不放向上拖动，如下图所示。

步骤02 显示调整效果

拖动至合适的位置后释放鼠标，即可完成选中形状的移动，应用相同的方法可调整图形中其他形状的位置，效果如下图所示。

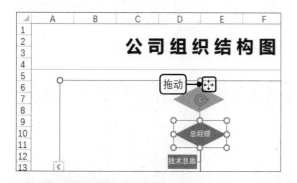

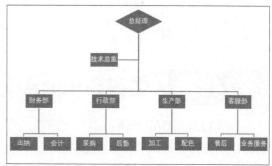

第247招 调整SmartArt图形形状的级别

如果需要调整所选形状内容的级别，可通过升级或降级功能来实现。具体的操作方法如下。

步骤01 调整形状的级别

打开原始文件，❶选中 SmartArt 图形中要调整级别的形状，❷在 "SmartArt 工具 - 设计" 选项卡下的 "创建图形" 组中单击 "升级" 按钮，如下图所示。

步骤02 显示升级效果

完成选中图形的升级后，可看到如下图所示的效果。

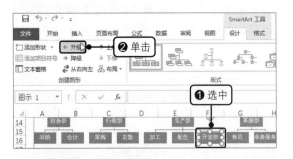
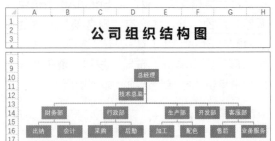

第248招 更改SmartArt图形版式

如果插入的 SmartArt 图形不能完美展示所要表现的数据内容，可更改 SmartArt 图形的版式，具体的操作方法如下。

步骤01 更改版式

打开原始文件，选中 SmartArt 图形，在 "SmartArt 工具 - 设计" 选项卡下的 "版式" 组中单击快翻按钮，在展开的列表中单击 "水平层次结构" 图形，如下图所示。

步骤02 显示更改效果

完成 SmartArt 图形的更改后，可看到更改图形版式后的效果，如下图所示。

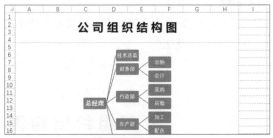

第249招 更改SmartArt图形的整体颜色风格

如果对 SmartArt 图形的颜色不满意，可通过以下方法快速调整图形的整体颜色。

打开原始文件，选中 SmartArt 图形，❶在 "SmartArt 工具 - 设计" 选项卡下的 "SmartArt 样式" 组中单击 "更改颜色" 按钮，❷在展开的列表中单击 "深色 1 轮廓"，如右图所示。

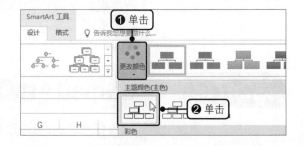

第250招　调整SmartArt图形样式

如果对 SmartArt 图形的外观样式不满意，可通过以下方法来实现。

打开原始文件，选中 SmartArt 图形，在"SmartArt 工具 - 设计"选项卡下的"SmartArt 样式"组中单击快翻按钮，在展开的列表中单击"细微效果"样式，如右图所示。

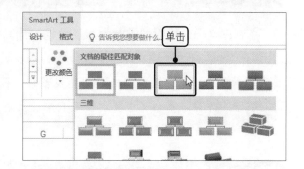

第251招　重新设置SmartArt图形

如果对 SmartArt 图形所做的全部格式的设置不满意，可通过重设图形功能返回未设置格式时的图形效果。具体的操作方法如下。

打开原始文件，选中 SmartArt 图形，在"SmartArt 工具 - 设计"选项卡下的"重置"组中单击"重设图形"按钮，如右图所示。

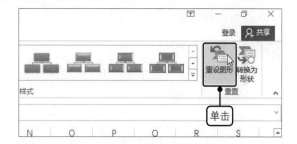

第252招　将SmartArt图形转换为形状

为了便于 SmartArt 图形中的形状在移动、调整大小或删除时能够独立于其他形状，可将 SmartArt 图形转换为形状。具体的操作方法如下。

打开原始文件，选中 SmartArt 图形，在"SmartArt 工具 - 设计"选项卡下的"重置"组中单击"转换为形状"按钮，如右图所示。

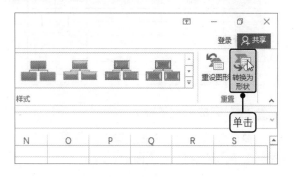

读书笔记

第8章　用公式快速计算数据

在制作电子表格时，常常会涉及数据的计算，而Excel的计算功能非常强大，完全可以满足用户对数据的计算要求。当工作表中的数据计算比较简单时，可直接在单元格中输入公式来获取最终的计算结果，但是当数据较多时，在公式中使用定义的名称能够更加快速而准确完成数据的计算。本章将主要对公式的用法及定义名称功能进行简单介绍。

第253招　手动输入公式

当单元格中要输入的公式比较简单且能够手动完成时，可直接通过以下方法来快速实现公式的输入和计算。

步骤01　输入等号

打开原始文件，在单元格 D3 中输入运算符 "="，如下图所示。

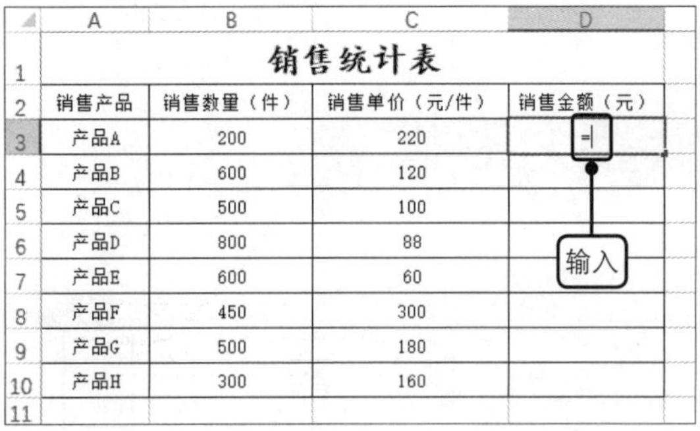

步骤02　引用单元格

单击单元格 B3，即可看到单元格 D3 中显示了单元格 B3 的地址，如下图所示。

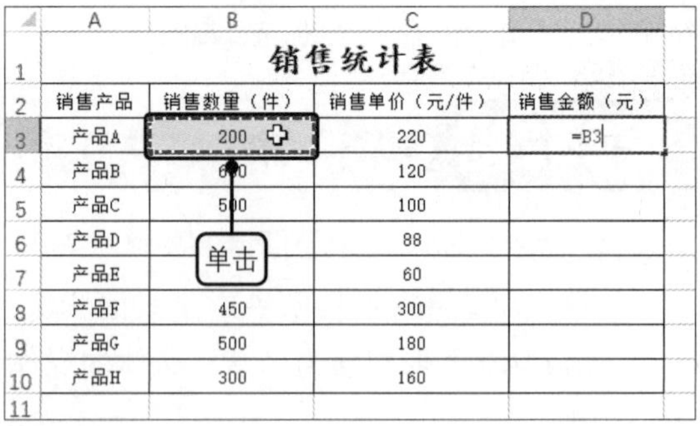

步骤03　完成公式的输入

❶在单元格 D3 中继续输入运算符 "*"，❷单击单元格 C3，如下图所示。

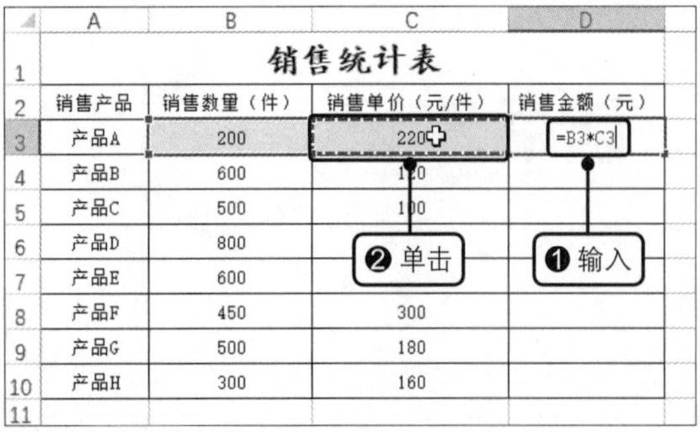

步骤04　显示计算结果

完成公式的输入后，按下【Enter】键，即可看到公式的计算结果，如下图所示。

第254招　复制公式

单元格中的公式在引用时会根据所用单元格引用的类型而发生变化，因此可直接通过复制公式功能快速计算其他单元格中的值。

步骤01　复制公式

打开原始文件，❶选中单元格 D3，❷在"开始"选项卡下的"剪贴板"组中单击"复制"按钮，如下图所示。

步骤02　粘贴公式

❶选中单元格区域 D4:D10，❷在"开始"选项卡下的"剪贴板"组中单击"粘贴"下三角按钮，❸在展开的列表中单击"公式"选项，如下图所示。

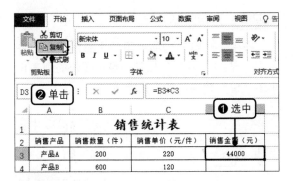

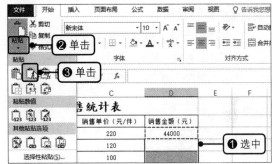

步骤03　显示复制公式结果

完成公式的复制粘贴后，选中任意一个复制公式的单元格，如单元格 D6，可在编辑栏中看到复制公式后的效果，如右图所示。

第255招　编辑公式

如果发现单元格中输入的公式出现错误，可对单元格中的公式进行修改。具体的操作方法如下。

步骤01　启动公式的编辑状态

打开原始文件，在要编辑公式的单元格中双击，如下图所示。

D3		× ✓ fx	=B3*C4
	A	B	C	D
1	销售统计表			
2	销售产品	销售数量（件）	销售单价（元/件）	销售金额（元）
3	产品A	200	220	24000
4	产品B	600	120	
5	产品C	500	100	双击
6	产品D	800	88	

步骤02　编辑公式

此时公式处于可编辑的状态，输入正确的公式即可，如下图所示。

OFFSET		× ✓ fx	=B3*C3
	A	B	C	D
1	销售统计表			
2	销售产品	销售数量（件）	销售单价（元/件）	销售金额（元）
3	产品A	200	220	=B3*C3
4	产品B	600	120	
5	产品C	500	100	输入
6	产品D	800	88	

步骤03 显示编辑公式后的效果

按下【Enter】键，即可看到编辑单元格 D3 公式后的计算结果，如右图所示。

第256招 将公式转换为数值

有时为了满足实际的工作需要，可能需将单元格公式中计算出来的结果转换为数值数据，此时可通过以下方法来实现。

步骤01 复制公式

打开原始文件，❶选中含有公式的单元格区域 D3:D10，❷在"开始"选项卡下的"剪贴板"组中单击"复制"按钮，如下图所示。

步骤02 设置粘贴方式

❶在"开始"选项卡下的"剪贴板"组中单击"粘贴"下三角按钮，❷在展开的列表中单击"值"选项，如下图所示。

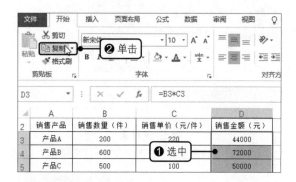

步骤03 显示粘贴效果

完成粘贴后，即可在编辑栏中看到单元格区域 D3:D10 中的公式变为了数值，如右图所示。

第257招 使用数组公式

如果需要对一组或多组数据进行相同的计算，并返回一组或多组的计算结果，可利用数组公式来实现。具体的操作方法如下。

步骤01 选中数据区域

打开原始文件，选中单元格区域 G4:G9，输入"="，如下左图所示。

步骤02 输入公式

继续在选中的单元格区域中输入公式"(B4:B9+C4:C9+D4:D9+E4:E9)/F4:F9"，如下右图所示。

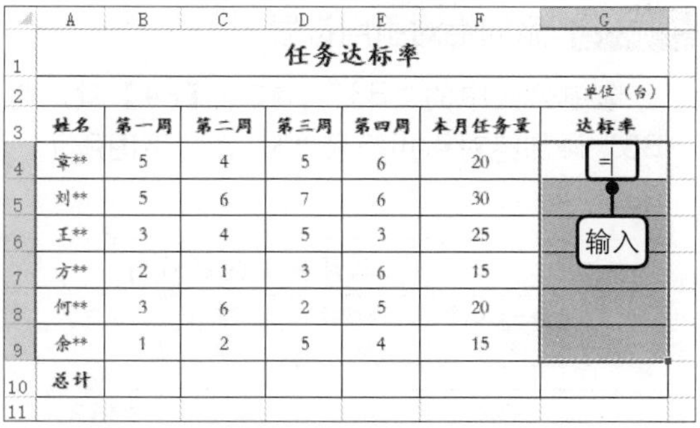

任务达标率						
						单位（台）
姓名	第一周	第二周	第三周	第四周	本月任务量	达标率
章**	5	4	5	6	20	=
刘**	5	6	7	6	30	
王**	3	4	5	3	25	
方**	2	1	3	6	15	
何**	3	6	2	5	20	
余**	1	2	5	4	15	
总计						

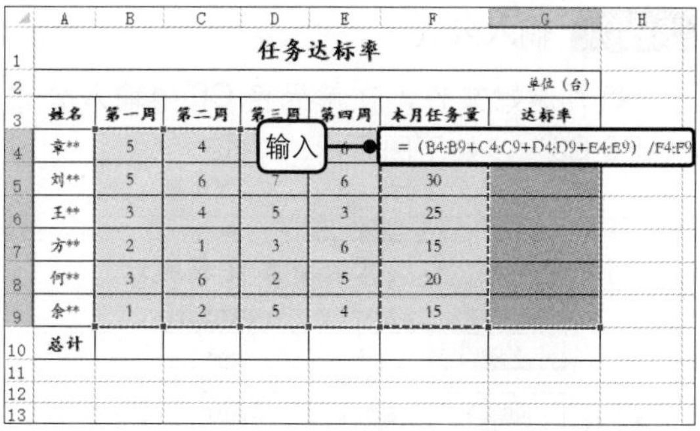

任务达标率						
						单位（台）
姓名	第一周	第二周	第三周	第四周	本月任务量	达标率
章**	5	4			20	= (B4:B9+C4:C9+D4:D9+E4:E9) /F4:F9
刘**	5	6	7	6	30	
王**	3	4	5	3	25	
方**	2	1	3	6	15	
何**	3	6	2	5	20	
余**	1	2	5	4	15	
总计						

步骤03 显示数组计算结果

完成公式的输入后，按下【Ctrl+Shift+Enter】组合键，即可得到输入数组公式后的计算结果，如右图所示。

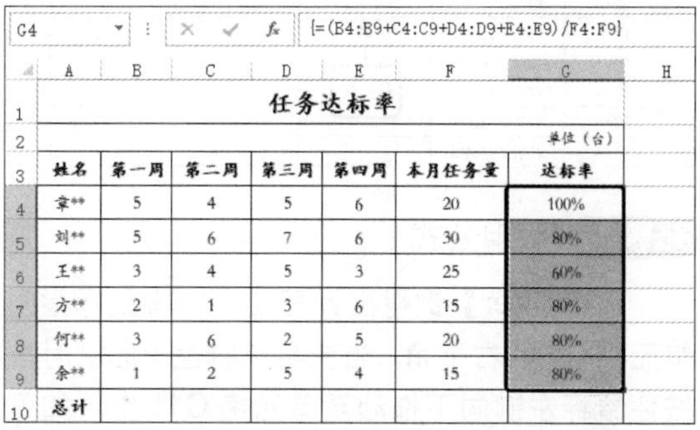

任务达标率						
						单位（台）
姓名	第一周	第二周	第三周	第四周	本月任务量	达标率
章**	5	4	5	6	20	100%
刘**	5	6	7	6	30	80%
王**	3	4	5	3	25	60%
方**	2	1	3	6	15	80%
何**	3	6	2	5	20	80%
余**	1	2	5	4	15	80%
总计						

第258招 相对引用数据

如果需要在公式所在的单元格位置发生变化时，公式中引用的单元格地址也发生相应的变化，可通过相对引用数据来实现。

步骤01 引用公式

打开原始文件，将鼠标放置在单元格 D3 的右下角，当鼠标指针变为+形状时，按住鼠标左键向下拖动至单元格 D10 中，如下图所示。

步骤02 相对引用的计算结果

释放鼠标后，选中复制公式后的任意单元格，如单元格 D8，即可在编辑栏中看到单元格中的公式会自动发生变化，如下图所示。

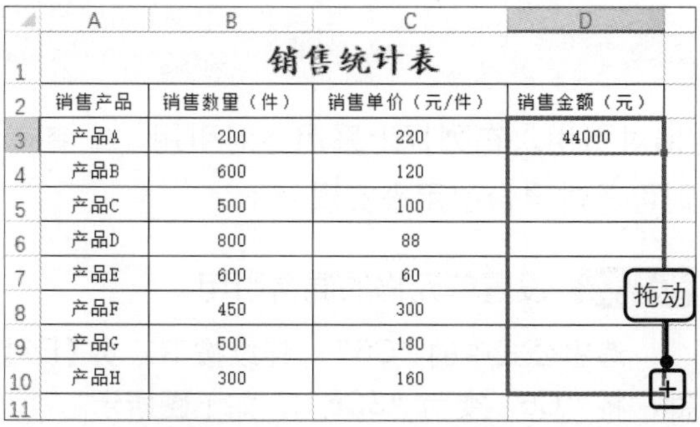

销售统计表			
销售产品	销售数量（件）	销售单价（元/件）	销售金额（元）
产品A	200	220	44000
产品B	600	120	
产品C	500	100	
产品D	800	88	
产品E	600	60	
产品F	450	300	
产品G	500	180	
产品H	300	160	

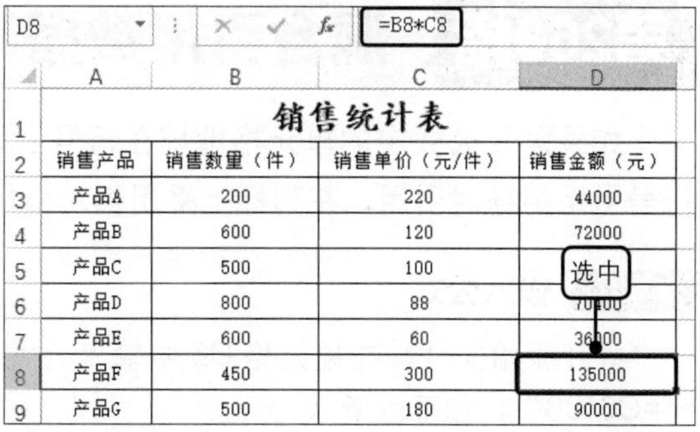

销售统计表			
销售产品	销售数量（件）	销售单价（元/件）	销售金额（元）
产品A	200	220	44000
产品B	600	120	72000
产品C	500	100	[illegible]
产品D	800	88	70400
产品E	600	60	36000
产品F	450	300	135000
产品G	500	180	90000

第259招 绝对引用数据

如果需要公式无论放在什么位置，其公式中的单元格地址都不会发生变化，则可使用绝对引用功能来实现。

步骤01 输入公式

打开原始文件，在单元格 C6 中输入公式 "=B6-B3"，如下图所示。

步骤02 添加绝对引用符号

选中公式中的 "B3"，按下【F4】键，为 "B3" 添加绝对引用符号 "$"，如下图所示。

步骤03 引用公式

按【Enter】键得出计算结果，将鼠标指向单元格 C6 的右下角，当鼠标指针呈 + 形状时，按住鼠标左键向下拖动至单元格 C11 中，如下图所示。

步骤04 绝对引用的计算结果

完成绝对引用的计算后，选中任意引用的单元格，如单元格 C9，可在编辑栏中看到相对引用的单元格地址发生了变化，而绝对引用的单元格地址保持不变，如下图所示。

第260招 混合引用数据

如果需要公式中的单元格地址在行号上采用相对引用，在列标上采用绝对引用，或者在行号上采用绝对引用，在列标上采用相对引用，则可通过混合引用来实现。

步骤01 输入公式

打开原始文件，在单元格 D6 中输入公式 "=C6*C3"，如下图所示。

步骤02 设置单元格的混合引用

选中公式中的 "C6"，连续按下三次【F4】键，将 "C6" 变为 "$C6"，如下图所示。

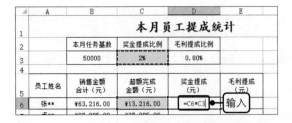

步骤03　继续设置单元格的混合引用

选中公式中的"C3"，连续按下两次【F4】键，将"C3"变为"C$3"，如下图所示。按下【Enter】键，得出计算结果。

	A	B	C	D	E
1			本月员工提成统计		
2		本月任务基数	奖金提成比例	毛利提成比例	
3		50000	2%	0.80%	
4					
5	员工姓名	销售金额合计（元）	超额完成金额（元）	奖金提成（元）	毛利提成（元）
6	张**	¥63,216.00	¥13,216.00	=$C6*C$3	
7	卢**	¥87,805.00	¥37,805.00		
8	向**	¥101,551.00	¥51,551.00		
9	梁**	¥84,449.00	¥34,449.00		
10	欧**	¥82,314.00	¥32,314.00		
11	王**	¥50,816.00	¥816.00		

选中并设置

步骤04　填充公式

将鼠标指针指向单元格 D6 右下角，当鼠标指针呈 + 形状时，按住鼠标左键向右拖动至单元格 E6 中，再向下拖动至单元格 E11 中，如下图所示。

	A	B	C	D	E	F
1			本月员工提成统计			
2		本月任务基数	奖金提成比例	毛利提成比例		
3		50000	2%	0.80%		
4						
5	员工姓名	销售金额合计（元）	超额完成金额（元）	奖金提成（元）	毛利提成（元）	
6	张**	¥63,216.00	¥13,216.00	¥264.32	¥105.73	
7	卢**	¥87,805.00	¥37,805.00			
8	向**	¥101,551.00	¥51,551.00			
9	梁**	¥84,449.00	¥34,449.00			
10	欧**	¥82,314.00	¥32,314.00			
11	王**	¥50,816.00	¥816.00			
12						

拖动

步骤05　混合引用的计算结果

完成混合引用后，选中任意引用的单元格，如单元格 E8，可在编辑栏中看到混合引用单元格公式的效果，如右图所示。

E8			× ✓ fx	=$C8*D$3		
	A	B	C	D	E	F
1			本月员工提成统计			
2		本月任务基数	奖金提成比例	毛利提成比例		
3		50000	2%	0.80%		
4						
5	员工姓名	销售金额合计（元）	超额完成金额（元）	奖金提成（元）		
6	张**	¥63,216.00	¥13,216.00	¥264.32	¥105.73	
7	卢**	¥87,805.00	¥37,805.00	¥756.10	¥302.44	
8	向**	¥101,551.00	¥51,551.00	¥1,031.02	¥412.41	
9	梁**	¥84,449.00	¥34,449.00	¥688.98	¥275.59	
10	欧**	¥82,314.00	¥32,314.00	¥646.28	¥258.51	

选中

第261招　引用其他工作表中的数据

在输入公式时，除了可以引用当前工作表中的单元格数据进行计算，还可以引用其他工作表中的单元格数据。具体的操作方法如下。

步骤01　单击工作表标签

打开原始文件，❶在单元格 C2 中输入公式"=B2+"，❷单击"提成"工作表标签，如下图所示。

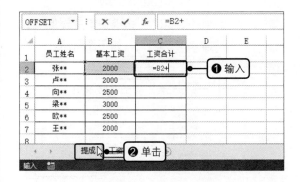

OFFSET		× ✓ fx	=B2+	
	A	B	C	D	E
1	员工姓名	基本工资	工资合计		
2	张**	2000	=B2+	❶ 输入	
3	卢**	2000			
4	向**	2500			
5	梁**	3000			
6	欧**	2500			
7	王**	2000			
8					

提成　❷ 单击

输入

步骤02　引用其他工作表中的单元格

切换到"提成"工作表后，单击单元格 D6，即可在编辑栏中看到公式引用的单元格地址，如下图所示。

D6		× ✓ fx	=B2+提成!D6			
	A	B	C	D	E	F	G
1			本月员工提成统计				
2		本月任务基数	奖金提成比例	毛利提成比例			
3		50000	2%	0.80%			
4							
5	员工姓名	销售金额合计（元）	超额完成金额（元）	奖金提成（元）	毛利提成（元）		
6	张**	¥63,216.00	¥13,216.00	¥264.32	¥105.73		
7	卢**	¥87,805.00	¥37,805.00	¥756.10	¥302.44		
8	向**	¥101,551.00	¥51,551.00	¥1,031.02	¥412.41		
9	梁**	¥84,449.00	¥34,449.00	¥688.98	¥275.59		
10	欧**	¥82,314.00	¥32,314.00	¥646.28	¥258.51		
11	王**	¥50,816.00	¥816.00	¥16.32	¥6.53		

单击

提成　工资合计

步骤03 完成单元格的引用

❶在编辑栏中输入"+"，❷单击"提成"工作表中的单元格 E6，即可在编辑栏中看到引用其他工作表中单元格的效果，如下图所示。

步骤04 显示计算结果

按下【Enter】键，返回"工资合计"工作表中，将单元格 C2 中的公式复制到 C 列的其他单元格中，选中单元格 C4，即可在编辑栏中看到引用其他工作表数据的效果，如下图所示。

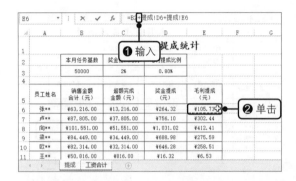

第262招　引用其他工作簿中的数据

除了可以引用当前工作表或其他工作表中的数据进行计算，还可以引用其他工作簿中的单元格数据，具体的操作方法如下。

步骤01 输入公式

打开两个原始文件，在"原始文件1"的"应发工资"工作表中的单元格 C3 中输入"=B3+"，如下图所示。

步骤02 引用其他工作簿中的数据

❶切换至"原始文件2"工作簿的"12月工资表"中，❷单击单元格 B3，如下图所示。

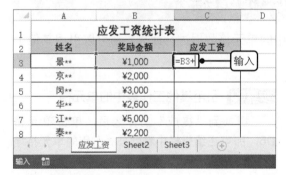

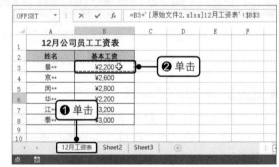

步骤03 显示计算结果

按下【Enter】键，即可在单元格 C3 中看到引用其他工作簿后的计算结果，如右图所示。

步骤04　更改引用方式并复制数据

将单元格 C3 中的绝对引用更改为相对引用，拖动单元格 C3 右下角的填充柄，将公式复制到其他单元格中，得到的计算结果如右图所示。

C3		×	√	fx	=B3+'[原始文件2.xlsx]12月工资表'!B3

	A	B	C	D	E
1		应发工资统计表			
2	姓名	奖励金额	应发工资		
3	景**	¥1,000	¥3,200		
4	京**	¥2,000	¥4,600		
5	闵**	¥3,000	¥5,800		
6	华**	¥2,600	¥4,800		
7	江**	¥5,000	¥8,200		
8	泰**	¥2,200	¥5,200		

第263招　使用名称框定义名称

为了便于某个区域在公式中的引用，可为该区域定义名称，具体的操作方法如下。

步骤01　在名称框中输入名称

打开原始文件，❶选中单元格区域 B3:B10，❷在名称框中输入"销售数量"，如下图所示。

步骤02　定义其他名称

按下【Enter】键后，即可完成名称的定义，应用相同的方法定义单元格区域 C3:C10 的名称为"销售单价"，如下图所示。

第264招　基于选定区域创建名称

除了可以使用名称框直接定义名称，还可以根据选定区域的行列标签创建名称，具体的操作方法如下。

步骤01　根据所选内容创建名称

打开原始文件，❶选中单元格区域 B2:B10，❷在"公式"选项卡下的"定义的名称"组中单击"根据所选内容创建"按钮，如下图所示。

步骤02　选择创建名称的区域值

弹出"以选定区域创建名称"对话框，❶勾选"首行"复选框，❷单击"确定"按钮，如下图所示。

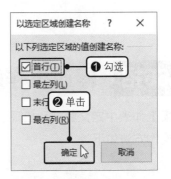

步骤03 显示创建名称效果

返回工作表中，选中单元格区域 B3:B10，即可在名称框中看到使用行列标签定义名称后的名称效果，如右图所示。

第265招 使用对话框创建名称

如果用户需要灵活地选择要定义名称的单元格区域，并对定义的名称加入备注信息，可使用对话框来新建名称。具体的操作方法如下。

步骤01 打开"新建名称"对话框

打开原始文件，❶选中单元格区域 B3:B10，❷在"公式"选项卡下的"定义的名称"组中单击"定义名称"按钮，如下图所示。

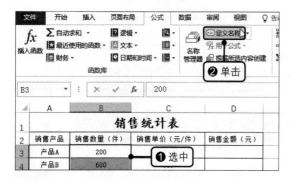

步骤03 显示定义名称效果

返回工作表中，选中单元格区域 B3:B10，即可在名称框中看到定义的名称"销售数量"，如右图所示。

步骤02 新建名称

弹出"新建名称"对话框，❶在"名称"文本框中输入"销售数量"，❷单击"确定"按钮，如下图所示。

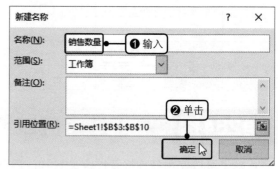

第266招 修改工作表中的名称

如果工作表中定义的名称出现名称或引用位置错误的情况，可对定义的名称进行修改，具体的操作方法如下。

步骤01 打开"名称管理器"对话框

打开原始文件，在"公式"选项卡下的"定义的名称"组中单击"名称管理器"按钮，如下图所示。

步骤02 单击"编辑"按钮

打开"名称管理器"对话框，❶选中要编辑的名称，❷单击"编辑"按钮，如下图所示。

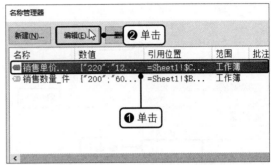

步骤03 编辑名称

弹出"编辑名称"对话框，❶编辑定义的名称和引用位置，❷单击"确定"按钮，如右图所示。应用相同的方法可编辑其他名称，完成后单击"名称管理器"对话框中的"关闭"按钮，即可完成名称的编辑。

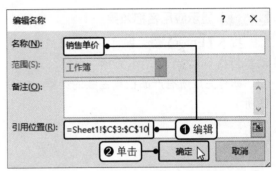

第267招　删除定义的名称

如果在工作表中定义了多余的名称，可通过以下方法将其删除。

打开原始文件，在"公式"选项卡下的"定义的名称"组中单击"名称管理器"按钮，打开"名称管理器"对话框，❶选中要删除的名称，❷单击"删除"按钮，如右图所示。此时弹出提示框，提示用户是否确实要删除名称，单击"确定"按钮即可。

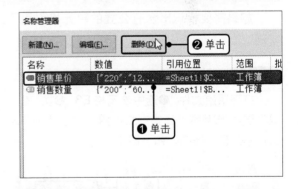

第268招　将名称应用到公式中

为了达到简化公式的目的，用户可以将定义的名称应用到公式中，具体的操作方法如下。

步骤01 应用名称

打开原始文件，❶选中单元格 D3，❷在"公式"选项卡下的"定义的名称"组中单击"用于公式"按钮，❸在展开的列表中单击"销售单价"名称，如下左图所示。

步骤02 应用其他名称

此时单元格 D3 中会出现"＝销售单价"，❶在公式中继续输入"＊"，❷在"公式"选项卡下的"定义的名称"组中单击"用于公式"按钮，❸在展开的列表中单击"销售数量"名称，如下右图所示。

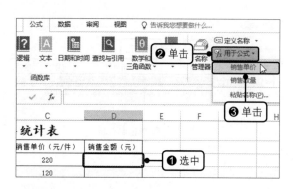
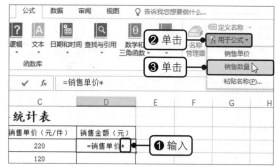

步骤03 显示应用名称效果

按下【Enter】键，即可得出计算结果，拖动单元格 D3 右下角的填充柄，完成公式的复制，即可完成所有产品销售金额的计算，如右图所示。

销售产品	销售数量（件）	销售单价（元/件）	销售金额（元）
产品A	200	220	44000
产品B	600	120	72000
产品C	500	100	50000
产品D	800	88	70400
产品E	600	60	36000
产品F	450	300	135000
产品G	500	180	90000
产品H	300	160	48000

第269招 使用追踪箭头标识引用单元格

如果需要标识出含有公式的单元格引用了工作表中的其他哪些单元格，可通过以下方法实现。

步骤01 追踪引用单元格

打开原始文件，❶选中单元格 E3，❷在"公式"选项卡下的"公式审核"组中单击"追踪引用单元格"按钮，如下图所示。

步骤02 显示追踪效果

此时影响了单元格 D3 值的单元格被标识了追踪箭头，如下图所示。

员工姓名	销售金额合计（元）	超额完成金额（元）	奖金提成（元）	毛利提成（元）
张**	¥63,216.00	¥13,216.00	¥264.32	¥105.73
卢**	¥87,805.00	¥37,805.00	¥756.10	¥302.44
向**	¥101,551.00	¥51,551.00	¥1,031.02	¥412.41
梁**	¥84,449.00	¥34,449.00	¥688.98	¥275.59
欧**	¥82,314.00	¥32,314.00	¥646.28	¥258.51
王**	¥50,816.00	¥816.00	¥16.32	¥6.53

第270招　使用追踪箭头标识从属单元格

如果需要标识出受到选中单元格中值影响的单元格，即选中单元格从属于哪些单元格时，可通过以下方法来实现。

步骤01　追踪从属单元格

打开原始文件，❶选中单元格 D3，❷在"公式"选项卡下的"公式审核"组中单击"追踪从属单元格"按钮，如下图所示。

步骤02　显示追踪效果

此时受单元格 D3 的值影响的单元格被标识了追踪箭头，如下图所示。

第271招　删除全部追踪箭头

完成引用和从属单元格的追踪后，用户可以删除全部的追踪箭头，具体的操作方法如下。

打开原始文件，为要追踪引用单元格和追踪从属单元格的单元格添加了追踪箭头后，在"公式"选项卡下的"公式审核"组中单击"移去箭头"按钮，如右图所示。

第272招　删除从属或引用的追踪箭头

如果仅需要删除从属或引用的追踪箭头，可通过以下方法来实现。

打开原始文件，为要追踪引用单元格和追踪从属单元格的单元格添加了追踪箭头后，❶选中要移去箭头的单元格，如单元格 E4，❷在"公式"选项卡下的"公式审核"组中单击"移去箭头"右侧的下三角按钮，❸在展开的列表中单击"移去引用单元格追踪箭头"选项，如右图所示。

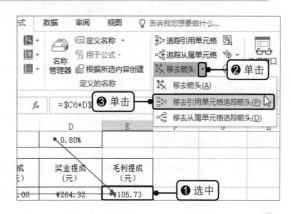

第273招 在单元格中显示公式

如果需要在含有公式的单元格中直接显示公式，而不显示计算结果，可通过显示公式功能来实现，具体的操作方法如下。

步骤01 显示公式

打开原始文件，在"公式"选项卡下的"公式审核"组中单击"显示公式"按钮，如下图所示。

步骤02 显示效果

完成公式的显示后，可发现工作表中含有公式的单元格将只显示公式而不显示结果，如下图所示。

第274招 利用错误检查功能修改出错公式

当 Excel 无法计算一个公式，并在单元格中显示了一个错误值时，用户可利用错误检查功能检查并修改出错的公式。具体的操作方法如下。

步骤01 启动错误检查功能

打开原始文件，在"公式"选项卡下的"公式审核"组中单击"错误检查"按钮，如下图所示。

步骤02 查看错误公式

弹出"错误检查"对话框，可看到出现错误的单元格、错误的公式及错误的原因，根据错误原因选择解决办法，此时单击"在编辑栏中编辑"按钮，如下图所示。

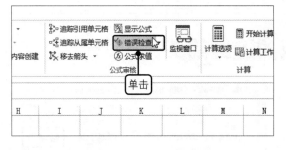

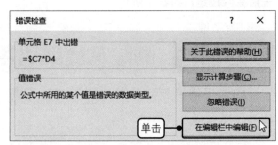

步骤03 编辑公式

此时含有错误公式的单元格自动呈可编辑的状态，在编辑栏中输入正确的公式，如下左图所示。

步骤04 完成错误检查

❶单击"错误检查"对话框中的"继续"按钮，弹出提示框，提示用户已经完成对整个工作表的错误检查，❷单击"确定"按钮，如下右图所示。

步骤05 完成错误检查后的效果

返回工作表中，即可看到完成公式错误检查后的单元格显示了正确的数值，如右图所示。

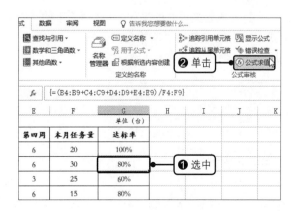

提示

Excel 主要有 7 种错误值，分别说明如下。

（1）#DIV/0!：输入的公式使用了 0 作为除数，或者公式中使用了一个空单元格。

（2）#N/A：公式中引用的数据对函数或公式不可用。

（3）#NAME?：公式中使用了 Excel 不能辨认的文本或名称。

（4）#NULL!：公式中使用了一种不被允许出现相交但却交叉了的两个区域。

（5）#NUM!：公式或函数中使用了无效的数字值。

（6）#REF!：公式引用了一个无效的单元格。

（7）#VALUE!：函数中使用的变量或参数类型无效。

第275招　对复杂的公式进行分步求值

为了便于对创建的复杂公式进行分析和排错，可利用公式求值功能了解每一步的计算结果。具体的操作方法如下。

步骤01 单击"公式求值"按钮

打开原始文件，❶选中要求值的单元格 G5，❷在"公式"选项卡下的"公式审核"组中单击"公式求值"按钮，如右图所示。

步骤02 求值公式

弹出"公式求值"对话框，可看到首先要计算的公式下方会出现下画线，单击"求值"按钮，如下图所示。

步骤03 继续公式求值

此时可看到上步骤中被下画线标记的公式首先被计算出来了，而下一步将要计算的公式也会被下画线标记，单击"求值"按钮，如下图所示。

步骤04 完成公式的求值

如果用户要继续查看公式的分步求值结果，可继续单击"求值"按钮，直至完成计算，单击"关闭"按钮，如右图所示。

第276招　使用监视窗口功能轻松监控数据

当用户希望随时知道某些表格中某些单元格的数据变化情况时，可以使用 Excel 中的监视窗口功能轻松监控这些数据。具体的操作方法如下。

步骤01 启动监视窗口功能

打开原始文件，在"公式"选项卡下的"公式审核"组中单击"监视窗口"按钮，如下图所示。

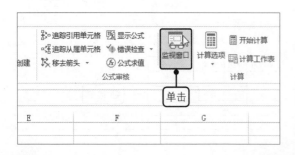

步骤02 添加监视

弹出"监视窗口"对话框，单击"添加监视"按钮，如下图所示。

步骤03 添加监视单元格

弹出"添加监视点"对话框，❶在文本框中手动输入或选中要添加的监视单元格区域，❷单击"添加"按钮，如下图所示。

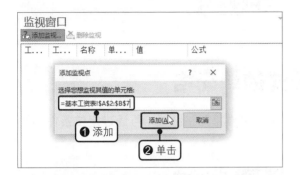

步骤04 完成监视内容的添加

返回"监视窗口"中，即可看到输入或选中的单元格内容被添加到了监视窗口中，如下图所示。

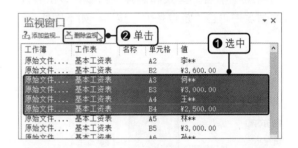

第277招　删除监视内容

如果需要删除某个监视项，可通过以下方法来实现。

打开原始文件，在"公式"选项卡下的"公式审核"组中单击"监视窗口"按钮，❶在打开的"监视窗口"对话框中选中需要删除的监视内容，❷单击"删除监视"按钮，如右图所示。

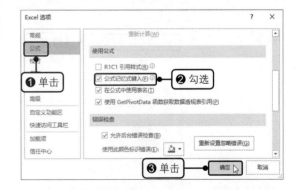

第278招　启用公式的记忆式键入

为了更轻松地创建和编辑公式，尽可能降低公式错误率，用户可在 Excel 中启动公式记忆式键入功能。具体的操作方法如下。

打开一个空白的工作簿，单击"文件"按钮，在视图菜单中单击"选项"命令，打开"Excel选项"对话框，❶切换至"公式"选项卡，❷在"使用公式"选项组下勾选"公式记忆式键入"复选框，❸单击"确定"按钮，如右图所示。

第279招　更改工作簿中的计算精度

在默认情况下，在 Excel 中使用公式计算的是数据的存储值而非显示值，必要时可通过更改工作簿的计算精度让 Excel 在计算公式时使用显示值而不是存储值。

打开一个空白的工作簿，单击"文件"按钮，在视图菜单中单击"选项"命令，打开"Excel选项"对话框，❶切换至"高级"选项卡，❷在"计算此工作簿时"选项组下勾选"将精度设为所显示的精度"复选框，如右图所示。此时会弹出提示框，提示用户数据精度将会受到影响，直接单击"确定"按钮即可。

第280招　快速定位包含公式的单元格

如果用户需要快速找到工作表中含有公式的单元格或单元格区域，可通过定位条件功能来实现。

步骤01 单击"定位条件"按钮

打开原始文件，❶在"开始"选项卡下的"编辑"组中单击"查找和选择"按钮，❷在展开的列表中单击"定位条件"按钮，如下图所示。

步骤02 定位公式

弹出"定位条件"对话框，❶单击"公式"单选按钮，❷单击"确定"按钮，如下图所示。返回工作表中，即可选中工作表中含有公式的所有单元格。

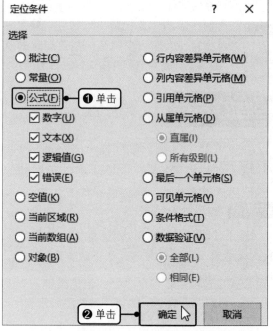

读书笔记

第9章　用函数简化公式计算

在Excel工作表中使用公式可以进行简单的计算，但如果想要在海量的数据中进行复杂的运算，则可利用Excel中的各类函数来提高计算速度。本章将主要介绍一些常用的函数，如数学和三角函数、统计函数、日期和时间函数、查找与引用函数、财务函数，用户可以根据实际的工作情况使用不同的函数对数据进行计算。

第281招　使用"自动求和"按钮计算求和值

为了方便用户快速插入一些简单的函数，可使用 Excel 中的"自动求和"功能按钮来进行一些计算。具体的操作方法如下。

步骤01　启动自动求和功能

打开原始文件，❶选中单元格 E5，❷在"公式"选项卡下的"函数库"组中单击"自动求和"按钮，如下图所示。

步骤02　显示求和公式

此时可以在单元格 E5 中看到自动插入的求和公式"=SUM(B5:D5)"，如下图所示。

步骤03　显示计算结果

按下【Enter】键，即可看到单元格 E5 中的计算结果，应用相同的方法可计算其他员工的总分值，如右图所示。

姓名	团队合作意识	专业技能	工作努力程度	总分	排名	达标人数
张**	4.8	4.0	5.0	13.8		
何**	4.3	4.0	4.4	12.7		
段**	4.4	4.5	4.3	13.2		
乌**	4.9	4.5	5.0	14.4		
杨**	4.1	4.7	4.2	13.0		
赵**	4.0	4.8	4.5	13.3		
王**	4.2	4.3	4.4	12.9		

第282招　使用函数库插入已知类别的函数

如果用户对要插入的函数比较熟悉，可直接在工作表中使用该函数进行计算。具体的操作方法如下。

步骤01 插入函数

打开原始文件,选中单元格G5,❶在"公式"选项卡下的"函数库"组中单击"逻辑"按钮,❷在展开的列表中单击"IF"函数,如下图所示。

步骤02 设置函数参数

弹出"函数参数"对话框,❶设置各个参数对应的数据,❷单击"确定"按钮,如下图所示。

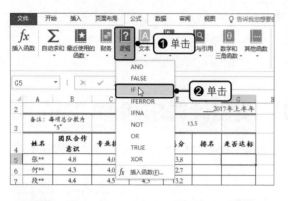

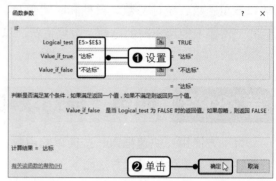

步骤03 复制公式

按下【Enter】键,即可看到对应员工的达标情况,拖动单元格G5右下角的填充柄,填充该单元格的公式至单元格G11中,如下图所示。

步骤04 显示计算结果

完成公式的填充后,即可看到其他员工的达标情况,选中任意一个填充公式的单元格,在编辑栏中可看到该单元格中的公式,如下图所示。

第283招 使用向导工具搜索不熟悉的函数

如果用户完全不知道要使用函数的类别及该函数的拼写方式,可使用向导工具搜索函数。具体的操作方法如下。

步骤01 插入函数

插入函数。打开原始文件,❶选中单元格F5,❷在"公式"选项卡下的"函数库"组中单击"插入函数"按钮,如右图所示。

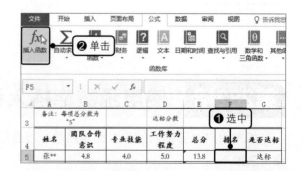

步骤02　搜索函数

弹出"插入函数"对话框，❶在"搜索函数"文本框中输入"排序"，❷单击"转到"按钮，如下图所示。

步骤03　选择函数

此时在"选择函数"列表框中可看到根据搜索内容搜索到的相关函数，❶选择需要的函数，如"RANK"函数，❷单击"确定"按钮，如下图所示。

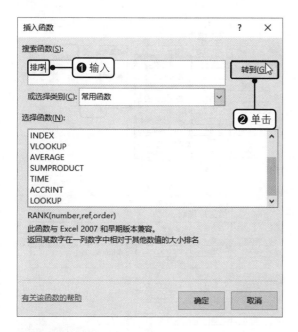

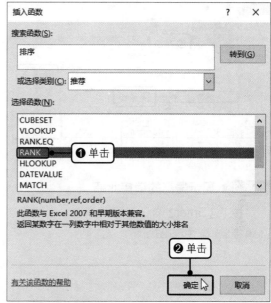

步骤04　设置函数参数

弹出"函数参数"对话框，❶设置好各个参数的对应值，❷单击"确定"按钮，如下图所示。

步骤05　显示计算结果

返回工作表中，将单元格 F5 中的公式复制到其他单元格中，即可看到各个员工的总分排名情况，如下图所示。

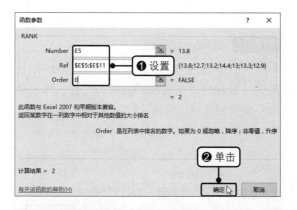

第284招　使用按钮功能快速计算最大值

如果用户需要快速计算工作表某个数据区域中的最大值，则可直接通过"自动求和"按钮中的功能来实现。

步骤01 插入函数

打开原始文件，❶选中单元格 F2，❷在"公式"选项卡下的"函数库"组中单击"自动求和"下三角按钮，❸在展开的列表中单击"最大值"选项，如下图所示。

步骤02 选择函数区域

此时单元格 F2 中自动输入了"=MAX()"公式，光标自动定位在了括号内，在工作表中选中单元格区域"C3:C11"，如下图所示。

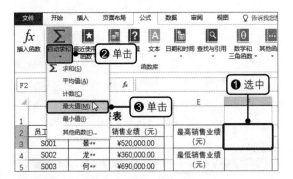

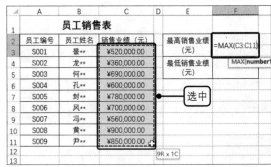

步骤03 显示最高的销售业绩

按下【Enter】键，即可得到选中区域的最高销售业绩，如右图所示。

	A	B	C	D	E	F
1		员工销售表				
2	员工编号	员工姓名	销售业绩（元）		最高销售业绩（元）	¥900,000.00
3	S001	景**	¥520,000.00		最低销售业绩（元）	
4	S002	龙**	¥360,000.00			
5	S003	何**	¥690,000.00			
6	S004	孔**	¥600,000.00			
7	S005	封**	¥780,000.00			
8	S006	风**	¥700,000.00			
9	S007	冯**	¥560,000.00			
10	S008	黄**	¥900,000.00			
11	S009	尹**	¥850,000.00			

第285招 使用按钮功能快速计算最小值

如果用户需要快速计算工作表某个数据区域中的最小值，则可直接通过"自动求和"按钮中的功能来实现。

步骤01 插入函数

打开原始文件，❶选中单元格 F4，❷在"公式"选项卡下的"函数库"组中单击"自动求和"下三角按钮，❸在展开的列表中单击"最小值"选项，如下图所示。

步骤02 选择函数区域

此时单元格 F2 中自动输入了"=MIN()"公式，光标自动定位在了括号内，在工作表中选中单元格区域"C3:C11"，如下图所示。

	A	B	C	D	E	F	G
1		员工销售表					
2	员工编号	员工姓名	销售业绩（元）		最高销售业绩（元）	¥900,000.00	
3	S001	景**	¥520,000.00		最低销售业绩（元）	=MIN(C3:C11)	
4	S002	龙**	¥360,000.00			MIN(number1, [	
5	S003	何**	¥690,000.00				
6	S004	孔**	¥600,000.00				
7	S005	封**	¥780,000.00				
8	S006	风**	¥560,000.00				
9	S007	冯**	¥560,000.00				
10	S008	黄**	¥900,000.00				
11	S009	尹**	¥850,000.00				
12			9R x 1C				
13							

步骤03 显示最低的销售业绩

按下【Enter】键，即可得到选中区域的最低销售业绩，如右图所示。

	A	B	C	D	E	F
1		员工销售表				
2	员工编号	员工姓名	销售业绩（元）		最高销售业绩（元）	¥900,000.00
3	S001	景**	¥520,000.00			
4	S002	龙**	¥360,000.00		最低销售业绩（元）	¥360,000.00
5	S003	何**	¥690,000.00			
6	S004	孔**	¥600,000.00			
7	S005	封**	¥780,000.00			
8	S006	风**	¥700,000.00			
9	S007	冯**	¥560,000.00			

第286招　使用MAX函数计算最大值

除了可以使用"自动求和"按钮中的功能快速计算最大值，还可以使用 MAX 函数计算选中区域的最大值。具体的操作方法如下。

步骤01 输入公式

打开原始文件，在单元格 F2 中输入公式"=MAX(C3:C11)"，如下图所示。

步骤02 显示计算结果

按下【Enter】键，即可看到最高的销售业绩数据，如下图所示。

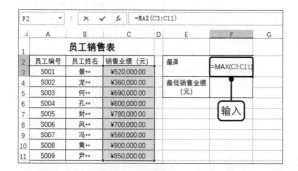

第287招　使用MIN函数计算最小值

除了可以使用"自动求和"按钮中的功能快速计算最小值，还可以使用 MIN 函数计算选中区域的最小值。具体的操作方法如下。

步骤01 输入公式

打开原始文件，在单元格 F4 中输入公式"=MIN(C3:C11)"，如下图所示。

步骤02 显示计算结果

按下【Enter】键，即可看到最低的销售业绩数据，如下图所示。

第288招　使用按钮功能快速计算平均值

如果需要快速计算平均值，可使用"自动求和"按钮中的功能来实现。具体的操作方法如下。

步骤01 插入函数

打开原始文件，❶选中单元格B14，❷在"公式"选项卡下的"函数库"组中单击"自动求和"下三角按钮，❸在展开的列表中单击"平均值"选项，如下图所示。

步骤02 显示自动插入的公式

此时在单元格 B14 中会自动显示一个公式"=AVERAGE(B2:B13)"，如下图所示。

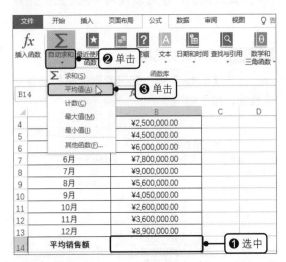

步骤03 显示计算结果

如果自动插入的公式无误，则按下【Enter】键，即可得到 12 个月份的销售金额平均值，如右图所示。

第289招　使用AVERAGE函数计算平均值

除了使用"自动求和"按钮功能，还可直接使用 AVERAGE 函数计算选中区域的平均值。具体的操作方法如下。

步骤01 输入公式

打开原始文件，在单元格 D4 中输入公式"=AVERAGE(B2:B13)"，如下左图所示。

步骤02 显示计算结果

按下【Enter】键，即可得到每月平均销售额，如下右图所示。

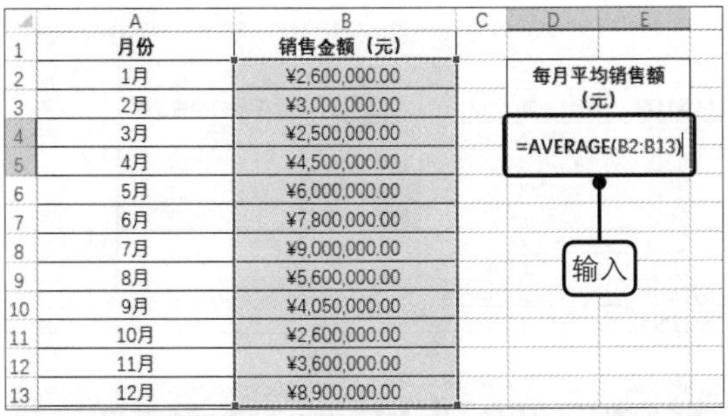

	A	B	C	D	E
1	月份	销售金额（元）		每月平均销售额（元）	
2	1月	¥2,600,000.00			
3	2月	¥3,000,000.00		=AVERAGE(B2:B13)	
4	3月	¥2,500,000.00			
5	4月	¥4,500,000.00			
6	5月	¥6,000,000.00			
7	6月	¥7,800,000.00		输入	
8	7月	¥9,000,000.00			
9	8月	¥5,600,000.00			
10	9月	¥4,050,000.00			
11	10月	¥2,600,000.00			
12	11月	¥3,600,000.00			
13	12月	¥8,900,000.00			

	A	B	C	D	E
1	月份	销售金额（元）		每月平均销售额（元）	
2	1月	¥2,600,000.00			
3	2月	¥3,000,000.00		¥5,012,500.00	
4	3月	¥2,500,000.00			
5	4月	¥4,500,000.00			
6	5月	¥6,000,000.00			
7	6月	¥7,800,000.00			
8	7月	¥9,000,000.00			
9	8月	¥5,600,000.00			
10	9月	¥4,050,000.00			
11	10月	¥2,600,000.00			
12	11月	¥3,600,000.00			
13	12月	¥8,900,000.00			

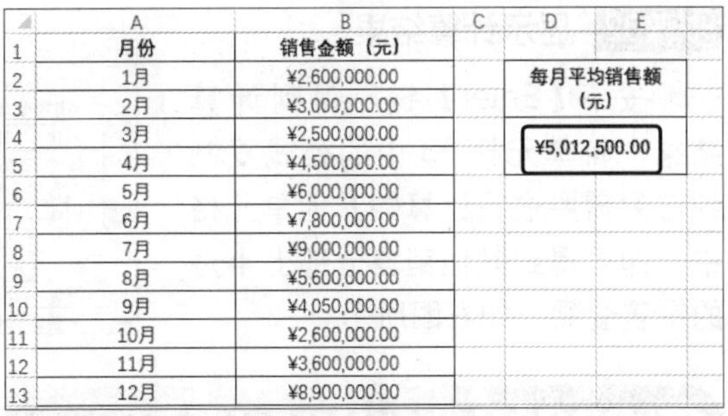

第290招　使用SUMIF函数按条件求和

如果用户需要对工作表中符合指定的单个条件的值求和，则可使用 SUMIF 函数来实现。具体的操作方法如下。

步骤01　输入公式

打开原始文件，在单元格 F3 中输入公式"=SUMIF(B:B,E3,C:C)"，如下图所示。

步骤02　复制公式

按下【Enter】键，得到张三的销售金额总计，拖动单元格F3右下角的填充柄至单元格F5中，如下图所示。

	A	B	C	D	E	F
1	日期	销售员工	销售金额（元）		销售员工	各员工销售金额总计（元）
2	9月1日	张三	¥680,000.00			
3	9月3日	李四	¥600,000.00		张三	=SUMIF(B:B,E3,C:C)
4	9月5日	王五	¥500,000.00		李四	
5	9月6日	张三	¥200,000.00		王五	
6	9月8日	王五	¥400,000.00			输入
7	9月10日	李四	¥600,000.00			
8	9月11日	王五	¥360,000.00			
9	9月13日	张三	¥780,000.00			
10	9月14日	王五	¥800,000.00			
11	9月16日	李四	¥690,000.00			
12	9月20日	王五	¥450,000.00			

	A	B	C	D	E	F
1	日期	销售员工	销售金额（元）		销售员工	各员工销售金额总计（元）
2	9月1日	张三	¥680,000.00			
3	9月3日	李四	¥600,000.00		张三	¥3,060,000.00
4	9月5日	王五	¥500,000.00		李四	
5	9月6日	张三	¥200,000.00		王五	
6	9月8日	王五	¥400,000.00			
7	9月10日	李四	¥600,000.00			
8	9月11日	王五	¥360,000.00			拖动
9	9月13日	张三	¥780,000.00			
10	9月14日	王五	¥800,000.00			
11	9月16日	李四	¥690,000.00			
12	9月20日	王五	¥450,000.00			

步骤03　显示计算结果

完成公式的复制后，选中任意复制了公式的单元格，即可在编辑栏中看到该单元格中的公式，如右图所示。

F4		✕ ✓ fx	=SUMIF(B:B,E4,C:C)			
	A	B	C	D	E	F
1	日期	销售员工	销售金额（元）		销售员工	各员工销售金额总计（元）
2	9月1日	张三	¥680,000.00			
3	9月3日	李四	¥600,000.00		张三	¥3,060,000.00
4	9月5日	王五	¥500,000.00		李四	¥2,590,000.00
5	9月6日	张三	¥200,000.00		王五	¥2,990,000.00
6	9月8日	王五	¥400,000.00			
7	9月10日	李四	¥600,000.00			输入
8	9月11日	王五	¥360,000.00			

第291招　使用SUMIFS函数按多条件求和

如果用户需要对不同范围的条件求规定范围的和，则可以使用 SUMIFS 函数来进行多条件求和，具体的操作方法如下。

步骤01　输入公式

打开原始文件，在单元格 F3 中输入公式"=SUMIFS($C$2:$C$16, $A$2:$A$16,E3,$B$2:$B$16, "<=9/15")"，如右图所示。

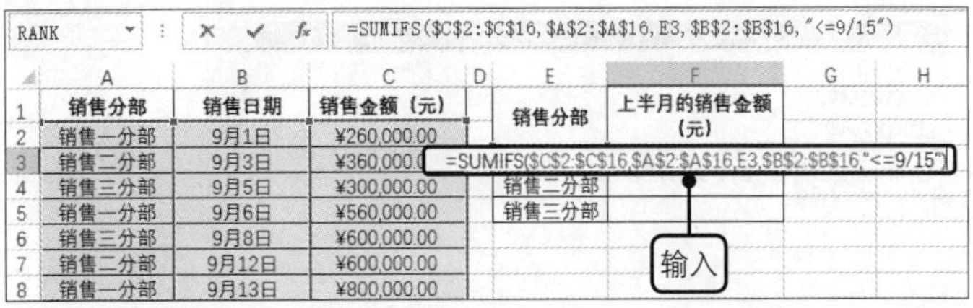

RANK		✕ ✓ fx	=SUMIFS($C$2:$C$16,$A$2:$A$16,E3,$B$2:$B$16,"<=9/15")				
	A	B	C	D	E	F	G	H
1	销售分部	销售日期	销售金额（元）		销售分部	上半月的销售金额（元）		
2	销售一分部	9月1日	¥260,000.00					
3	销售二分部	9月3日	¥360,000.00		销售一分部	=SUMIFS($C$2:$C$16,$A$2:$A$16,E3,$B$2:$B$16,"<=9/15")		
4	销售三分部	9月5日	¥300,000.00		销售二分部			
5	销售三分部	9月6日	¥560,000.00		销售三分部			
6	销售三分部	9月8日	¥600,000.00			输入		
7	销售一分部	9月12日	¥600,000.00					
8	销售一分部	9月13日	¥800,000.00					

步骤02 显示计算结果

按下【Enter】键，得到计算结果，将单元格 F3 中的公式复制到该列需要进行计算的其他单元格中，即可得到其他销售分部上半月的销售金额，如右图所示。

	A	B	C	D	E	F	G
						F5 =SUMIFS($C$2:$C$16,$A$2:$A$16,E5,$B$2:$B$16,"<=9/15")	
1	销售分部	销售日期	销售金额（元）		销售分部	上半月的销售金额（元）	
2	销售一分部	9月1日	¥260,000.00				
3	销售三分部	9月3日	¥360,000.00		销售一分部	¥1,620,000.00	
4	销售三分部	9月5日	¥300,000.00		销售二分部	¥1,860,000.00	
5	销售一分部	9月6日	¥560,000.00		销售三分部	¥900,000.00	
6	销售三分部	9月8日	¥600,000.00				
7	销售二分部	9月12日	¥600,000.00				
8	销售二分部	9月13日	¥800,000.00				
9	销售二分部	9月15日	¥900,000.00				

第292招 使用SUMPRODUCT函数计算乘积之和

如果需要在给定的几组数组中，把数组间对应的元素相乘，最后返回乘积之和，则可使用 SUMPRODUCT 函数来实现。具体的操作方法如下。

步骤01 插入函数

打开原始文件，❶选中单元格 D2，❷单击编辑栏左侧的"插入函数"按钮，如下图所示。

步骤02 选择函数类别

弹出"插入函数"对话框，❶单击"或选择类别"右侧的下三角按钮，❷在展开的列表中单击"数学与三角函数"选项，如下图所示。

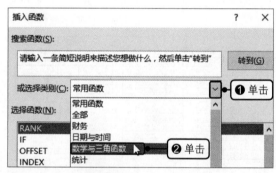

步骤03 选择函数

在"选择函数"列表框中双击要插入的函数，如"SUMPRODUCT"函数，如下图所示。

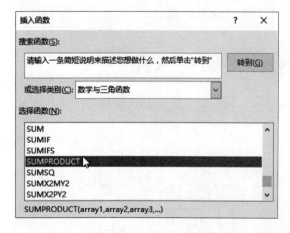

步骤04 设置函数参数

弹出"函数参数"对话框，❶设置好各个函数参数，❷单击"确定"按钮，如下图所示。

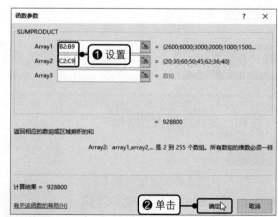

步骤05　显示计算结果

返回工作表中，即可看到计算出的销售总金额情况，如右图所示。

	A	B	C	D	E
1	销售商品	销售单价（元/件）	销售数量（件）	销售总金额（元）	
2	产品A	¥2,600.00	20		
3	产品B	¥6,000.00	30		
4	产品C	¥3,000.00	60		
5	产品D	¥2,000.00	50	¥928,800.00	
6	产品E	¥1,000.00	45		

第293招　使用INT函数向下取整

如果用户需要对工作表中的数据进行取整操作，并不带有四舍五入功能，则可使用 INT 函数来实现。具体的操作方法如下。

步骤01　输入公式

打开原始文件，在单元格 F3 中输入公式"=INT(E3)"，按下【Enter】键，即可得到取整金额数据，如下图所示。

步骤02　完成计算

利用填充柄将单元格 F3 中的公式向下复制至单元格 F9 中，得到其他员工的取整金额，如下图所示。

第294招　使用ROUND函数进行四舍五入的取整

如果用户需要对工作表中的数据进行取整操作，并带有四舍五入的功能，则可使用 ROUND 函数来实现。具体的操作方法如下。

步骤01　输入公式

打开原始文件，在单元格 F3 中输入公式"=ROUND(E3,0)"，如下图所示。

	A	B	C	D	E	F
1	员工工资表					
2	员工编号	员工姓名	基本工资（元）	提成工资（元）	工资金额（元）	取整金额（元）
3	A001	章**	¥2,500.00	¥2,626.36		=ROUND(E3,0)
4	A002	黄**	¥2,000.00	¥3,623.65	¥5,623.65	
5	A003	何**	¥3,000.00	¥3,154.20	¥6,154.20	
6	A004	王**	¥2,200.00	¥3,628.52	¥5,828.52	
7	A005	封**	¥2,500.00	¥2,932.12	¥5,432.12	
8	A006	林**	¥2,800.00	¥3,669.25	¥6,469.25	
9	A007	青**	¥2,600.00	¥4,561.23	¥7,161.23	

输入

步骤02　显示计算结果

按下【Enter】键，将单元格 F3 中的公式复制到该列其他需要进行计算的单元格中，即可得到各个员工的取整金额数据，如下图所示。

	A	B	C	D	E	F
1	员工工资表					
2	员工编号	员工姓名	基本工资（元）	提成工资（元）	工资金额（元）	取整金额（元）
3	A001	章**	¥2,500.00	¥2,626.36	¥5,126.36	¥5,126.00
4	A002	黄**	¥2,000.00	¥3,623.65	¥5,623.65	¥5,624.00
5	A003	何**	¥3,000.00	¥3,154.20	¥6,154.20	¥6,154.00
6	A004	王**	¥2,200.00	¥3,628.52	¥20.52	¥5,829.00
7	A005	封**	¥2,500.00	¥2,932.12	¥5,432.12	¥5,432.00
8	A006	林**	¥2,800.00	¥3,669.25	¥6,469.25	¥6,469.00
9	A007	青**	¥2,600.00	¥4,561.23	¥7,161.23	¥7,161.00

复制

第295招 使用COUNT函数统计数字单元格个数

如果要计算工作表选中区域中所含数字的单元格个数，可使用 COUNT 函数来完成。具体的操作方法如下。

步骤01 输入公式

打开原始文件，在单元格 F5 中输入公式 "=COUNT(A3:A13)"，如下图所示。

步骤02 显示计算结果

按下【Enter】键，即可得到统计的总月份数，如下图所示。

第296招 使用COUNTA函数统计非空单元格个数

如果要计算工作表选中区域中非空单元格的个数，则可通过 COUNTA 函数来实现，具体的操作方法如下。

步骤01 输入公式

打开原始文件，在单元格 F6 中输入公式 "=COUNTA(B3:B13)"，如下图所示。

步骤02 显示计算结果

按下【Enter】键，即可得到参加促销活动的月份数，如下图所示。

第297招 使用COUNTIF函数按指定条件统计

如果要计算工作表某个区域中指定条件的单元格个数，则可通过 COUNTIF 函数来完成。具体的操作方法如下。

步骤01 输入公式

打开原始文件，在单元格 G5 中输入公式 "=COUNTIF(F5:F11," 达标 ")"，如下左图所示。

步骤02 显示计算结果

按下【Enter】键，即可得到统计的达标人数，如下右图所示。

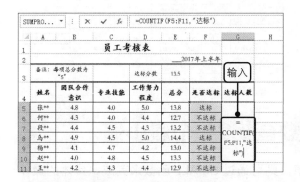

第298招 使用COUNTIFS函数按指定条件统计

如果要计算一组数据中满足指定条件的单元格个数，可通过 COUNTIFS 函数来完成。具体的操作方法如下。

步骤01 输入公式

打开原始文件，在单元格 G2 中输入公式"=COUNTIFS($B$2:$B$11,E2,$C$2:$C$11,F2)"，如下图所示。

步骤02 显示计算结果

按下【Enter】键，将单元格 G2 中的公式复制到该列其他单元格中，即可得到各个销售区域满足订单数量大于等于 100 的人数，如下图所示。

第299招 使用LARGE函数查找第n个最大值

如果需要在所选数组中选出第 n 个最大值，可通过 LARGE 函数来完成。具体的操作方法如下。

步骤01 输入公式

打开原始文件，在单元格 F7 中输入公式"=LARGE(C3:C13,2)"，如下左图所示。

步骤02 显示计算结果

按下【Enter】键，即可得到销售金额排名第二的值，如下右图所示。

第300招 使用SMALL函数查找第*n*个最小值

如果需要在所选数组中选出第 *n* 个最小值，则可通过 SMALL 函数来完成。具体的操作方法如下。

步骤01 输入公式

打开原始文件，在单元格 F7 中输入公式"=SMALL(C3:C13,2)"，如下图所示。

步骤02 显示计算结果

按下【Enter】键，即可得到销售金额倒数第二的值，如下图所示。

第301招 使用AND函数检验一组数据的满足情况

如果需要检验一组数据是否同时都满足，则可使用 AND 函数来实现。具体的操作方法如下。

步骤01 输入公式

打开原始文件，在单元格 D2 中输入公式"=AND(B2>=28,C2>=6)"，如下图所示。

步骤02 显示计算结果

按下【Enter】键，并将单元格 D2 中的公式复制到其他单元格中，即可得到各个员工的升职情况，如下图所示。

第302招 使用LEFT函数从左向右提取数据

如果需要从左向右地提取某个单元格数据中的一部分区域，则可使用 LEFT 函数来实现。具体的操作方法如下。

步骤01 输入公式

打开原始文件，在单元格 C2 中输入公式"=LEFT(B2,3)"，如下图所示。

步骤02 显示计算结果

按下【Enter】键，并将单元格 C2 中的公式复制到该列其他需要提取数据的单元格中，结果如下图所示。

	A	B	C	D
1	发货日期	发货详细地址	发货省	
2	9月1日	广东省**市**区**路	=LEFT(B2,3)	
3	9月2日	四川省**市**区**路		
4	9月6日	新疆省**市**区**路		
5	9月8日	山东省**市**区**路		
6	9月10日	广西省**市**区**路	输入	
7	9月12日	山西省**市**区**路		
8	9月15日	湖南省**市**区**路		
9	9月18日	湖北省**市**区**路		
10	9月20日	安徽省**市**区**路		
11	9月25日	江苏省**市**区**路		
12	9月26日	四川省**市**区**路		
13	9月28日	广西省**市**区**路		

	A	B	C	D
1	发货日期	发货详细地址	发货省	
2	9月1日	广东省**市**区**路	广东省	
3	9月2日	四川省**市**区**路	四川省	
4	9月6日	新疆省**市**区**路	新疆省	
5	9月8日	山东省**市**区**路	山东省	
6	9月10日	广西省**市**区**路	广西省	
7	9月12日	山西省**市**区**路	复制	山西省	
8	9月15日	湖南省**市**区**路	湖南省	
9	9月18日	湖北省**市**区**路	湖北省	
10	9月20日	安徽省**市**区**路	安徽省	
11	9月25日	江苏省**市**区**路	江苏省	
12	9月26日	四川省**市**区**路	四川省	
13	9月28日	广西省**市**区**路	广西省	

第303招 使用RIGHT函数从右向左提取数据

如果需要从右向左地提取某个单元格数据中的一部分区域，则可使用 RIGHT 函数来实现。具体的操作方法如下。

步骤01 输入公式

打开原始文件，在单元格 C2 中输入公式"=RIGHT(B2,3)"，如下图所示。

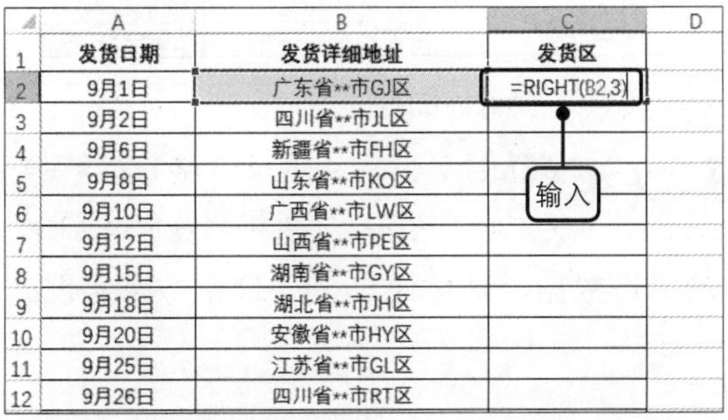

步骤02 显示计算结果

按下【Enter】键，并将单元格 C2 中的公式复制到其他单元格中，即可得到各个详细地址的发货区，如下图所示。

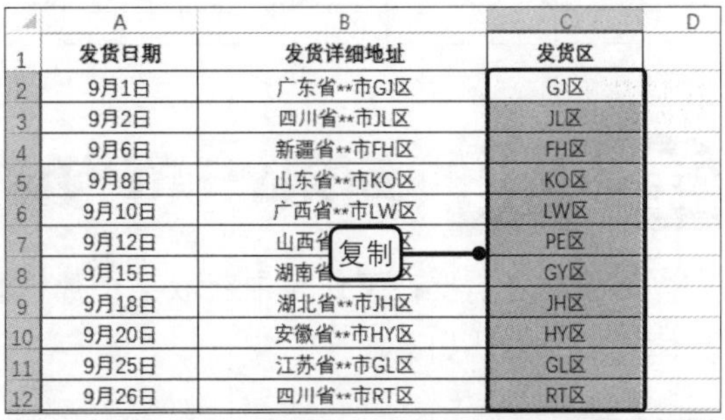

	A	B	C	D
1	发货日期	发货详细地址	发货区	
2	9月1日	广东省**市GJ区	=RIGHT(B2,3)	
3	9月2日	四川省**市JL区		
4	9月6日	新疆省**市FH区		
5	9月8日	山东省**市KO区	输入	
6	9月10日	广西省**市LW区		
7	9月12日	山西省**市PE区		
8	9月15日	湖南省**市GY区		
9	9月18日	湖北省**市JH区		
10	9月20日	安徽省**市HY区		
11	9月25日	江苏省**市GL区		
12	9月26日	四川省**市RT区		

	A	B	C	D
1	发货日期	发货详细地址	发货区	
2	9月1日	广东省**市GJ区	GJ区	
3	9月2日	四川省**市JL区	JL区	
4	9月6日	新疆省**市FH区	FH区	
5	9月8日	山东省**市KO区	KO区	
6	9月10日	广西省**市LW区	LW区	
7	9月12日	山西省**市	复制	PE区	
8	9月15日	湖南省**市GY区	GY区	
9	9月18日	湖北省**市JH区	JH区	
10	9月20日	安徽省**市HY区	HY区	
11	9月25日	江苏省**市GL区	GL区	
12	9月26日	四川省**市RT区	RT区	

第304招 使用UPPER函数将字母转换成大写

如果需要将一个英文字符串中的所有字母转换成大写形式，则可使用 UPPER 函数来完成，具体的操作方法如下。

步骤01 输入公式

打开原始文件，在单元格 E3 中输入公式 "=UPPER(D3)"，如下图所示。

步骤02 显示计算结果

按下【Enter】键，并将单元格 E3 中的公式复制到该列其他单元格中，即可得到大写的各个客户代码，如下图所示。

	A	B	C	D	E	F
1 2	销售日期	产品代码	产品类别	客户代码（小写）	客户代码（大写）	客户名称
3	9月1日	K4550	电器	scbhgs	=UPPER(D3)	四川百货公司
4	9月5日	K4550	电器	gzmegs		广州莫尔公司
5	9月6日	K4550	电器	xjftgs		新疆奉甜公司
6	9月12日	K4550	电器	gxklgs		广西空灵公司
7	9月15日	K4550	电器	scbhgs		四川百货公司
8	9月20日	K4550	电器	scbhgs	输入	四川百货公司
9	9月24日	K4550	电器	sdbhgs		山东百货公司
10	9月26日	K4550	电器	bdbhgs		四川百货公司
11	9月27日	K4550	电器	schbgs		四川霍奔公司
12	9月28日	K4550	电器	sxjdgs		山西井道公司
13	9月30日	K4550	电器	scbhgs		四川百货公司

	A	B	C	D	E	F
1 2	销售日期	产品代码	产品类别	客户代码（小写）	客户代码（大写）	客户名称
3	9月1日	K4550	电器	scbhgs	SCBHGS	四川百货公司
4	9月5日	K4550	电器	gzmegs	GZMEGS	广州莫尔公司
5	9月6日	K4550	电器	xjftgs	XJFTGS	新疆奉甜公司
6	9月12日	K4550	电器	gxklgs	GXKLGS	广西空灵公司
7	9月15日	K4550	电器	scbhgs	SCBHGS	四川百货公司
8	9月20日	K4550	电器	scbhgs	复制 SCBHGS	四川百货公司
9	9月24日	K4550	电器	sdbhgs	SDBHGS	山东百货公司
10	9月26日	K4550	电器	bdbhgs	SCBHGS	四川百货公司
11	9月27日	K4550	电器	schbgs	SCHBGS	四川霍奔公司
12	9月28日	K4550	电器	sxjdgs	SXJDGS	山西井道公司
13	9月30日	K4550	电器	scbhgs	SCBHGS	四川百货公司

第305招 使用TEXT函数将数值转换为文本

如果需要根据指定的数值格式将数字转换成文本，可通过 TEXT 函数来实现。具体的操作方法如下。

步骤01 输入公式

打开原始文件，在单元格 D3 中输入公式 "=TEXT(C2-$B$2,"h 小时 m 分 ")"，如下图所示。

步骤02 显示计算结果

按下【Enter】键，并将单元格 D3 中的公式复制到该列其他单元格中，即可得到各个员工的加班时间，如下图所示。

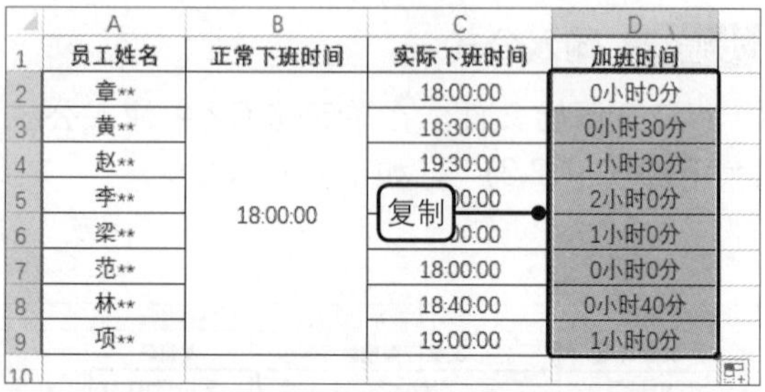

	A	B	C	D	E
1	员工姓名	正常下班时间	实际下班时间	加班时间	
2	章**		18	=TEXT(C2-$B$2,"h小时m分")	
3	黄**		18:30:00		
4	赵**		19:30:00		
5	李**		20:00:00	输入	
6	梁**	18:00:00	19:00:00		
7	范**		18:00:00		
8	林**		18:40:00		
9	项**		19:00:00		
10					

	A	B	C	D
1	员工姓名	正常下班时间	实际下班时间	加班时间
2	章**		18:00:00	0小时0分
3	黄**		18:30:00	0小时30分
4	赵**		19:30:00	1小时30分
5	李**		0:00	2小时0分
6	梁**	18:00:00	复制 0:00	1小时0分
7	范**		18:00:00	0小时0分
8	林**		18:40:00	0小时40分
9	项**		19:00:00	1小时0分
10				

第306招 使用YEAR函数获取年份

如果用户需要在工作表中获取某个数据区域的年份数据，则可通过 YEAR 函数来实现。具体的操作方法如下。

步骤01 输入公式

打开原始文件，在单元格 C2 中输入公式 "=YEAR(B2)"，如下左图所示。

步骤02 显示计算结果

按下【Enter】键，并将单元格 C2 中的公式复制到该列其他单元格中，即可得到各个员工的入职年份，如下右图所示。

	A	B	C	D	E
1	员工姓名	入职时间	年	月	日
2	章**	2015/1/4	=YEAR(B2)		
3	黄**	2016/2/5			
4	林**	2014/6/8			
5	赵**	2013/8/7	输入		
6	钱**	2010/6/9			
7	孙**	2011/5/8			
8	李**	2017/5/4			
9	何**	2014/12/7			
10					

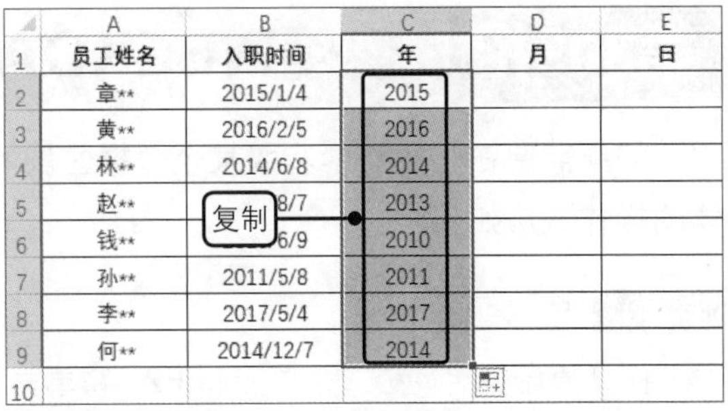

	A	B	C	D	E
1	员工姓名	入职时间	年	月	日
2	章**	2015/1/4	2015		
3	黄**	2016/2/5	2016		
4	林**	2014/6/8	2014		
5	赵**	8/7	2013		
6	钱**	6/9 复制	2010		
7	孙**	2011/5/8	2011		
8	李**	2017/5/4	2017		
9	何**	2014/12/7	2014		
10					

第307招　使用MONTH函数获取月份

如果需要在工作表中获取某个数据区域的月份数据，则可通过 MONTH 函数来实现。具体的操作方法如下。

步骤01　输入公式

打开原始文件，在单元格 D2 中输入公式"=MONTH(B2)"，如下图所示。

步骤02　显示计算结果

按下【Enter】键，并将单元格 D2 中的公式复制到该列其他单元格中，即可得到各个员工的入职月份，如下图所示。

	A	B	C	D	E
1	员工姓名	入职时间	年	月	日
2	章**	2015/1/4	2015	=MONTH(B2)	
3	黄**	2016/2/5	2016		
4	林**	2014/6/8	2014		
5	赵**	2013/8/7	2013	输入	
6	钱**	2010/6/9	2010		
7	孙**	2011/5/8	2011		
8	李**	2017/5/4	2017		
9	何**	2014/12/7	2014		
10					

	A	B	C	D	E
1	员工姓名	入职时间	年	月	日
2	章**	2015/1/4	2015	1	
3	黄**	2016/2/5	2016	2	
4	林**	2014/6/8	2014	6	
5	赵**	2013/8/7	复制 13	8	
6	钱**	2010/6/9	010	6	
7	孙**	2011/5/8	2011	5	
8	李**	2017/5/4	2017	5	
9	何**	2014/12/7	2014	12	
10					

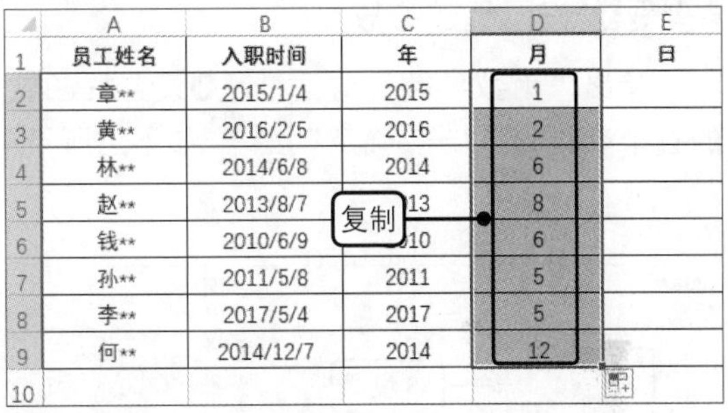

第308招　使用DAY函数获取日期数

如果需要在工作表中获取某个数据区域的日期数据，则可通过 DAY 函数来实现。具体的操作方法如下。

步骤01　输入公式

打开原始文件，在单元格 E2 中输入公式"=DAY(B2)"，如下图所示。

步骤02　显示计算结果

按下【Enter】键，并将单元格 E2 中的公式复制到该列其他单元格中，即可得到各个员工的入职日期，如下图所示。

	A	B	C	D	E
1	员工姓名	入职时间	年	月	日
2	章**	2015/1/4	2015	1	=DAY(B2)
3	黄**	2016/2/5	2016	2	
4	林**	2014/6/8	2014	6	
5	赵**	2013/8/7	2013	8	输入
6	钱**	2010/6/9	2010	6	
7	孙**	2011/5/8	2011	5	

	A	B	C	D	E
1	员工姓名	入职时间	年	月	日
2	章**	2015/1/4	2015	1	4
3	黄**	2016/2/5	2016	2	5
4	林**	2014/6/8	2014	6	8
5	赵**	2013/8/7	2013 复制	8	7
6	钱**	2010/6/9	2010	6	9
7	孙**	2011/5/8	2011	5	8
	李**	2017/5/4	2017	5	

第309招 使用WEEKDAY函数获取星期数

如果需要在工作表中获取某个数据区域的星期数，则可通过 WEEKDAY 函数来实现。具体的操作方法如下。

步骤01 插入函数

打开原始文件，❶选中单元格 F2，❷单击编辑栏左侧的"插入函数"按钮，如下图所示。

步骤02 选择函数

弹出"插入函数"对话框，设置"或选择类别"为"日期与时间"函数，在"选择函数"列表框中双击"WEEKDAY"函数，如下图所示。

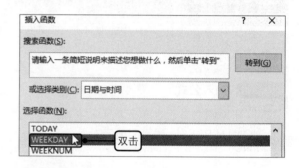

步骤03 设置函数参数

弹出"函数参数"对话框，❶设置好函数的各个参数，❷单击"确定"按钮，如下图所示。

步骤04 显示计算结果

返回工作表中，将单元格 F2 中的公式复制到该列其他单元格中，即可得到各个员工的入职星期数，如下图所示。

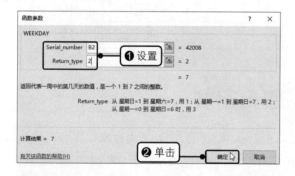

第310招 使用HOUR函数获取小时数

如果需要在工作表中获取某个数据区域的小时数，则可通过 HOUR 函数来实现。具体的操作方法如下。

步骤01 输入公式

打开原始文件，在单元格 D3 中输入公式"=HOUR(C3-B3)"，如下左图所示。

步骤02 显示计算结果

按下【Enter】键，并将单元格 D3 中的公式复制到该列其他单元格中，即可得到各个员工外出时间中的小时数，如下右图所示。

	A	B	C	D	E	F
1			出入登记表			
2	姓名	出公司时间	回公司时间	小时数	分钟数	秒数
3	张**	9:20:10		=HOUR(C3-B3)		
4	李**	10:15:36	13:20:55			
5	王**	11:50:56	13:22:18			
6	赵**	13:30:55	16:50:44	输入		
7	林**	15:45:50	17:36:04			
8	何**	13:40:50	16:40:10			
9	元**	12:00:00	15:20:15			
10						

	A	B	C	D	E	F
1			出入登记表			
2	姓名	出公司时间	回公司时间	小时数	分钟数	秒数
3	张**	9:20:10	11:30:25	2		
4	李**	10:15:36	13:20:55	3		
5	王**	11:50:56	13:22:18	1		
6	赵**	13:30:55	16:50:44	3	复制	
7	林**	15:45:50	17:36:04	1		
8	何**	13:40:50	16:40:10	2		
9	元**	12:00:00	15:20:15	3		
10						

第311招 使用MINUTE函数获取分钟数

如果需要在工作表中获取某个数据区域的分钟数，则可通过 MINUTE 函数来实现。具体的操作方法如下。

步骤01 输入公式

打开原始文件，在单元格 E3 中输入公式"=MINUTE(C3-B3)"，如下图所示。

步骤02 显示计算结果

按下【Enter】键，并将单元格 E3 中的公式复制到该列其他单元格中，即可得到各个员工外出时间中的分钟数，如下图所示。

	A	B	C	D	E	F
1			出入登记表			
2	姓名	出公司时间	回公司时间	小时数	分钟数	秒数
3	张**	9:20:10	11:30:25		=MINUTE(C3-B3)	
4	李**	10:15:36	13:20:55	3		
5	王**	11:50:56	13:22:18	1		
6	赵**	13:30:55	16:50:44	3	输入	
7	林**	15:45:50	17:36:04	1		
8	何**	13:40:50	16:40:10	2		
9	元**	12:00:00	15:20:15	3		
10						

	A	B	C	D	E	F
1			出入登记表			
2	姓名	出公司时间	回公司时间	小时数	分钟数	秒数
3	张**	9:20:10	11:30:25	2	10	
4	李**	10:15:36	13:20:55	3	5	
5	王**	11:50:56	13:22:18	1	31	
6	赵**	13:30:55	16:50:44	3	19	复制
7	林**	15:45:50	17:36:04	1	50	
8	何**	13:40:50	16:40:10	2	59	
9	元**	12:00:00	15:20:15	3	20	
10						

第312招 使用SECOND函数获取秒数

如果需要在工作表中获取某个数据区域的秒数，则可通过 SECOND 函数来实现。具体的操作方法如下。

步骤01 输入公式

打开原始文件，在单元格 F3 中输入公式"=SECOND(C3-B3)"，如右图所示。

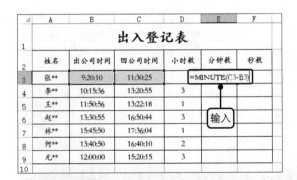

	A	B	C	D	E	F	G
1			出入登记表				
2	姓名	出公司时间	回公司时间	小时数	分钟数	秒数	
3	张**	9:20:10	11:30:25	2		=SECOND(C3-B3)	
4	李**	10:15:36	13:20:55	3	5		
5	王**	11:50:56	13:22:18	1	31		
6	赵**	13:30:55	16:50:44	3	19	输入	
7	林**	15:45:50	17:36:04	1	50		
8	何**	13:40:50	16:40:10	2	59		
9	元**	12:00:00	15:20:15	3	20		

步骤02 显示计算结果

按下【Enter】键，并将单元格 F3 中的公式复制到该列其他单元格中，即可得到各个员工外出时间中的秒数，如右图所示。

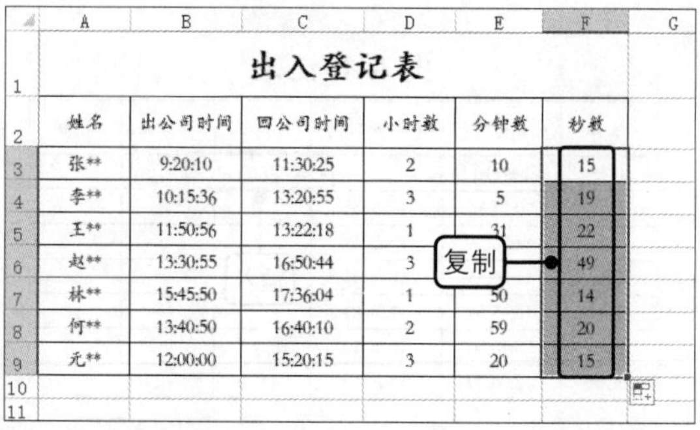

	A	B	C	D	E	F	G
1			出入登记表				
2	姓名	出公司时间	回公司时间	小时数	分钟数	秒数	
3	张**	9:20:10	11:30:25	2	10	15	
4	李**	10:15:36	13:20:55	3	5	19	
5	王**	11:50:56	13:22:18	1	31	22	
6	赵**	13:30:55	16:50:44	3	复制	49	
7	林**	15:45:50	17:36:04	1	50	14	
8	何**	13:40:50	16:40:10	2	59	20	
9	元**	12:00:00	15:20:15	3	20	15	
10							
11							

第313招　使用DATE函数获取日期

如果需要将三个单独的值合并为一个日期数据，可使用 DATE 函数来实现。具体的操作方法如下。

步骤01 输入公式

打开原始文件，在单元格 E2 中输入公式"=DATE(B2,C2,D2)"，如下图所示。

	A	B	C	D	E
1	员工姓名	入职年份	入职月份	入职日期	入职时间
2	章**	2015	1	4	=DATE(B2,C2,D2)
3	黄**	2016	2	5	
4	林**	2014	6	8	
5	赵**	2013	8	7	输入
6	钱**	2010	6	9	
7	孙**	2011	5	8	
8	李**	2017	5	4	
9	何**	2014	12	7	
10					

步骤02 显示计算结果

按下【Enter】键，并将单元格 E2 中的公式复制到该列其他单元格中，即可得到各个员工的入职时间，如下图所示。

	A	B	C	D	E
1	员工姓名	入职年份	入职月份	入职日期	入职时间
2	章**	2015	1	4	2015/1/4
3	黄**	2016	2	5	2016/2/5
4	林**	2014	6	8	2014/6/8
5	赵**	2013	8	7	2013/8/7
6	钱**	2010	6	复制	2010/6/9
7	孙**	2011	5	8	2011/5/8
8	李**	2017	5	4	2017/5/4
9	何**	2014	12	7	2014/12/7

第314招　使用DATEDIF函数计算两个日期间的天数

如果需要计算两个日期之间的天数，可使用 DATEDIF 函数来实现，具体的操作方法如下。

步骤01 输入公式

打开原始文件，在单元格 E2 中输入公式"=DATEDIF(C2,D2,"D")"，如下图所示。

	A	B	C	D	E	F
1	借款单位	借款金额	借款日期	还款日期	总借款天数	
2	**科技公司	¥300,000.00	2017/8/1	2	=DATEDIF(C2,D2,"D")	
3	**资讯公司	¥600,000.00	2017/8/15	2017/11/5		
4	**有限公司	¥450,000.00	2017/8/20	2017/12/8		
5	**百货公司	¥800,000.00	2017/8/22	2017/12/10	输入	
6	**保险公司	¥700,000.00	2017/8/23	2017/10/25		
7	**软件公司	¥600,000.00	2017/8/25	2017/11/20		
8	**风险投资公司	¥360,000.00	2017/8/28	2017/11/5		
9	**设计公司	¥200,000.00	2017/8/30	2017/11/26		

步骤02 显示计算结果

按下【Enter】键，并将单元格 E2 中的公式复制到该列其他单元格中，即可得到各个客户的总借款天数，如下图所示。

	A	B	C	D	E
1	借款单位	借款金额	借款日期	还款日期	总借款天数
2	**科技公司	¥300,000.00	2017/8/1	2017/11/2	93
3	**资讯公司	¥600,000.00	2017/8/15	2017/11/5	82
4	**有限公司	¥450,000.00	2017/8/20	2017/12/8	110
5	**百货公司	¥800,000.00	2017/8/22	20 复制	110
6	**保险公司	¥700,000.00	2017/8/23	2017/10/25	63
7	**软件公司	¥600,000.00	2017/8/25	2017/11/20	87
8	**风险投资公司	¥360,000.00	2017/8/28	2017/11/5	69

第315招　使用TIME函数将数值转换为时间型数据

若要将单元格数据转换为某一特定时间的数值，可使用 TIME 函数。需注意的是，在输入函数前，如果单元格的格式为常规，则计算结果将自动转换为日期格式。

步骤01　输入公式

打开原始文件，在单元格 D2 中输入公式"=B2+TIME(C2,0,0)"，如下图所示。

	A	B	C	D
1	产品名称	发货时间	时效性（小时）	客户确认签收时间
2	产品A	2017/10/11 8:00	10	=B2+TIME(C2,0,0)
3	产品B	2017/10/11 4:00	12	
4	产品C	2017/10/11 3:20	15	
5	产品D	2017/10/11 1:30	18	输入
6	产品E	2017/10/11 6:00	13	
7	产品F	2017/10/11 3:45	16	
8	产品G	2017/10/11 12:10	22	
9	产品H	2017/10/11 9:45	23	
10	产品I	2017/10/11 10:00	10	

步骤02　显示计算结果

按下【Enter】键，并将单元格 D2 中的公式复制到该列其他单元格中，即可得到各个客户确认签收的时间，如下图所示。

	A	B	C	D
1	产品名称	发货时间	时效性（小时）	客户确认签收时间
2	产品A	2017/10/11 8:00	10	2017/10/11 18:00
3	产品B	2017/10/11 4:00	12	2017/10/11 16:00
4	产品C	2017/10/11 3:20	15	2017/10/11 18:20
5	产品D	2017/10/11 1:30	18	2017/10/11 19:30
6	产品E	2017/10/11 6:00	13	复制 2017/10/11 19:00
7	产品F	2017/10/11 3:45	16	2017/10/11 19:45
8	产品G	2017/10/11 12:10	22	2017/10/12 10:10
9	产品H	2017/10/11 9:45	23	2017/10/12 8:45
10	产品I	2017/10/11 10:00	10	2017/10/11 20:00

第316招　使用NOW函数显示当前日期和时间

如果需要在工作表中获取当前系统的详细日期和时间，可以使用 NOW 函数来实现。具体的操作方法如下。

步骤01　输入公式

打开原始文件，在单元格 C2 中输入公式"=NOW()"，如下图所示。

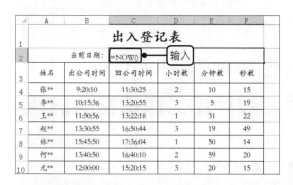

步骤02　显示计算结果

按下【Enter】键，即可在单元格中看到当前系统日期及时间，如下图所示。

	A	B	C	D	E	F
1			出入登记表			
2		当前日期：	2017/12/21 11:11			
3	姓名	出公司时间	回公司时间	小时数	分钟数	秒数
4	张**	9:20:10	11:30:25	2	10	15
5	李**	10:15:36	13:20:55	3	5	19
6	王**	11:50:56	13:22:18	1	31	22
7	赵**	13:30:55	16:50:44	3	19	49
8	林**	15:45:50	17:36:04	1	50	14
9	何**	13:40:50	16:40:10	2	59	20
10	元**	12:00:00	15:20:15	3	20	15

第317招　使用TODAY函数获取当前日期

如果只需要在工作表中获取当前系统的日期，则可使用 TODAY 函数来实现。具体的操作方法如下。

步骤01 输入公式

打开原始文件，在单元格 C2 中输入公式 "=TODAY()"，如下图所示。

步骤02 显示计算结果

按下【Enter】键，即可得到当前系统的日期，如下图所示。

	出入登记表				
当前日期：	=TODAY() 输入				
姓名	出公司时间	回公司时间	小时数	分钟数	秒数
张**	9:20:10	11:30:25	2	10	15
李**	10:15:36	13:20:55	3	5	19
王**	11:50:56	13:22:18	1	31	22
赵**	13:30:55	16:50:44	3	19	49
林**	15:45:50	17:36:04	1	50	14
何**	13:40:50	16:40:10	2	59	20
元**	12:00:00	15:20:15	3	20	15

	出入登记表				
当前日期：	2017/12/21				
姓名	出公司时间	回公司时间	小时数	分钟数	秒数
张**	9:20:10	11:30:25	2	10	15
李**	10:15:36	13:20:55	3	5	19
王**	11:50:56	13:22:18	1	31	22
赵**	13:30:55	16:50:44	3	19	49
林**	15:45:50	17:36:04	1	50	14
何**	13:40:50	16:40:10	2	59	20
元**	12:00:00	15:20:15	3	20	15

第318招 使用DAYS360函数计算相差天数

在某些情况下可能会需要按 360 天来计算两个日期相差的天数，此时可使用 DAYS360 函数来实现，具体的操作方法如下。

步骤01 输入公式

打开原始文件，在单元格 E2 中输入公式 "=DAYS360(C2,D2)"，如下图所示。

步骤02 显示计算结果

按下【Enter】键，并将单元格 E2 中的公式复制到该列其他单元格中，即可得到各个借款单位的总借款天数，如下图所示。

借款单位	借款金额	借款日期	还款日期	总借款天数	
**科技公司	¥300,000.00	2017/8/1	2	=DAYS360(C2,D2)	
**资讯公司	¥600,000.00	2017/8/15	2017/11/5		
**企业	¥450,000.00	2017/8/20	2017/12/8		
**百货企业	¥800,000.00	2017/8/22	2017/12/10	输入	
**保险公司	¥700,000.00	2017/8/23	2017/10/25		
**软件公司	¥600,000.00	2017/8/25	2017/11/20		
**风险投资企业	¥360,000.00	2017/8/28	2017/11/5		
**设计公司	¥200,000.00	2017/8/30	2017/11/26		

借款单位	借款金额	借款日期	还款日期	总借款天数
**科技公司	¥300,000.00	2017/8/1	2017/11/2	91
**资讯公司	¥600,000.00	2017/8/15	2017/11/5	80
**企业	¥450,000.00	2017/8/20	2017/12/8	108
**百货企业	¥800,000.00	2017/8/22	12/10	108
**保险公司	¥700,000.00	2017/8/23	复制 10/25	62
**软件公司	¥600,000.00	2017/8/25	2017/11/20	85
**风险投资企业	¥360,000.00	2017/8/28	2017/11/5	67
**设计公司	¥200,000.00	2017/8/30	2017/11/26	86

第319招 使用WORKDAY函数计算工作日相关日期

当需要工作表中的数据返回指定日期之前或之后数个工作日后的日期，并且工作日不包括周末和专门指定的假日时，可使用 WEEKDAY 函数来实现。具体的操作方法如下。

步骤01 输入公式

打开原始文件，在单元格 C7 中输入公式 "=WORKDAY(C8,-B8,$F$1:$F$8)"，如下左图所示。

步骤02 设置数字格式

按下【Enter】键后，❶选中单元格 C7 后，❷在 "开始" 选项卡下的 "数字" 组中单击 "数字格式" 右侧的下三角按钮，❸在展开的列表中单击 "短日期" 选项，如下右图所示。

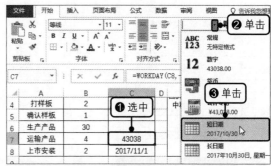

步骤03　显示计算结果

即可看到单元格 C7 中的数字格式变为了日期效果，将单元格 C7 中的公式复制到其他单元格中，即可得到其他项目的完成日期，如右图所示。

第320招　使用VLOOKUP函数按垂直方向查找数据

如果用户需要在工作表中的首列查找指定的数据，并返回指定数据所在行中的指定列处的数据，可通过 VLOOKUP 函数来实现。

步骤01　输入公式

打开原始文件，在单元格 F4 中输入公式"=VLOOKUP(F3,A1:C12,2,0)"，如下图所示。

步骤02　继续输入公式

按下【Enter】键，即可得到黄 ** 的销售产品，在单元格 F5 中输入公式"=VLOOKUP(F3,A1:C12,3,0)"，如下图所示。

步骤03　显示计算结果

按下【Enter】键，即可得到黄 ** 的销售业绩数据，如下左图所示。

步骤04　查看其他员工的数据

更改单元格 F3 中员工姓名，可发现销售产品和销售业绩会自动变化，如下右图所示。

	A	B	C	D	E	F
1	员工姓名	销售产品	销售业绩（元）			
2	章**	产品A	¥360,000.00			
3	王**	产品B	¥260,000.00		员工姓名	黄**
4	黄**	产品C	¥600,000.00		销售产品	产品C
5	李**	产品C	¥450,000.00		销售业绩（元）	¥600,000.00
6	广**	产品A	¥400,000.00			
7	景**	产品B	¥120,000.00			
8	林**	产品C	¥700,000.00			
9	赵**	产品A	¥110,000.00			
10	钱**	产品B	¥250,000.00			

	A	B	C	D	E	F
						更改
1	员工姓名	销售产品	销售业绩（元）			
2	章**	产品A	¥360,000.00			
3	王**	产品B	¥260,000.00		员工姓名	赵**
4	黄**	产品C	¥600,000.00		销售产品	产品A
5	李**	产品C	¥450,000.00		销售业绩（元）	¥110,000.00
6	广**	产品A	¥400,000.00			
7	景**	产品B	¥120,000.00			
8	林**	产品C	¥700,000.00			
9	赵**	产品A	¥110,000.00			
10	钱**	产品B	¥250,000.00			

第321招　使用HLOOKUP函数按水平方向查找数据

如果用户需要在工作表中的某个数据区域中的首行查找指定的数值，并返回表格显示当前列中指定行处的值，可通过 HLOOKUP 函数来实现，具体的操作方法如下。

步骤01　输入公式

打开原始文件，在单元格 C7 中输入公式"=HLOOKUP(B7,$B$3:$E$4,2)"，如右图所示。

步骤02　添加数字格式

按下【Enter】键，❶并将单元格 C7 中的公式复制到该列其他单元格中，❷在"开始"选项卡下的"数字"组中单击"百分比样式"按钮，如下图所示。

步骤03　显示最终的计算结果

完成计算和设置后，即可看到各个员工的奖金比例情况，如下图所示。

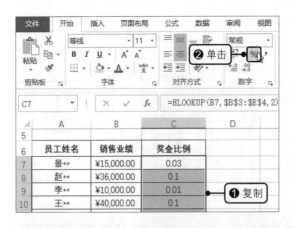

步骤01 输入公式

打开原始文件,在单元格 D1 中输入公式"=INDEX(A4:E15,5,4)",如下图所示。

	A	B	C	D	E
1	查找第五个产品的第三季度销售额			=INDEX(A4:E15,5,4)	
2					
3	产品	第一季度销售额(元)	第二季度销售额(元)	第三季度销售额(元) 输入	第四季度销售额(元)
4	菊花	600000	360000	300000	540000
5	茶花	500000	300000	460000	500000
6	梅花	450000	560000	440000	600000
7	杜鹃	600000	540000	660000	455000
8	虞美人	280000	500000	600000	780000
9	芍药	230000	250000	500000	360000
10	玫瑰	300000	480000	200000	780000

步骤02 显示计算结果

按下【Enter】键,即可得到要查找的销售额数据,如下图所示。

	A	B	C	D	E
1	查找第五个产品的第三季度销售额			¥600,000.00	
2					
3	产品	第一季度销售额(元)	第二季度销售额(元)	第三季度销售额(元)	第四季度销售额(元)
4	菊花	600000	360000	300000	540000
5	茶花	500000	300000	460000	500000
6	梅花	450000	560000	440000	600000
7	杜鹃	600000	540000	660000	455000
8	虞美人	280000	500000	600000	780000
9	芍药	230000	250000	500000	360000
10	玫瑰	300000	480000	200000	780000

第323招 使用MATCH函数查找指定内容的位置

如果用户需要查找工作表中指定数值在指定数组区域中的位置,则可通过 MATCH 函数来实现。具体的操作方法如下。

步骤01 输入公式

打开原始文件,在单元格 E2 中输入公式"=MATCH(D2,$A$3:$A$24,0)",如下图所示。

	A	B	C	D	E
1	库存表			查找商品的货号	是否还有库存
2	商品的货号	库存量		117102033	=MATCH(D2, $A$3:$A$24,0)
3	117102030	200		117102035	
4	117102031	400		117102041	
5	117102032	600		117102044	
6	117102033	780		117102049	输入
7	117102034	900		117102052	
8	117102035	600			
9	117102036	199			
10	117102037	100			
11	117102038	300			

步骤02 显示计算结果

按下【Enter】键,并将单元格 E2 中的公式复制到其他单元格中,即可得到商品库存量所在位置,如下图所示。

	A	B	C	D	E
1	库存表			查找商品的货号	是否还有库存
2	商品的货号	库存量		117102033	4
3	117102030	200		117102035	6
4	117102031	400		117102041	12
5	117102032	600		117102044	15
6	117102033	780		117102049	#N/A
7	117102034	900		117102052	#N/A
8	117102035	600			
9	117102036	199			
10	117102037	100			复制
11	117102038	300			

第324招 使用PMT函数计算贷款的每期付款额

如果需要根据固定的利率及等额分期付款方式来获取贷款的每期付款额,则可以使用 PMT 函数来实现。具体的操作方法如下。

步骤01 输入公式

打开原始文件,在单元格 B5 中输入公式"=PMT(B1,B2,B3)",如右图所示。

	A	B	C	D
1	贷款年利率	6.75%		
2	贷款年限	10		
3	贷款金额(元)	¥1,000,000.00		
4				
5	每年偿还金额(元)	=PMT(B1,B2,B3)		
6	每月偿还金额(元)			
7		输入		

步骤02 继续输入公式

按下【Enter】键，在单元格 B6 中输入公式 "=PMT(B1/12,B2*12,B3)"，如下图所示。

	A	B	C	D
1	贷款年利率	6.75%		
2	贷款年限	10		
3	贷款金额（元）	¥1,000,000.00		
4				
5	每年偿还金额（元）	(¥140,736.62)		
6	每月偿还金额（元）	=PMT(B1/12,B2*12,B3)	← 输入	
7				

步骤03 显示计算结果

按下【Enter】键后，即可得到每年和每月要偿还的金额，如下图所示。

	A	B	C	D
1	贷款年利率	6.75%		
2	贷款年限	10		
3	贷款金额（元）	¥1,000,000.00		
4				
5	每年偿还金额（元）	(¥140,736.62)		
6	每月偿还金额（元）	(¥11,482.41)		
7				

第325招 使用IPMT函数计算贷款的利息

如果需要根据固定的利率及等额分期付款方式来计算每期还款金额中的利息，则可以使用 IPMT 函数来实现。具体的操作方法如下。

步骤01 输入公式

打开原始文件，在单元格 B5 中输入公式 "=PMT(B1/12,1,B2*12,B3)"，如下图所示。按下【Enter】键即可显示结果。

	A	B	C
1	贷款年利率	7.80%	
2	贷款年限	10	
3	贷款金额（元）	¥500,000.00	
4			
5	第一月还款利息（元）	=IPMT(B1/12,1,B2*12,B3)	
6	第十年还款利息（元）		
7		← 输入	

步骤02 显示计算结果

选中单元格 B6，在编辑栏中输入公式 "=PMT(B1,B2,B2,B3)"，按下【Enter】键，即可得到计算结果，如下图所示。

B6		× ✓ fx	=IPMT(B1,B2,B2,B3)	← 输入

	A	B	C	D
1	贷款年利率	7.80%		
2	贷款年限	10		
3	贷款金额（元）	¥500,000.00		
4				
5	第一月还款利息（元）	(¥3,250.00)		
6	第十年还款利息（元）	(¥5,343.07)		

第326招 使用PPMT函数计算贷款的本金

如果需要根据固定的利率以及等额分期付款方式来计算每期还款金额中的本金，则可以根据 PPMT 函数来实现。具体的操作方法如下。

步骤01 输入公式

打开原始文件，在单元格 B5 中输入公式 "=PPMT(B1/12,1,B2*12,B3)"，如右图所示。

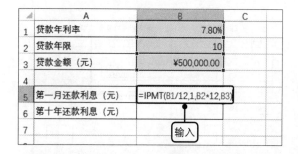

	A	B	C	D
1	贷款年利率	7%		
2	贷款年限	10		
3	贷款金额（元）	¥200,000.00		
4				
5	第一个月本金支付额（元）	=PPMT(B1/12,1,B2*12,B3)		
6	最后一年本金支付额（元）			
7		← 输入		
8				

步骤02 显示计算结果

按下【Enter】键，在单元格 B6 中输入公式"=PPMT(B1,B2,B2,B3)"，按下【Enter】键，即可得到计算结果，如右图所示。

	A	B	C	D
			=PPMT(B1,B2,B2,B3)	
1	贷款年利率	7%		
2	贷款年限	10		
3	贷款金额（元）	¥200,000.00		
4				
5	第一个月本金支付额（元）	(¥1,155.50)		
6	最后一年本金支付额（元）	(¥26,612.62)	输入	

第327招　使用CUMPRINC函数计算贷款的本金

为了计算一笔贷款在给定的开始期到结束期期间累计偿还的本金数额，可使用财务函数 CUMPRINC 来计算。具体的操作方法如下。

步骤01 输入公式

打开原始文件，在单元格 B5 中输入公式"=CUMPRINC(B1/12,B2*12,B3,1,12,0)"，如下图所示。需注意的是，公式中的最后一个参数为 0 时，代表期末付款，如果为 1，则代表期初付款。

步骤02 显示计算结果

按下【Enter】键，在单元格 B6 中输入公式"=CUMPRINC(B1/12,B2*12,B3,1,1,0)"，按下【Enter】键，即可得到计算结果，如下图所示。

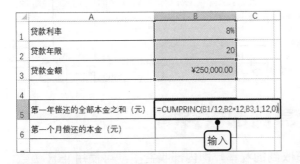

第328招　使用FV函数计算一笔投资的未来值

若要根据固定的利率计算投资的未来值，则可以使用 FV 函数进行计算。具体的操作方法如下。

打开原始文件，在单元格 B5 中输入公式"=FV(B1,B2,B3,,1)"，按下【Enter】键，即可得到 30 年后的存款金额，如右图所示。

	A	B	C	D
			=FV(B1,B2,B3,,1)	
1	存款利率	5%		
2	存款年限	30		
3	每期存款金额（元）	¥3,000.00		
4				
5	30年后的存款金额（元）	(¥209,282.37)	输入	

第329招　使用PV函数计算投资的现值

若要计算固定利率下贷款或投资的现值，可使用 PV 函数来实现，其中，现值为一系列未来付款的当前值的累积和。具体的操作方法如下。

打开原始文件，在单元格 B4 中输入公式
"=PV(B1/12,B2*12,B3,,0)"，按下【Enter】键，
即可得到投资 20 年后的现值为 119554.29，
结果为负值，因为这是一笔付款，即支出现金
流，如右图所示。如果支付的投资额大于该年
金的现值，说明该投资不合算，反之亦然。

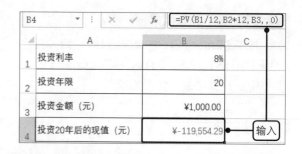

第330招 使用RATE函数计算贷款利率

在 Excel 中，可使用 RATE 函数来计算年金的各期利率。具体的操作方法如下。

步骤01 计算贷款月利率

打开原始文件，在单元格 B5 中输入公式
"=RATE(B1*12,-B2,B3)"，按下【Enter】键，
即可得到贷款月利率，如下图所示。

步骤02 计算贷款年利率

在单元格 B6 中输入公式 "=RATE(B1*12,
-B2,B3)*12"，按下【Enter】键，即可得到贷
款年利率，如下图所示。

第331招 使用IRR函数计算内部收益率

若要计算针对包含付款和收入的定期投资收到的利率，即内部收益率，可使用 IRR 函数
来实现，具体的操作方法如下。

步骤01 计算贷款月利率

打开原始文件，在单元格 B7 中输入公式
"=IRR(B1:B4)"，按下【Enter】键，即可得
到投资 3 年后的内部收益率，如下图所示。

步骤02 完成计算

在单元格 B8 中输入公式 "=IRR(B1:B5)"，
按下【Enter】键，即可得到投资 4 年后的内
部收益率，如下图所示。

第332招　使用MIRR函数计算修正内部的收益率

若要计算一系列定期现金流修改后的内部收益率，可使用 MIRR 函数同时计算投资的成本和现金再投资的收益率。具体的操作方法如下。

步骤01　输入公式

打开原始文件，在单元格 B9 中输入公式"=MIRR(B1:B6,B7,B8)"，按下【Enter】键，即可得到5年后投资的修正收益率，如下图所示。

步骤02　完成计算

在单元格 B10 中输入公式"=MIRR(B1:B4,B7,B8)"，按下【Enter】键，即可得到 3 年后投资的修正收益率，如下图所示。

第333招　使用DB函数计算折旧值

若需要使用余额递减法计算一笔资产在给定期限内的折旧额，可使用 DB 函数来实现。具体的操作方法如下。

步骤01　输入公式

打开原始文件，在单元格 B5 中输入公式"=DB(B1,B4,B2,1,B3)"，按下【Enter】键，即可得到第 1 年的折旧额，如下图所示。

步骤02　继续输入公式

在单元格 B6 中输入公式"=DB(B1,B4,B2,2,B3)"，按下【Enter】键，即可得到第 2 年的折旧额，如下图所示。

步骤03　显示计算结果

在单元格 B7 中输入公式"=DB(B1,B4,B2,3,B3)"，按下【Enter】键，即可得到第 3 年的折旧额，如右图所示。

第334招 使用DDB函数计算折旧值

如果用户需要使用双倍余额递减法计算一笔资产在给定期限内的折旧额，可使用 DDB 函数来实现。具体的操作方法如下。

步骤01 输入公式

打开原始文件，在单元格 B4 中输入公式 "=DDB(B1,B3,B2*365,1,2)"，按下【Enter】键，即可得到第 1 天的折旧额，如下图所示。

步骤02 继续输入公式

在单元格 B5 中输入公式 "=DDB(B1,B3,B2*12,1,2)"，按下【Enter】键，即可得到第 1 个月的折旧额，如下图所示。

步骤03 输入公式

在单元格 B6 中输入公式 "=DDB(B1,B3,B2,1,2)"，按下【Enter】键，即可得到第 1 年的折旧额，如下图所示。

步骤04 完成计算

在单元格 B7 中输入公式 "=DDB(B1,B3,B2,3,2)"，按下【Enter】键，即可得到第 3 年的折旧额，如下图所示。

第335招 使用SLN函数计算折旧值

若要计算一项资产每期相等的折旧值，可使用 SLN 函数来实现。

打开原始文件，在单元格 B4 中输入公式 "=SLN(B1,B2,B3)"，按下【Enter】键，即可得到每期相等的折旧额，如右图所示。

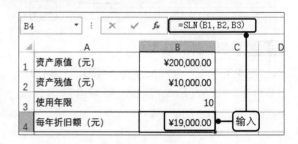

第336招 使用SYD函数计算折旧值

为了计算某项资产在指定期间内按年限总和折旧法计算折旧金额，可通过 SYD 函数来实现。具体的操作方法如下。

步骤01 输入公式

打开原始文件，在单元格 B4 中输入公式"=SYD(B1,B2,B3,1)"，按下【Enter】键，即可得到第 1 年的折旧额，如下图所示。

步骤02 完成计算

在单元格 B5 中输入公式"=SYD(B1,B2,B3,10)"，按下【Enter】键，即可得到第 10 年的折旧额，如下图所示。

第337招 函数的嵌套使用

若要在某个函数中再调用其他函数，可将被调用的函数作为第一个函数的参数进行处理。具体的操作方法如下。

步骤01 输入嵌套公式

打开原始文件，❶在单元格 D2 中输入公式"=IF(C2>=50000," 优 ",IF(C2>=30000," 良 "," 差 "))"，按下【Enter】键，❷拖动单元格 D2 右下角的填充柄，向下复制公式至单元格 D12 中，如下图所示。

步骤02 显示计算结果

释放鼠标左键后，即可得到其他员工的业绩销售情况，如下图所示。

第10章　数据的处理与汇总

在实际工作中，用户可能需要在工作簿中输入大量的数据，而为了便于数据输入的高效性和准确性，可使用Excel中的记录单和数据验证工具来完成。此外，还可能会需要将数据按照某种条件进行排序，或者需要从大量的数据中挑选出符合要求的数据，以及将数据按照某种要求和指定方式进行汇总和计算，此时使用Excel中的排序、筛选、分类汇总及合并计算功能可以很灵活地解决这些问题。

第338招　在快速访问工具栏中添加记录单工具

在制作一份数据较多的工作表时，由于行数和列数较多，输入数据时就需要来回切换行、列的位置，此时可以使用记录单功能来快速而准确地输入数据。但在 Excel 2016 中，默认情况下记录单工具不会出现在功能区中，这里以将该工具添加到快速访问工具栏中为例进行介绍。

步骤01　启动"Excel选项"对话框

创建一个空白的工作簿，单击"文件"按钮，在打开的视图菜单中单击"选项"命令，如下图所示。

步骤02　选择命令的位置

弹出"Excel 选项"对话框，❶切换至"快速访问工具栏"选项卡，❷单击"从下列位置选择命令"右侧的下三角按钮，❸在展开的列表中单击"不在功能区中的命令"选项，如下图所示。

步骤03　添加命令

❶在列表框中选择要添加的"记录单"，❷单击"添加"按钮，如右图所示。

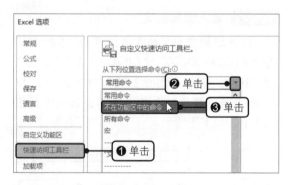

步骤04 显示添加的工具

单击"确定"按钮，返回工作簿中，即可在快速访问工具栏中看到添加的记录单，如右图所示。

第339招 使用记录单添加记录

完成记录单工具的添加后，就可以使用该工具快速地输入需要的数据内容了，具体的操作方法如下。

步骤01 打开记录单

打开原始文件，❶选中表格中的任意单元格，如单元格 A2，❷在快速访问工具栏中单击"记录单"按钮，如右图所示。此时会弹出提示框，直接单击"确定"按钮即可。

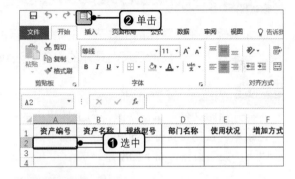

步骤02 新建记录

弹出"Sheet1"记录单，❶在该对话框中将自动把数据清单的列标题作为字段名，逐条输入数据记录，❷单击"新建"按钮，如下图所示。

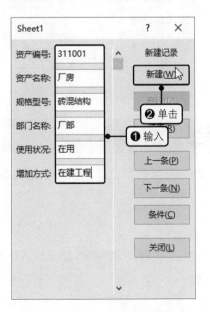

步骤03 完成记录

继续在数据列名后的空白文本框中输入新记录中各列对应的数据，完成新建记录后，单击"关闭"按钮，如下图所示。

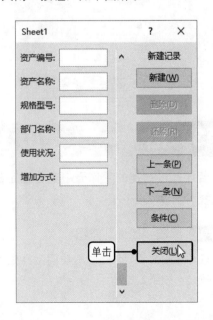

步骤04 显示记录效果

返回工作表中，即可看到使用记录单记录
数据后的表格效果，如右图所示。

	A	B	C	D	E	F
1	资产编号	资产名称	规格型号	部门名称	使用状况	增加方式
2	311001	厂房	砖混结构	厂部	在用	在建工程
3	311003	办公楼	砖混结构	厂部	在用	在建工程
4	311005	货车	LG4000	销售部	在用	直接购入
5	311006	货车	LG5200	销售部	在用	直接购入
6	311009	电脑	AF201	人事部	在用	直接购入
7	311010	电脑	AF206	行政部	在用	直接购入
8	311011	空调	HR120	财务部	在用	直接购入
9	311012	空调	SK236	人事部	在用	调拨
10	311015	轿车	LO2651	销售部	在用	直接购入

⏰ **提示**

使用记录单输入数据记录时，可按【Tab】键在字段之间向后或向前切换。完成了一条数据记录的输入后，除了可以单击"新建"按钮，还可以按下【Enter】键来完成新建。

第340招 在记录单中查看相邻的数据记录

如果需要在多数据的工作表中查看相邻行的数据内容，可以使用记录单中的功能快速切换上一条和下一条数据记录，具体的操作方法如下。

步骤01 切换至下一条记录

打开原始文件，单击快速访问工具栏中的
"记录单"按钮，打开"Sheet1"记录单，单
击"下一条"按钮，如下图所示。

步骤02 切换至上一条记录

即可查看下一条的数据记录。如果需要查
看上一条记录，则单击"上一条"按钮，如下
图所示。

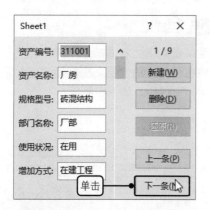

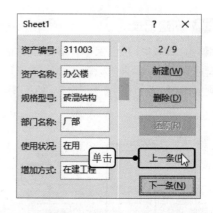

第341招 在记录单中查找指定数据记录

若要在多数据的工作表中查看指定的某数据内容时，可以使用记录单工具快速完成，具体的操作方法如下。

步骤01 单击"条件"按钮

打开原始文件，单击快速访问工具栏中的"记录单"按钮，打开"Sheet1"记录单，单击"条件"按钮，如下左图所示。

步骤02 查看数据记录

此时"Sheet1"记录单将自动清空记录，输入任意的查询条件，如在"资产编号"文本框中输入"311012"，按下【Enter】键，即可看到要查询的详细信息记录，如下右图所示。

 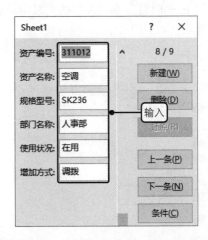

第342招 删除记录单中的记录

如果要删除某条数据记录，则可使用记录单中的删除功能实现。具体的操作方法如下。

单击快速访问工具栏中的"记录单"按钮，打开"Sheet1"记录单，❶切换或查找到要删除的数据记录后，❷单击"删除"按钮，如右图所示。弹出提示框，提示用户显示的记录将被删除，单击"确定"按钮即可。

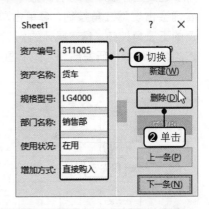

第343招 设置数据下拉列表

若要直接通过下拉列表在工作表的单元格中快速而准确地输入数据，则可使用数据验证中的序列功能来实现。具体的操作方法如下。

步骤01 启动数据验证工具

打开原始文件，❶选中要设置验证条件的单元格区域 A2:A8，❷在"数据"选项卡下的"数据工具"组中单击"数据验证"按钮，如右图所示。

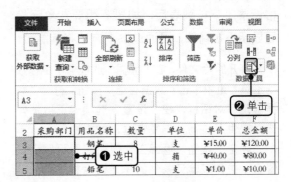

步骤02 选择验证条件

弹出"数据验证"对话框，❶在"设置"选项卡下的"验证条件"选项组下单击"允许"右侧的下三角按钮，❷在展开的列表中单击"序列"选项，如下图所示。

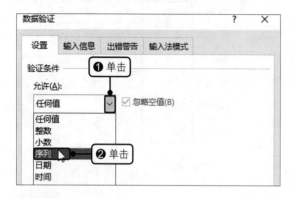

步骤03 输入来源

在"来源"文本框中输入"行政部,财务部,研发部,人事部"，如下图所示。单击"确定"按钮。

步骤04 选择数据

返回工作表中，可看到选中单元格区域的右侧会出现下三角按钮，❶单击单元格 A3 右侧的下三角按钮，❷在展开的列表中单击要输入的数据，如"研发部"，如下图所示。

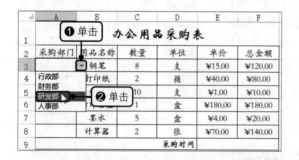

步骤05 显示最终的效果

应用相同的方法为设置了数据验证条件的单元格选择采购部门，即可得到如下图所示的效果。

第344招 删除单元格数据条件后的下拉箭头

通过数据验证条件中的序列功能为单元格设置了下拉列表后，如果不想要在单元格后显示下拉箭头，可通过以下方法将其隐藏。

打开原始文件，在"数据"选项卡下的"数据工具"组中单击"数据验证"按钮，打开"数据验证"对话框，在"设置"选项卡下取消勾选"提供下拉箭头"复选框，如右图所示。单击"确定"按钮，返回工作表中，即可发现设置了下拉列表验证条件的单元格后将不再显示下拉箭头。

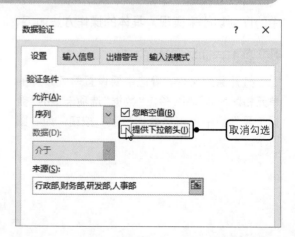

第345招　限制录入的数据长度

如果要限制录入的数据长度，则可通过设置数据验证中的文本长度功能来实现。具体的操作方法如下。

步骤01　启动数据验证工具

打开原始文件，❶选中要设置验证条件的单元格区域D3:D9，❷在"数据"选项卡下的"数据工具"组中单击"数据验证"按钮，如下图所示。

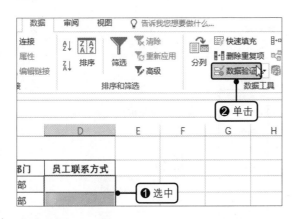

步骤02　选择允许条件

弹出"数据验证"对话框，❶在"设置"选项卡下的"验证条件"选项组下单击"允许"右侧的下三角按钮，❷在展开的列表中单击"文本长度"选项，如下图所示。

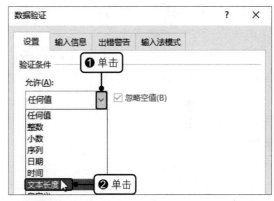

步骤03　选择数据条件

❶单击"数据"右侧的下三角按钮，❷在展开的列表中单击"等于"选项，如下图所示。

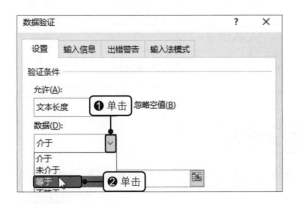

步骤04　输入数据长度

在"长度"下的文本框中输入"11"，如下图所示。单击"确定"按钮。

步骤05　查看设置效果

返回工作表中，❶在选中的单元格中输入不正确的文本长度数据时，会弹出提示框，提示用户此值与单元格定义的数据验证限制条件不匹配，❷单击"取消"按钮，在单元格中输入正确的文本即可，如右图所示。

第346招 限制日期数据的录入范围

如果用户需要在录入日期数据时限制输入的范围，可通过设置数据验证条件来实现。具体的操作方法如下。

步骤01 启动验证条件

打开原始文件，选中单元格 E9，在"数据"选项卡下的"数据工具"组中单击"数据验证"按钮，如下图所示。

步骤02 设置验证条件

弹出"数据验证"对话框，设置"允许"为"日期"、"数据"为"介于"，并设置好"开始日期"和"结束日期"，如下图所示。单击"确定"按钮。

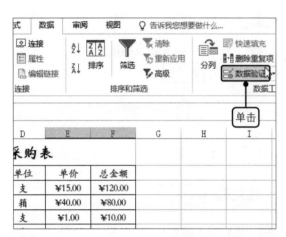

步骤03 查看设置效果

返回工作表中，❶当在单元格 E9 中输入不在设置范围内的日期数据时，按下【Enter】键后会弹出提示框，提示用户此值与定义的数据验证限制条件不匹配，❷单击"取消"按钮，在单元格中输入正确的日期数据即可，如右图所示。

第347招 巧设单元格的提示信息

如果需要在录入数据前给用户一些输入数据的相关提示，可为单元格设置提示信息。具体的操作方法如下。

步骤01 设置提示信息

打开原始文件，选中单元格 E9，在"数据"选项卡下的"数据工具"组中单击"数据验证"按钮，打开"数据验证"对话框，❶切换至"输入信息"选项卡，❷在"标题"和"输入信息"下的文本框中输入提示信息，如下左图所示。

步骤02 显示设置效果

单击"确定"按钮，返回工作表中，即可看到选中单元格 E9 后，将会出现设置的提示信息内容，如下右图所示。

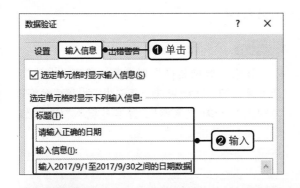

第348招　设置个性化的报错提示

如果用户想要在输入无效数据时，出现一个出错警告，则可在设置好数据验证条件的同时设置一个有效的出错警告信息。具体的操作方法如下。

步骤01 设置验证条件

打开原始文件，选中单元格 E9，在"数据"选项卡下的"数据工具"组中单击"数据验证"按钮，打开"数据验证"对话框，在"设置"选项卡下设置好"验证条件"，如下图所示。

步骤02 设置出错警告

❶切换至"出错警告"选项卡，❷设置"样式"为"警告"，❸在"标题"文本框中输入"错误"，在"错误信息"文本框中输入"输入的日期无效，请重新输入！"，如下图所示。

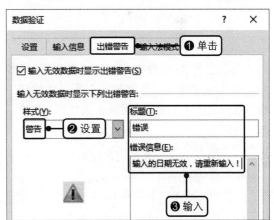

步骤03 查看提示效果

单击"确定"按钮，❶在单元格 E9 中输入不在设置条件范围内的日期数据，按下【Enter】键后，会自动弹出"错误"对话框，❷单击"取消"按钮，重新输入正确的日期数据，如右图所示。

第349招 圈释表格中的无效数据

当用户在单元格中输入了无效的数据后，为了快速找出这些无效的数据，可通过数据验证和圈释无效数据功能将工作表中无效的数据标识出来。

步骤01 启动数据验证工具

打开原始文件，❶选中要设置验证条件的单元格区域A3:A8，❷在"数据"选项卡下的"数据工具"组中单击"数据验证"按钮，如下图所示。

步骤02 选择验证条件

弹出"数据验证"对话框，❶在"设置"选项卡下的"验证条件"选项组中设置"允许"为"序列"，❷在"来源"文本框中输入"财务部,研发部,行政部"，如下图所示。单击"确定"按钮。

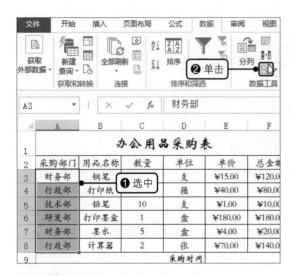

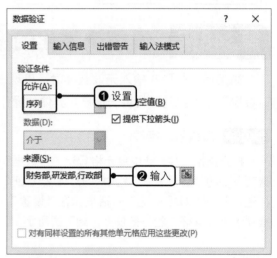

步骤03 圈释无效数据

返回工作表中，❶在"数据"选项卡下的"数据工具"组中单击"数据验证"下三角按钮，❷在展开的列表中单击"圈释无效数据"选项，如下图所示。

步骤04 显示圈释效果

即可发现工作表中不符合设置序列条件的数据内容将会被红色的标记圈释出来，如下图所示。

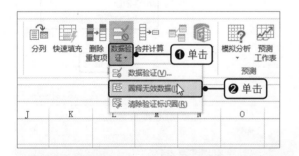

第350招 清除验证标识圈

如果用户想要删除圈释无效数据的标识圈，则可通过以下方法来实现。

打开原始文件，❶在"数据"选项卡下的"数据工具"组中单击"数据验证"下三角按钮，❷在展开的列表中单击"清除验证标识圈"选项，如右图所示。

第351招　清除设置的数据验证条件

如果需要删除工作表中的全部数据验证条件，则可通过以下方法来实现。

打开原始文件，在"数据"选项卡下的"数据工具"组中单击"数据验证"按钮，打开"数据验证"对话框，单击"全部清除"按钮，如右图所示。单击"确定"按钮，返回工作表中，即可将工作表中设置的数据验证条件全部删除。

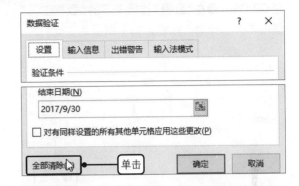

第352招　删除工作表中的重复项

当工作表中存在重复的数据项时，可使用删除重复项功能将工作表中的重复值删除。具体的操作方法如下。

步骤01　启动删除重复项功能

打开原始文件，选中任意数据单元格，在"数据"选项卡下的"数据工具"组中单击"删除重复项"按钮，如下图所示。

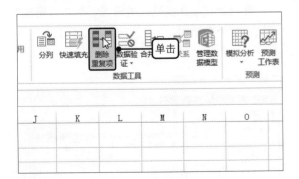

步骤02　删除重复项

弹出"删除重复项"对话框，保持默认的设置，直接单击"确定"按钮，如下图所示。

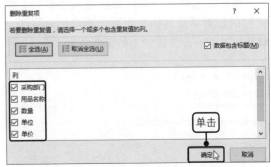

步骤03　完成重复项的删除

此时弹出提示框，提示用户发现了 2 个重复值，并已经将重复值删除了，保留了 6 个唯一值，单击"确定"按钮，如右图所示。即可完成重复值的删除。

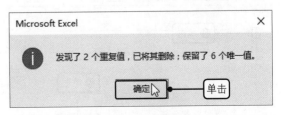

第353招 将单列文本拆分为多列

如果要将一个单元格中的文本分散到多个单元格中，可通过分列功能来实现。具体的操作方法如下。

步骤01 启动分列工具

打开原始文件，❶选中要分列的单元格区域 C2:C10，❷在"数据"选项卡下的"数据工具"组中单击"分列"按钮，如下图所示。

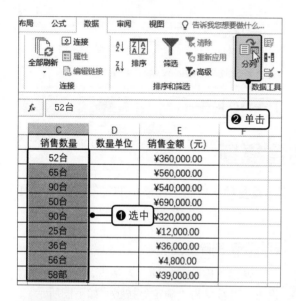

步骤02 选择分列类型

弹出"文本分列向导 - 第 1 步，共 3 步"对话框，❶单击"固定宽度 - 每列字段加空格对齐"单选按钮，❷单击"下一步"按钮，如下图所示。

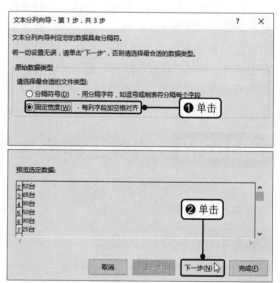

步骤03 添加分列线

❶在对话框中的"数据预览"选项组下要分列的位置单击鼠标，即可为其添加分列线，❷单击"下一步"按钮，如下图所示。

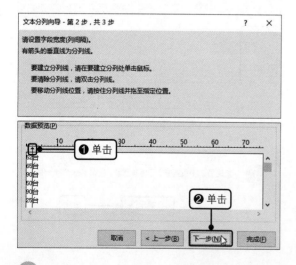

步骤04 完成分列

在对话框中保持默认的设置，单击"完成"按钮，如下图所示。

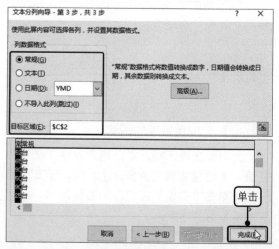

步骤05　显示分列效果

弹出提示框，提示用户此处已有数据，是否替换，直接单击"确定"按钮即可，返回工作表中，即可看到分列的效果，如右图所示。

	A	B	C	D	E
1	销售日期	产品名称	销售数量	数量单位	销售金额（元）
2	2017/10/1	冰箱	52	台	¥360,000.00
3	2017/10/2	洗衣机	65	台	¥560,000.00
4	2017/10/3	电视机	90	台	¥540,000.00
5	2017/10/4	相机	50	台	¥690,000.00
6	2017/10/5	微波炉	90	台	¥320,000.00
7	2017/10/6	加湿器	25	台	¥12,000.00
8	2017/10/7	电饭煲	36	台	¥36,000.00

第354招　对单列数据进行排序

为了让数据的排列更加清晰，也更加便于查看数据，可对表格数据进行简单的排序操作。具体的操作方法如下。

步骤01　排序数据

打开原始文件，❶单击要排序字段中的任意数据单元格，❷在"数据"选项卡下的"排序和筛选"组中单击"升序"按钮，如下图所示。

步骤02　显示排序效果

此时可以看到参加工作日期的数据以从小到大的顺序排列，如下图所示。

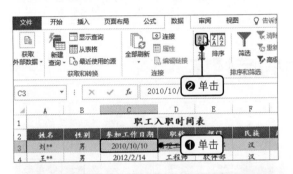

第355招　对多列数据进行排序

如果要对表格中的多列数据进行排序，可通过以下方法来实现。

步骤01　单击"排序"按钮

打开原始文件，❶选中任意数据单元格，❷在"数据"选项卡下的"排序和筛选"组中单击"排序"按钮，如下图所示。

步骤02　选择主要关键字

弹出"排序"对话框，❶单击"主要关键字"右侧的下三角按钮，❷在展开的列表中单击"教育书"选项，如下图所示。

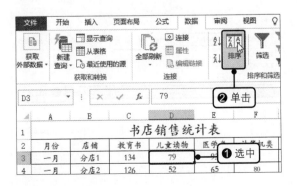
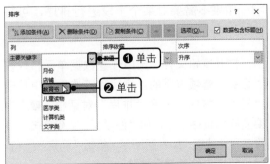

步骤03 添加条件

❶设置好主要关键字的排序依据和次序后，❷单击"添加条件"按钮，如下图所示。

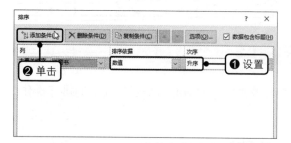

步骤05 显示多关键字排序的效果

返回工作表中，即可看到教育书的销售数量会按从小到大的顺序排列显示，当教育书的数量相同时，则会按医学书的销售数量从小到大的顺序排列显示，如右图所示。

步骤04 设置次要关键字

此时可看到添加的次要条件，❶设置好次要关键字、排序依据及次序，❷单击"确定"按钮，如下图所示。

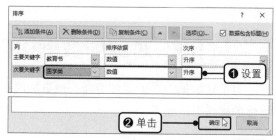

书店销售统计表						
月份	店铺	教育书	儿童读物	医学类	计算机类	文学类
三月	分店1	123	75	77	200	77
一月	分店2	126	52	65	80	213
二月	分店3	127	67	51	150	51
二月	分店1	130	65	56	110	134
三月	分店2	130	72	73	200	73
三月	分店3	132	62	78	230	78

第356招 调整排序条件的先后顺序

当表格中含有多个条件的排序项时，如果要移动排序条件的先后顺序，可通过以下方法来实现。

打开原始文件，选中任意数据单元格，在"数据"选项卡下的"排序和筛选"组中单击"排序"按钮，打开"排序"对话框，❶选中要移动的排序字段，如"儿童读物"，❷单击"下移"按钮，如右图所示。单击"确定"按钮，即可让选中的关键字完成医学类的排序后再排序。

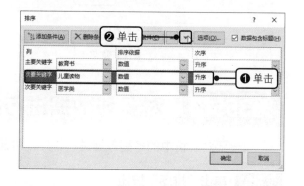

第357招 删除排序条件

如果不需要对某个字段进行排序，可将该排序条件删除。

打开原始文件，选中任意数据单元格，在"数据"选项卡下的"排序和筛选"组中单击"排序"按钮，打开"排序"对话框，❶选中要删除的排序字段，如"医学类"，❷单击"删除条件"按钮，如右图所示。单击"确定"按钮，即可将选中的关键字删除。

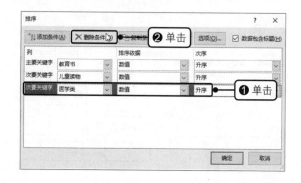

第358招　自行设置排序的方式

如果已有的排序方式不符合实际工作需要，用户可自行设置合适的排序次序。具体的操作方法如下。

步骤01　启动自定义序列功能

打开原始文件，选中任意数据单元格，在"数据"选项卡下的"排序和筛选"组中单击"排序"按钮，打开"排序"对话框，❶设置"主要关键字"为"职称"，❷单击"次序"右侧的下三角按钮，❸在展开的列表中单击"自定义序列"选项，如下图所示。

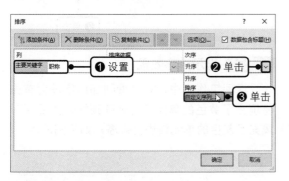

步骤02　添加序列

弹出"自定义序列"对话框，❶在"输入序列"文本框中依次输入"工程师 助理工程师 工人"，输入每一个序列时，可按【Enter】键进行换行，输入完成后，❷单击"添加"按钮，如下图所示。

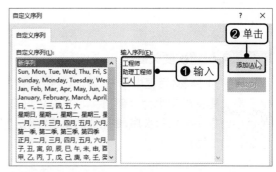

步骤03　设置排序次序

返回"排序"对话框，可看到"次序"自动变为了自定义的序列，单击"确定"按钮，如下图所示。

步骤04　显示自定义序列的效果

返回工作表中，即可看到"职称"会按照自定义的序列排序，如下图所示。

第359招　根据单元格的填充颜色进行排序

除了可以对数值数据进行排序，还可以将单元格的填充颜色作为排序依据。具体的操作方法如下。

步骤01 选择排序依据

打开原始文件，选中任意数据单元格，在"数据"选项卡下的"排序和筛选"组中单击"排序"按钮，打开"排序"对话框，❶设置"主要关键字"为"部门"，❷单击"排序依据"右侧的下三角按钮，❸在展开的列表中单击"单元格颜色"选项，如下图所示。

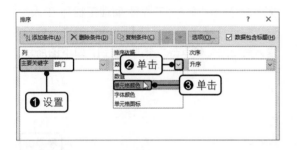

步骤02 设置次序

❶单击"次序"右侧的下三角按钮，❷在展开的列表中单击要首先排序的单元格颜色块，如下图所示。

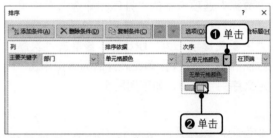

步骤03 设置次要关键字

❶在"排序"对话框中单击"添加条件"按钮，❷设置次要关键字也为"部门"，并设置好该关键字的排序依据和次序，❸完成后单击"确定"按钮，如下图所示。

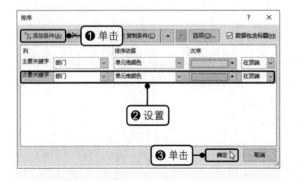

步骤04 显示排序效果

返回工作表中，即可看到部门字段会首先将填充了黄色的单元格排列在顶端，然后再对填充了灰色的单元格进行排序，如下图所示。

	A	B	C	D	E	F
1			职工入职时间表			
2	姓名	性别	参加工作日期	职称	部门	民族
3	王**	男	2012/2/14	工程师	软件部	汉
4	李**	男	2013/1/2	工人	软件部	汉
5	胡**	男	2014/3/1	工程师	销售部	汉
6	郭**	男	2013/12/19	工程师	销售部	汉
7	张**	男	2015/1/2	工人	销售部	汉
8	陈**	女	2012/3/5	工人	销售部	汉
9	杨**	男	2014/10/15	工人	销售部	汉
10	林**	男	2011/1/2	工程师	培训部	汉
11	吴**	男	2008/1/2	工程师	培训部	汉
12	刘**	男	2010/10/10	助理工程师	培训部	汉
13	周**	女	2015/1/2	助理工程师	培训部	汉

第360招 根据字体颜色进行排序

如果需要根据单元格中的字体颜色进行排序，可通过以下方法来实现。

步骤01 选择排序依据

打开原始文件，选中任意数据单元格，在"数据"选项卡下的"排序和筛选"组中单击"排序"按钮，打开"排序"对话框，❶设置"主要关键字"为"姓名"，❷单击"排序依据"右侧的下三角按钮，❸在展开的列表中单击"字体颜色"选项，如右图所示。

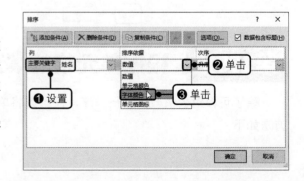

步骤02 设置次序

❶单击"次序"右侧的下三角按钮，❷在展开的列表中单击要排序的字体颜色，如下图所示。

步骤03 显示排序效果

单击"确定"按钮，返回工作表中，可看到单元格中字体为红色的单元格被排在了顶端，如下图所示。

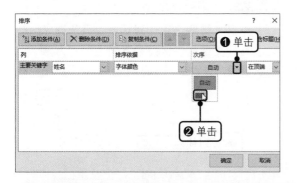

第361招　根据图标排序数据

除了数值、单元格颜色和字体颜色可以作为排序依据，还可以根据图标来进行排序。具体的操作方法如下。

步骤01 选择排序依据

打开原始文件，选中任意数据单元格，在"数据"选项卡下的"排序和筛选"组中单击"排序"按钮，打开"排序"对话框，❶设置"主要关键字"为"参加工作日期"，❷单击"排序依据"右侧的下三角按钮，❸在展开的列表中单击"单元格图标"选项，如右图所示。

步骤02 完成排序条件的设置

❶在"次序"选项组下设置要首先排列的图标，❷单击"确定"按钮，如下图所示。

步骤03 显示排序效果

返回工作表中，即可看到被设置的图标被排在了顶端，如下图所示。

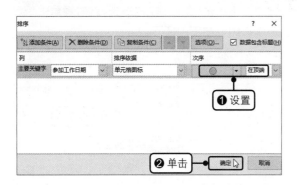

第362招 按字母大小写排序

如果要根据字母的顺序及大小写来进行排序,可通过以下方法来实现。

步骤01 单击"选项"按钮

打开原始文件,选中任意数据单元格,在"数据"选项卡下的"排序和筛选"组中单击"排序"按钮,打开"排序"对话框,❶设置好"主要关键字"后,❷单击"选项"按钮,如下图所示。

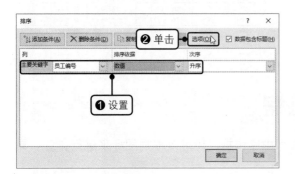

步骤02 设置排序选项

弹出"排序选项"对话框,❶勾选"区分大小写"复选框,保持"方向"和"方法"的默认设置,❷单击"确定"按钮,如下图所示。

步骤03 显示排序效果

再次单击"排序"对话框中的"确定"按钮,返回工作表中,即可看到首字母大写的员工编号被排在顶端,并按照字母顺序进行了排序,如右图所示。

	A	B	C	D	E	F
1			职工入职时间表			
2	姓名	员工编号	参加工作日期	职称	部门	民族
3	林**	PX004	2011/1/2	工程师	培训部	汉
4	吴**	PX006	2008/1/2	工程师	培训部	汉
5	刘**	PX008	2010/10/10	助理工程师	培训部	汉
6	周**	PX010	2015/1/2	助理工程师	培训部	汉
7	程**	PX015	2012/1/2	助理工程师	培训部	汉
	蔡**	PX019	2013/6/28	助理工程师	培训部	汉

第363招 按笔画排序

如果要对文本数据的笔画来进行排序,可通过以下方法来实现。

步骤01 单击"选项"按钮

打开原始文件,选中任意数据单元格,在"数据"选项卡下的"排序和筛选"组中单击"排序"按钮,打开"排序"对话框,❶设置好"主要关键字"后,❷单击"选项"按钮,如下图所示。

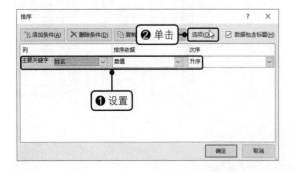

步骤02 设置排序选项

弹出"排序选项"对话框,❶在"方法"选项组下单击"笔画排序"单选按钮,❷单击"确定"按钮,如下图所示。

步骤03 显示排序效果

再次单击"排序"对话框中的"确定"按钮，返回工作表中，即可看到姓名按照笔画进行了排序，如右图所示。

	A	B	C	D	E	F
1			职工入职时间表			
2	姓名	性别	参加工作日期	职称	部门	民族
3	王**	男	2012/2/14	工程师	软件部	汉
4	刘**	男	2010/10/10	助理工程师	培训部	汉
5	李**	男	2013/1/2	工人	软件部	汉
6	杨**	男	2014/10/15	工人	销售部	汉
7	吴**	男	2008/1/2	工程师	培训部	汉
8	张**	男	2015/1/2	工人	销售部	汉

第364招　返回排序前的数据效果

若用户需要返回排序前的数据效果，可以巧借编号来让表格快速恢复到排序操作前的效果。

步骤01 插入序号列

打开原始文件，❶右击 A 列，❷在弹出的快捷菜单中单击"插入"命令，如下图所示。

步骤02 输入序号

此时 A 列前插入了一列空白列，在该列中输入如下图所示的序号。

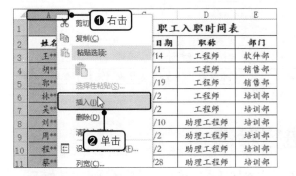

步骤03 排序字段

❶选中 D 列中的任意数据单元格，❷在"数据"选项卡下的"排序和筛选"组中单击"升序"按钮，如下图所示。

步骤04 排序序号

此时可以看到参加工作日期会以升序的方式进行排列，❶选中 A 列中的任意数据单元格，❷在"数据"选项卡下的"排序和筛选"组中单击"升序"按钮，如下图所示。

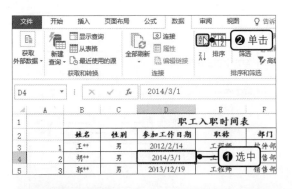

第365招　使用勾选工具筛选数据

如果需要在多列数据中快速找出一组数据，可通过筛选功能将满足条件的数据筛选出来。具体的操作方法如下。

步骤01 启动筛选工具

打开原始文件，❶选中任意数据单元格，❷在"数据"选项卡下的"排序和筛选"组中单击"筛选"按钮，如下图所示。

步骤02 筛选数据

❶单击"编码"字段右侧的下三角按钮，❷在展开的列表中取消勾选"全选"复选框，❸勾选"10003"复选框，如下图所示。

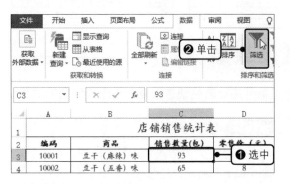

步骤03 显示筛选结果

单击"确定"按钮，即可看到工作表中筛选出的编码为 10003 的数据记录，如右图所示。

第366招 按照文本特征进行筛选

如果要筛选的数据包含指定的文字，可根据其文本特征进行筛选。具体的操作方法如下。

步骤01 选择筛选方式

打开原始文件，选中任意数据单元格，在"数据"选项卡下的"排序和筛选"组中单击"筛选"按钮，❶单击"商品"字段右侧的下三角按钮，❷在展开的列表中单击"文本筛选>包含"选项，如下图所示。

步骤02 设置筛选条件

弹出"自定义自动筛选方式"对话框，❶在"包含"右侧的文本框中输入"五香"，❷单击"确定"按钮，如下图所示。

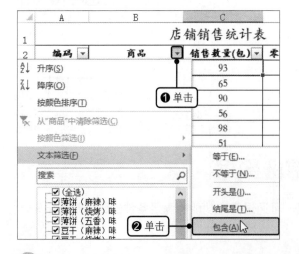

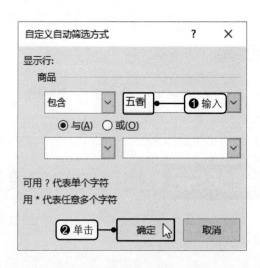

步骤03 显示筛选效果

完成筛选后，返回工作表中，即可看到工作表中只显示了包含"五香"的商品，如右图所示。

	A	B	C	D	E
1			店铺销售统计表		
2	编码 ▼	商品 ▼	销售数量(包) ▼	零售价（元）▼	金额（元）▼
4	10002	豆干（五香）味	65	8	520
7	10005	牛肉（五香）味	98	12	1176
10	10008	龙须酥（五香）味	73	9	657
13	10011	薄饼（五香）味	82	5	410
15					

第367招 按照数据特征进行筛选

如果要筛选的数据为数值数据，可使用数字筛选功能筛选出满足条件的数据。具体的操作方法如下。

步骤01 选择筛选方式

打开原始文件，选中任意数据单元格，在"数据"选项卡下的"排序和筛选"组中单击"筛选"按钮，❶单击"销售数量（包）"字段右侧的下三角按钮，❷在展开的列表中单击"数字筛选 > 大于"选项，如下图所示。

步骤02 设置筛选条件

弹出"自定义自动筛选方式"对话框，❶在"大于"右侧的文本框中输入"70"，❷单击"确定"按钮，如下图所示。

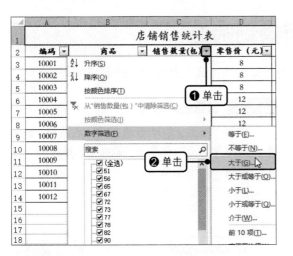

步骤03 显示筛选效果

完成筛选后，返回工作表中，即可看到工作表中只显示销售数量大于70的商品记录，如右图所示。

	A	B	C	D	E
1			店铺销售统计表		
2	编码 ▼	商品 ▼	销售数量(包) ▼	零售价（元）▼	金额（元）▼
3	10001	豆干（麻辣）味	93	8	744
5	10003	豆干（烧烤）味	90	8	720
7	10005	牛肉（五香）味	98	12	1176
9	10007	龙须酥（麻辣）味	77	9	693
10	10008	龙须酥（五香）味	73	9	657
11	10009	龙须酥（烧烤）味	78	9	702
13	10011	薄饼（五香）味	82	5	410
14	10012	薄饼（烧烤）味	72	5	360
15					

第368招 输入关键字搜索筛选

如果要筛选出表格中含有某个关键字的数据，可通过在搜索框中输入关键字实现快速筛选。具体的操作方法如下。

步骤01 输入筛选内容

打开原始文件，选中任意数据单元格，在"数据"选项卡下的"排序和筛选"组中单击"筛选"按钮，❶单击"籍贯"字段右侧的下三角按钮，❷在展开列表的搜索框中输入"成都"，如下图所示。

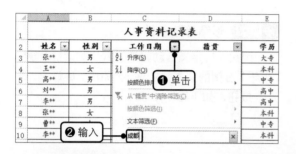

步骤02 显示筛选结果

单击"确定"按钮，即可看到工作表中只显示籍贯含有"成都"的数据记录，如下图所示。

第369招 使用通配符进行模糊筛选

如果要筛选的数据条件比较模糊，可通过通配符实现筛选。具体的操作方法如下。

步骤01 选择筛选方式

打开原始文件，选中任意数据单元格，在"数据"选项卡下的"排序和筛选"组中单击"筛选"按钮，❶单击"职称"字段右侧的下三角按钮，❷在展开的列表中单击"文本筛选 > 自定义筛选"选项，如下图所示。

步骤02 设置筛选条件

弹出"自定义自动筛选方式"对话框，❶设置筛选条件为"职称等于 * 教授"，❷单击"确定"按钮，如下图所示。

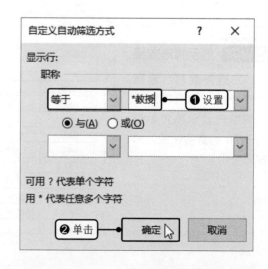

步骤03 显示筛选效果

完成筛选后，返回工作表中，可看到筛选出的职称中含有"教授"文本的数据记录，如右图所示。

	A	B	C	D	E	F
1			教职工工资表			
2	姓名 ▼	系别 ▼	职称 ⊤	性别 ▼	年龄 ▼	基本工资 ▼
3	高**	计算机	副教授	女	34	¥4,400.00
7	冯**	数学系	教授	女	49	¥6,000.00
8	赵**	英语系	副教授	男	36	¥4,400.00
12	吴**	数学系	教授	男	55	¥6,000.00
13	王**	数学系	副教授	男	57	¥4,400.00

第370招 设置同时满足多个条件的筛选

当要筛选的条件较多时，可通过高级筛选功能将满足所有条件的数据显示出来。具体的操作方法如下。

步骤01 启动高级筛选功能

打开原始文件，❶在单元格区域 J2:K3 中输入要筛选的多个与条件，❷选中要筛选数据表格中的任意单元格，❸在"数据"选项卡下的"排序和筛选"组中单击"高级"按钮，如下图所示。

步骤02 设置筛选条件

弹出"高级筛选"对话框，❶设置"列表区域"为单元格区域 A2:H18，设置"条件区域"为单元格区域 J2:K3，❷单击"确定"按钮，如下图所示。

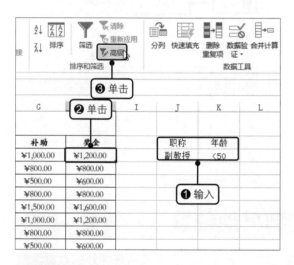

步骤03 显示筛选结果

返回工作表中，即可看到筛选出的职称为副教授且年龄小于50的数据记录，如右图所示。

	A	B	C	D	E	F
1			教职工工资表			
2	姓名	系别	职称	性别	年龄	基本工资
3	高**	计算机	副教授	女	34	¥4,400.00
8	赵**	英语系	副教授	男	36	¥4,400.00
16	魏**	数学系	副教授	女	39	¥4,400.00
18	伍**	数学系	副教授	女	48	¥4,400.00

第371招 设置只满足单一条件的筛选

如果要筛选出满足多个条件中某个条件的表格数据，也可通过高级筛选功能来实现。具体的操作方法如下。

步骤01 启动高级筛选功能

打开原始文件，❶在单元格区域 J2:K4 中输入要筛选的多个或条件，❷选中要筛选数据表格中的任意单元格，❸在"数据"选项卡下的"排序和筛选"组中单击"高级"按钮，如下图所示。

步骤02 设置筛选条件

弹出"高级筛选"对话框，❶设置"列表区域"为单元格区域 A2:H18，设置"条件区域"为单元格区域 J2:K4，❷单击"确定"按钮，如下图所示。

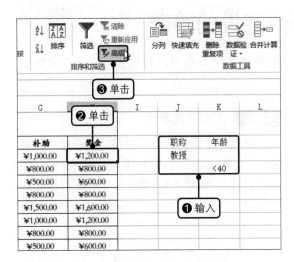

步骤03 显示筛选结果

返回工作表中，即可看到筛选出的职称为教授或年龄小于 40 的数据记录，如右图所示。

	A	B	C	D	E	F	G
1	教职工工资表						
2	姓名	系列	职称	性别	年龄	基本工资	补助
3	高**	计算机	副教授	女	34	¥4,400.00	¥1,000.00
4	石**	数学系	讲师	女	30	¥3,400.00	¥800.00
5	张**	英语系	助教	女	28	¥3,000.00	¥500.00
6	王**	数学系	讲师	女	26	¥3,400.00	¥800.00
7	冯**	数学系	讲师	女	49	¥6,000.00	¥1,500.00
8	赵**	英语系	副教授	男	36	¥4,400.00	¥1,000.00
10	丁**	数学系	助教	女	26	¥3,000.00	¥500.00
11	李**	英语系	讲师	男	35	¥3,400.00	¥800.00
12	吴**	数学系	教授	男	55	¥6,000.00	¥1,500.00
14	马**	英语系	讲师	男	30	¥3,400.00	¥800.00

第372招 将筛选结果放置到其他位置

默认情况下，筛选后的数据会自动在原有的数据位置显示，只不过将条件外的数据隐藏了。如果用户想要保持原有的数据，可将筛选后的数据放置在其他位置。具体的操作方法如下。

步骤01 设置筛选条件

打开原始文件，选中要筛选数据表格中的任意单元格，在"数据"选项卡下的"排序和筛选"组中单击"高级"按钮，打开"高级筛选"对话框，❶在"方式"选项组下单击"将筛选结果复制到其他位置"单选按钮，❷设置好"列表区域""条件区域"及"复制到"的位置，❸单击"确定"按钮，如下左图所示。

步骤02 显示筛选结果

返回工作表中，即可看到筛选后的数据区域被放置在了设置的位置中，且原有的数据区域保持不变，如下右图所示。

第373招　筛选不重复的记录

如果工作表中含有重复的数据，可通过以下方法筛选出不重复的数据记录。

打开原始文件，选中要筛选数据表格中的任意单元格，在"数据"选项卡下的"排序和筛选"组中单击"高级"按钮，打开"高级筛选"对话框，❶设置好"列表区域"和"条件区域"，❷勾选"选择不重复的记录"复选框，❸单击"确定"按钮，如右图所示。

第374招　按颜色筛选数据

如果用户需要筛选出含有填充颜色的单元格数据，可通过按颜色筛选功能来实现。具体的操作方法如下。

步骤01　按颜色筛选数据

打开原始文件，选中任意数据单元格，在"数据"选项卡下的"排序和筛选"组中单击"筛选"按钮，❶单击"系别"字段右侧的下三角按钮，❷在展开的列表中单击"按颜色筛选"选项，在展开的级联列表中选择要筛选出的单元格颜色块，如下左图所示。

步骤02　显示筛选结果

完成筛选后，即可看到工作表中只显示了系别字段中为所选单元格颜色的数据记录，如下右图所示。

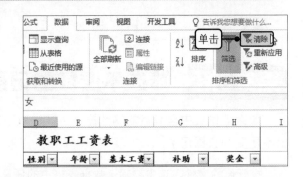

第375招 返回筛选前的数据效果

若要返回筛选前的数据效果时，可通过清除筛选功能来实现。具体的操作方法如下。

打开原始文件，在"数据"选项卡下的"排序和筛选"组中单击"清除"按钮，如右图所示。

> ⏰ **提示**
>
> 如果要去掉工作表中的筛选按钮，再次单击"筛选"按钮即可。

第376招 手动建立分级显示

如果想要对工作表中某部分的数据进行快速统计并查看汇总效果，可通过创建组功能来实现。具体的操作方法如下。

步骤01 创建组

打开原始文件，选中单元格区域A3:A33，❶在"数据"选项卡下的"分级显示"组中单击"创建组"下三角按钮，❷在展开的列表中单击"创建组"选项，如下图所示。

步骤02 设置创建组的方向

弹出"创建组"对话框，❶单击"行"单选按钮，❷单击"确定"按钮，如下图所示。

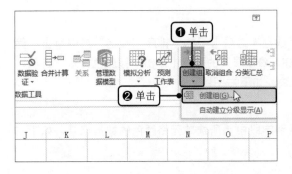

步骤03 折叠组

即可完成第一个组的创建，应用相同的方法将单元格区域 A3:A22 创建为第二个组，将单元格区域 A3:A12 创建为第三个组，单击控制第二个组的折叠按钮，如下图所示。

1 2 3 4		A	B	C	D
	13	2017/10/11	电视	202	40
	14	2017/10/12	冰箱	201	40
	15	2017/10/13	洗衣机	204	19
	16	2017/10/14	微波炉	203	60
	17	2017/10/15	电视	202	40
	18	2017/10/16	冰箱	201	50
	19	2017/10/17	洗衣机	204	65
	20	2017/10/18	微波炉	203	50
	21	2017/10/19	电视	202	80
	22	2017/10/20	冰箱	201	77
单击	23	2017/10/21	洗衣机	204	81
	24	2017/10/22	微波炉	203	92

步骤04 显示折叠效果

即可发现第二个组中的明细数据被隐藏了，如下图所示。如果要展开第二个组中的明细数据，用户还可以单击控制第二个组的展开按钮。

1 2 3 4		A	B	C	D	E
	1			家用电器销售记录表		
	2	销售日	商品	商品编码	销售数量（台）	销售人员
+	23	2017/10/21	洗衣机	204	81	张三
	24	2017/10/22	微波炉	203	92	张三
	25	2017/10/23	电视	202	48	赵六
	26	2017/10/24	冰箱	201	60	赵六
	27	2017/10/25	微波炉	203	66	李四
	28	2017/10/26	电视	202	57	张三
	29	2017/10/27	冰箱	201	59	王五
	30	2017/10/28	洗衣机	204	36	李四
	31	2017/10/29	微波炉	203	66	张三
	32	2017/10/30	电视	202	89	李四
	33	2017/10/31	冰箱	201	78	王五

第377招　清除分级显示

如果要删除手动建立的汇总效果，可清除分级显示。具体的操作方法如下。

打开原始文件，❶在"数据"选项卡下的"分级显示"组中单击"取消组合"下三角按钮，❷在展开的列表中单击"清除分级显示"选项，如右图所示。

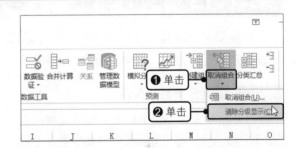

第378招　简单分类汇总数据

除了可以使用手动的方式建立数据的汇总结果，还可以通过分类汇总功能来完成。具体的操作方法如下。

步骤01 启用分类汇总功能

打开原始文件，选中任意数据单元格，在"数据"选项卡下的"分级显示"组中单击"分类汇总"按钮，如右图所示。

步骤02 设置分类汇总条件

弹出"分类汇总"对话框，❶设置"分类字段"为"销售日"、"汇总方式"为"求和"，在"选定汇总项"列表框中勾选"销售数量（台）"复选框，❷单击"确定"按钮，如下左图所示。

步骤03 显示汇总效果

返回工作表中，即可以销售日为条件进行分类汇总，可看到各个日期的汇总后的销售数量，如下右图所示。

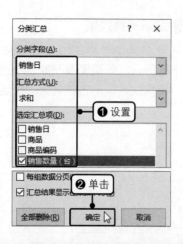

> **⏰ 提示**
>
> 如果 Excel 中要分类汇总的类别数据未集中在一起，为了保证 Excel 在分类汇总时按照类别进行汇总，即自动将相同的类别归类在一起，需在分类汇总前进行排序操作。

第379招 同时查看一个字段的多种汇总结果

如果要同时查看一个字段中的多个汇总结果，如求和、最大值、最小值等，可为一个字段设置多种汇总方式。具体的操作方法如下。

步骤01 设置分类汇总条件

打开原始文件，选中任意数据单元格，在"数据"选项卡下的"分级显示"组中单击"分类汇总"按钮，打开"分类汇总"对话框，❶设置"分类字段"为"销售日"、"汇总方式"为"求和"，在"选定汇总项"列表框中勾选"销售数量（台）"复选框，❷单击"确定"按钮，如下图所示。

步骤02 继续设置分列汇总条件

应用相同的方法再次打开"分类汇总"对话框，❶设置"分类字段"为"销售日"、"汇总方式"为"最大值"，在"选定汇总项"列表框中勾选"销售数量（台）"复选框，❷取消勾选"替换当前分类汇总"复选框，❸单击"确定"按钮，如下图所示。

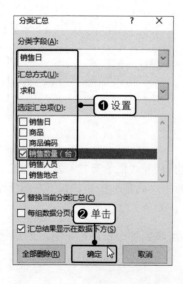

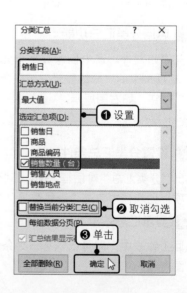

步骤03 显示嵌套分类汇总效果

返回工作表中，即可看到以销售日为分类汇总条件的汇总结果，如右图所示。

	A	B	C	D	E
	家用电器销售记录表				
1					
2	销售日	商品	商品编码	销售数量（台）	销售人员
3	2017/10/1	洗衣机	204	120	张三
4	2017/10/1	微波炉	203	45	李四
5	2017/10/1	电视	202	60	王五
6	2017/10/1	冰箱	201	57	李四
7	2017/10/1	洗衣机	204	85	张三
8	17/10/1 最大值			120	
9	2017/10/1 汇总			367	
10	2017/10/6	微波炉	203	50	张三

第380招 隐藏与显示分类汇总数据

完成数据的分类汇总后，如果只需要查看汇总数据，而不用查看某个汇总项的详细数据，可通过以下方法来隐藏和显示分类汇总数据。

步骤01 查看一级汇总数据

打开原始文件，单击编辑区左侧的分级显示按钮，如单击数字编号"1"按钮，如下图所示。

步骤02 查看二级汇总数据

即可看到家用电器的销售总数量统计结果，如下图所示。

步骤03 查看三级汇总效果

此时显示了第二级汇总的情况，即每个销售日的销售数量汇总情况，单击行 17 左侧的展开按钮，如下图所示。

步骤04 查看显示效果

即可看到其他销售日只显示了汇总数据，而 2017/10/6 的销售日则显示了详细的数据信息，如下图所示。

第381招 分类汇总后分页每组数据

分类汇总数据后，若要将每组汇总数据分别显示在不同的页中，以便于打印和查看，可通过每组数据分页功能来实现目的。

步骤01 分页每组汇总数据

打开原始文件，选中任意数据单元格，在"数据"选项卡下的"分级显示"组中单击"分类汇总"

按钮，打开"分类汇总"对话框，❶设置好"分类字段""汇总方式"和"选定汇总项"，❷勾选"每组数据分页"复选框，❸单击"确定"按钮，如下左图所示。

步骤02 显示分页效果

返回工作表中，在"视图"选项卡下的"工作簿视图"组中单击"分页预览"按钮，即可看到分页汇总数据后的效果，如下右图所示。在打印时，即可将每个汇总项分页打印。

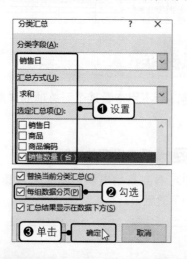
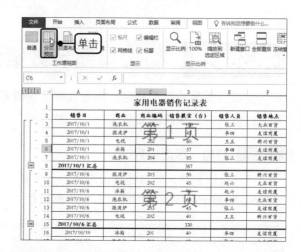

第382招 让汇总结果显示在上方

默认情况下，汇总结果会自动显示在数据的底部，如果需要将字段汇总后的数据信息显示在数据上方，可通过以下方法来实现。

步骤01 设置分类汇总条件

打开原始文件，选中任意数据单元格，在"数据"选项卡下的"分级显示"组中单击"分类汇总"按钮，打开"分类汇总"对话框，❶设置好"分类字段""汇总方式"和"选定汇总项"后，❷取消勾选"汇总结果显示在数据下方"复选框，❸单击"确定"按钮，如下图所示。

步骤02 显示设置效果

返回工作表中，即可看到每个销售日的销售数量汇总结果都显示在了详细数据的顶部，如下图所示。

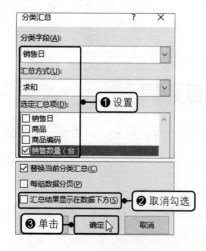

第383招　删除分类汇总

当不再需要对工作表中的数据进行分类汇总后，可将分类汇总结果删除。具体的操作方法如下。

打开原始文件，选中任意数据单元格，在"数据"选项卡下的"分级显示"组中单击"分类汇总"按钮，打开"分类汇总"对话框，单击"全部删除"按钮，如下图所示，然后单击"确定"按钮。返回工作表中，即可看到删除分类汇总的工作表效果。

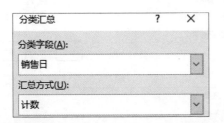
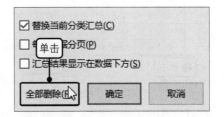

第384招　按位置合并计算表格数据

当需要对多个工作表中的数据进行数据统计时，为了简化计算操作并避免计算错误，可通过合并计算功能将多个格式相同的表格数据进行合并计算。具体的操作方法如下。

步骤01　选中要合并计算的单元格

打开原始文件，❶切换至"第一季度"工作表中，❷选中要开始合并计算的单元格 B4，如下图所示。

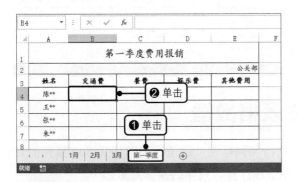

步骤03　单击单元格引用按钮

弹出"合并计算"对话框，保持默认的"函数"，单击"引用位置"右侧的单元格引用按钮，如右图所示。

步骤02　启动合并计算功能

在"数据"选项卡下的"数据工具"组中单击"合并计算"按钮，如下图所示。

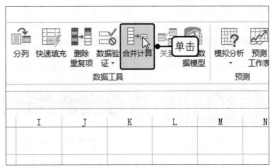

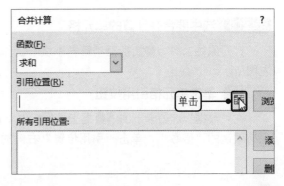

步骤04 引用单元格区域

❶单击"1月"工作表标签，❷拖动鼠标选中单元格区域 B4:E7，❸单击对话框中的单元格引用按钮，如下图所示。

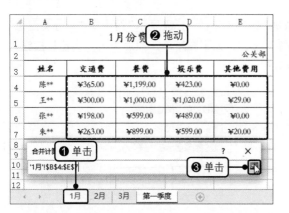

步骤05 添加引用区域

返回"合并计算"对话框中，单击"添加"按钮，如下图所示。即可将该单元格区域添加到"所有引用位置"列表框中。

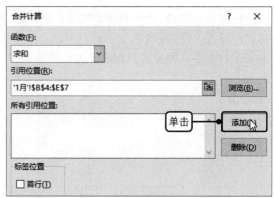

步骤06 完成引用位置的添加

应用相同方法将"2月"和"3月"工作表中相同单元格区域添加到"所有引用位置"列表框中，如下图所示，单击"确定"按钮。

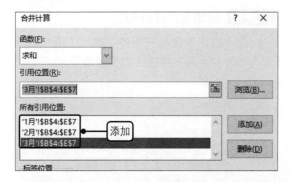

步骤07 显示合并计算效果

返回工作表中，即可看到合并计算后的效果，即第一季度中各位员工各项报销费用的总计值，如下图所示。

第385招 按分类合并计算表格数据

当要计算数据的多个工作表中包含有相同的行和列标题，但是行列数据又未以整齐的方式排列组织时，可继续使用合并计算功能来实现快速计算。具体的操作方法如下。

步骤01 选中要合并计算的单元格

打开原始文件，❶切换至"第一季度"工作表中，❷选中要开始合并计算的单元格 A4，如下左图所示。

步骤02 单击单元格引用按钮

在"数据"选项卡下的"数据工具"组中单击"合并计算"按钮，打开"合并计算"对话框，保持默认的"函数"，单击"引用位置"右侧的单元格引用按钮，如下右图所示。

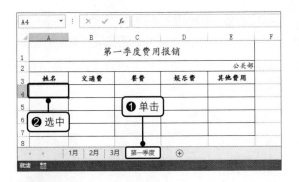

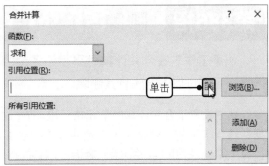

步骤03　引用单元格区域

❶单击"1月"工作表标签，❷拖动鼠标选中单元格区域 A4:E7，❸单击对话框中的单元格引用按钮，如下图所示。

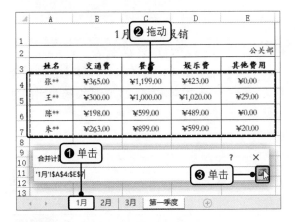

步骤04　添加引用区域

返回"合并计算"对话框中，单击"添加"按钮，如下图所示。即可将该单元格区域添加到"所有引用位置"列表框中。

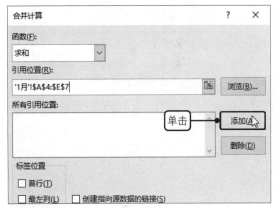

步骤05　完成引用位置的添加

❶应用相同的方法将"2月"和"3月"工作表中的相同单元格区域添加到"所有引用位置"列表框中，❷勾选"最左列"复选框，❸单击"确定"按钮，如下图所示。

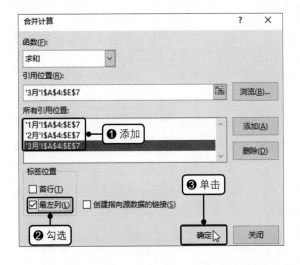

步骤06　显示合并计算效果

返回工作表中，即可看到所有员工对应的费用统计结果，如下图所示。

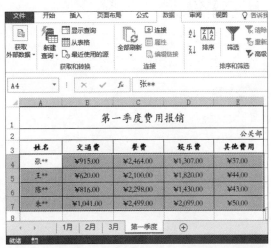

第386招 删除引用位置

如果工作表在合并计算时引用了多余的区域，可通过以下方法将其删除。

选中设置了合并计算的单元格区域，在"数据"选项卡下的"数据工具"组中单击"合并计算"按钮，打开"合并计算"对话框，❶在"所有引用位置"列表框中选中要删除的引用位置，❷单击"删除"按钮，如右图所示。单击"确定"按钮，返回工作表中，即可看到删除引用位置后的合并计算结果。

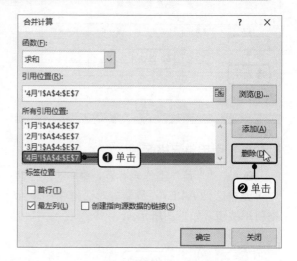

读书笔记

第11章　用图表分析数据

Excel中具有多种类型的图表，如柱形图、折线图、饼图等，可根据工作表中的数据特点创建不同类型的图表，从而更加直观、生动地表现工作表中的数据规律或关系，如对比关系和趋势走向等。此外还可以对图表进行布局和美化操作，以使图表更加符合用户的工作需求。

第387招　使用推荐功能快速创建图表

当需要直观地分析表格数据时，可通过推荐的图表功能快速创建合适的图表，具体的操作方法如下。

步骤01　创建推荐的图表

打开原始文件，❶选中要创建图表的数据区域 A2:B8，❷在"插入"选项卡下的"图表"组中单击"推荐的图表"按钮，如下图所示。

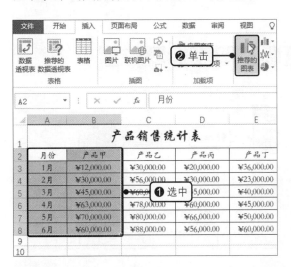

步骤02　选择推荐的图表

弹出"插入图表"对话框，❶在"推荐的图表"选项卡下单击要创建的图表效果，如折线图，❷单击"确定"按钮，如下图所示。

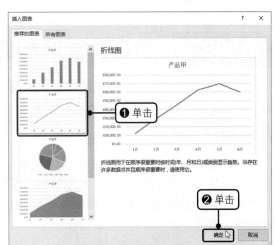

步骤03　显示创建效果

返回工作表中，即可看到创建的折线图效果，如右图所示。可看到产品甲在 1 到 6 月的销售趋势。

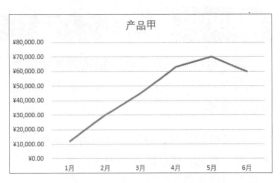

第388招 创建具有对比效果的柱形图

如果需要展示不同项目的对比效果，可通过柱形图来实现。具体的操作方法如下。

步骤01 插入图表

打开原始文件，选中要创建图表的单元格区域 A2:A8 和 C2:C8，❶在"插入"选项卡下的"图表"组中单击"插入柱形图和条形图"按钮，❷在展开的列表中单击"簇状柱形图"选项，如下图所示。

步骤02 显示创建效果

完成创建后，即可看到工作表中插入的簇状柱形图效果，如下图所示。

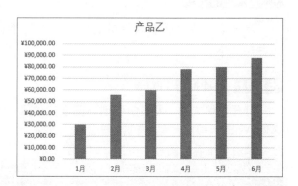

第389招 使用功能区按钮调整图表标题位置

如果需要调整图表中的标题位置，可通过功能区中的"添加图表元素"按钮来实现，具体的操作方法如下。

打开原始文件，选中图表，❶在"图表工具-设计"选项卡下的"图表布局"组中单击"添加图表元素"按钮，❷在展开的列表中单击"图表标题 > 居中覆盖"选项，如右图所示。

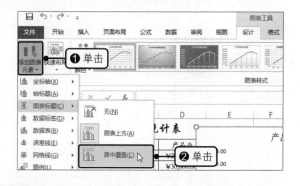

第390招 使用图表元素按钮调整图表标题位置

除了可以使用功能区按钮来调整图表标题的位置，还可以通过以下方法来实现标题位置的调整。

打开原始文件，❶单击图表右上角的"图表元素"按钮，❷在展开的列表中单击"图表标题 > 居中覆盖"选项，如右图所示。

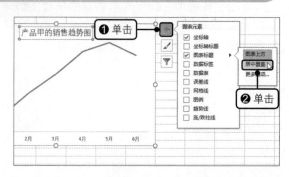

第391招　手动调整图表标题位置

如果对预设的图表标题位置都不满意，可手动调整。具体的操作方法如下。

步骤01　调整图表标题的位置

打开原始文件，将鼠标放置在图表的标题上，当鼠标指针变为⇼形状时，按住左键不放拖动至合适的位置，如下图所示。

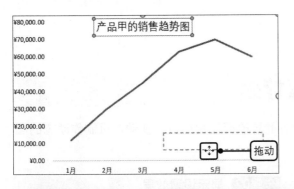

步骤02　显示调整效果

释放鼠标后，即可看到调整位置后的图表标题效果，如下图所示。

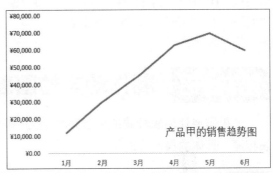

第392招　设置图表标题的字体格式

若要让图表标题中的文本效果更加美观，或者突出显示标题内容，可对图表标题文本的字体格式进行设置。具体的操作方法如下。

步骤01　单击"字体"命令

打开原始文件，❶右击图表中的标题，❷在弹出的快捷菜单中单击"字体"命令，如下图所示。

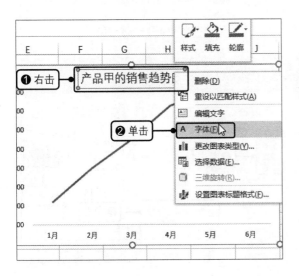

步骤02　设置字体格式

弹出"字体"对话框，在"字体"选项卡下设置"中文字体""字体样式""字体颜色""下画线线型"及"下画线颜色"，如下图所示。单击"确定"按钮，即可完成标题格式的更改。

第393招 更改图表标题文本的间距

若要调整图表标题文本内容的间距，可通过设置字符间距来实现。具体的操作方法如下。

打开原始文件，右击图表中的标题，在弹出的快捷菜单中单击"字体"命令，打开"字体"对话框，❶切换至"字符间距"选项卡，❷设置"间距"为"加宽"，设置"度量值"为"3"磅，如右图所示。

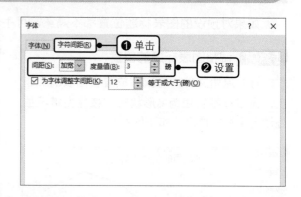

第394招 制作动态的图表标题

如果需要让图表标题的内容随着单元格内容的更改而发生相应的变动，可制作动态的图表标题。具体的操作方法如下。

步骤01 设置动态图表标题

打开原始文件，选中图表中的标题后，❶在编辑栏中输入"="，❷单击单元格 A1，如下图所示。

步骤02 显示设置效果

按下【Enter】键，即可看到图表的标题变为了单元格 A1 中的文本内容，如下图所示。

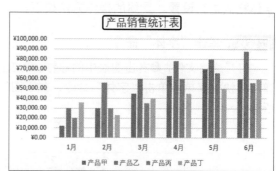

第395招 删除图表标题

如果直接通过图表就能够了解所要展示的内容，则可将图表标题删除。具体的操作方法如下。

打开原始文件，选中图表，❶在"图表工具-设计"选项卡下的"图表布局"组中单击"添加图表元素"按钮，❷在展开的列表中单击"图表标题 > 无"选项，如右图所示。

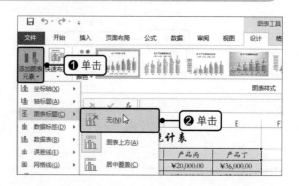

> ⏰ **提示**
>
> 除了可以通过以上方法删除图表标题，还可以在图表中选中标题后，按【Delete】键删除。

第396招 创建组合图表

在实际工作中，为了便于数据的直观分析，偶尔会需要在一张图表中包含多种图表类型，即组合图表。具体的操作方法如下。

步骤01 启动对话框

打开原始文件，❶选中单元格区域 A2:C8，❷在"插入"选项卡下的"图表"组中单击对话框启动器，如下图所示。

步骤02 创建组合图表

弹出"插入图表"对话框，❶切换至"所有图表"选项卡，❷单击"组合"类型，❸在"为您的数据系列选择图表类型和轴"选项组下设置"产品甲"和"产品乙"的"图表类型"，勾选"产品乙"后的"次坐标轴"复选框，❹单击"确定"按钮，如下图所示。

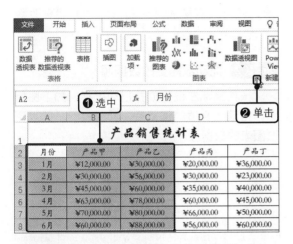

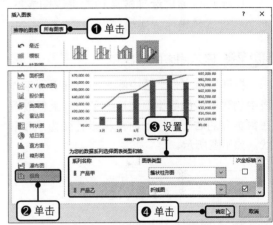

步骤03 显示设置效果

返回工作表中，即可在一个图表中看到产品甲的销售对比情况及产品乙的销售趋势情况，如右图所示。

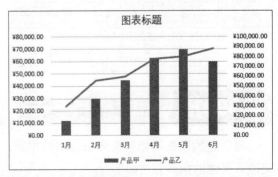

第397招 通过对话框更改图表的数据源

图表制作完成后，如果数据源出现变动，或数据源本身出现了错误，则可通过工作表中的选择数据功能更改图表数据源，具体的操作方法如下。

步骤01 单击"选择数据"按钮

打开原始文件，选中图表，在"图表工具 - 设计"选项卡下的"数据"组中单击"选择数据"按钮，如下图所示。

步骤02 重设数据源

弹出"选择数据源"对话框，❶设置"图表数据区域"为单元格区域 A2:C8，❷单击"确定"按钮，如下图所示。

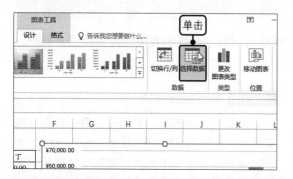

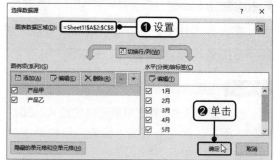

第398招 拖动鼠标更改数据源

除了可以通过选择数据功能更改图表的数据源，还可以直接通过拖动鼠标的方式更改数据源。具体的操作方法如下。

步骤01 显示图表的数据源

打开原始文件，选中图表后，可看到工作表中创建图表的数据源被选中了，将鼠标放置在数据源的右下角，此时鼠标指针变为了↖形状，如下图所示。

步骤02 拖动数据更改数据源

按住鼠标左键不放并拖动鼠标，如下图所示。拖动至合适的位置后，释放鼠标，即可更改图表的数据源。

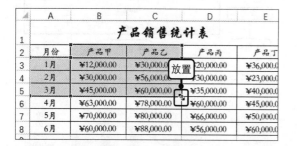

第399招 更改图表类型

当创建的图表不能直观分析表格数据时，用户可根据自己的需求对创建的图表类型进行更改。具体的操作方法如下。

步骤01 更改图表类型

打开原始文件，选中图表，在"图表工具 - 设计"选项卡下的"类型"组中单击"更改图表类型"按钮，如下左图所示。

步骤02 选择更改类型

弹出"更改图表类型"对话框，❶在"所有图表"选项卡下单击"折线图"类型，❷在右侧的面板中单击子类型图表，如"带数据标记的折线图"，并在该类型下选择合适的折线图效果，❸单击"确定"按钮，如下右图所示。

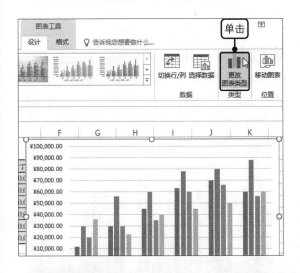
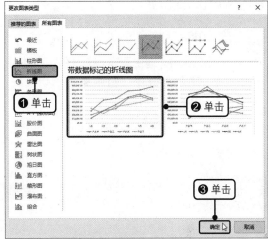

第400招 移动图表至其他工作表

若要在一个工作表中单独展示图表效果，可通过以下方法将其移动到该工作表中。

步骤01 移动图表

打开原始文件，选中图表，在"图表工具 - 设计"选项卡下的"位置"组中单击"移动图表"按钮，如下图所示。

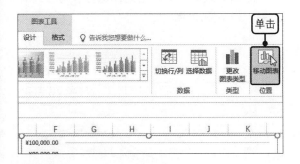

步骤03 显示移动效果

返回工作表中，即可看到新插入的"产品销售对比图"工作表，在该工作表中可看到移动后的图表效果，如右图所示。

步骤02 设置移动位置

弹出"移动图表"对话框，❶单击"新工作表"单选按钮，设置新工作表名为"产品销售对比图"，❷单击"确定"按钮，如下图所示。

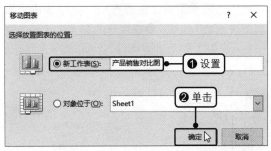

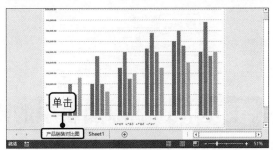

第401招 切换行列交换坐标轴上的数据

在 Excel 中制作图表后，表格中的行和列数据会直接在图表中反映出来，但某些情况下需要交换坐标轴上的数据来展现另一种图表效果，此时可使用切换行/列功能来实现目的。具体的操作方法如下。

步骤01 切换行列

打开原始文件，选中图表，在"图表工具-设计"选项卡下的"数据"组中单击"切换行/列"按钮，如下图所示。

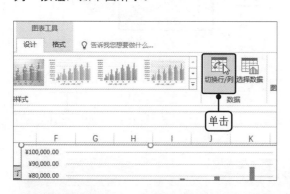

步骤02 显示切换效果

完成切换后，可发现图表中各个月份下各个产品的对比图变为了各个产品在各个月份的销售对比效果，如下图所示。

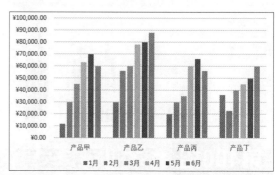

第402招 在图表中添加网格线

为了便于分隔和辅助理解图表中的数据，可在图表中添加网格线。具体的操作方法如下。

步骤01 添加网格线

打开原始文件，选中图表，❶在"图表工具-设计"选项卡下的"图表布局"组中单击"添加图表元素"按钮，❷在展开的列表中单击"网格线 > 主轴主要垂直网格线"选项，如下图所示。

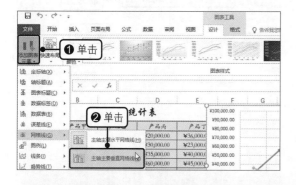

步骤02 显示添加效果

添加完成后，即可看到添加垂直网格线的效果，如下图所示。

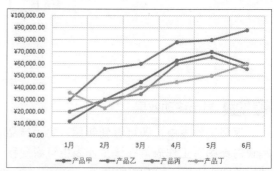

第403招 删除图表中的网格线

如果图表中的网格线容易混淆图表数据的展示效果，可去掉网格线，具体的操作方法如下。

打开原始文件，❶右击图表中的网格线，❷在弹出的快捷菜单中单击"删除"命令，如右图所示。

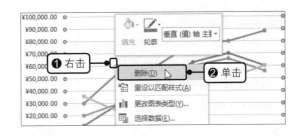

第404招　更改图表的图例位置

完成图表的创建后，会自动显示帮助用户理解图表数据的图例。如果对图例的位置不满意，可更改图例的位置。具体的操作方法如下。

打开原始文件，❶单击图表右上角的"图表元素"按钮，❷在展开的列表中单击"图例 > 右"选项，如右图所示。

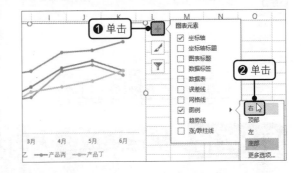

第405招　让图例与图表重叠显示

默认情况下，图例不会与图表重叠，但如果图表的空间有限，则可以通过以下方法节约图例所占据的空间。具体的操作方法如下。

步骤01　设置图例格式

打开原始文件，❶右击图表中的图例，❷在弹出的快捷菜单中单击"设置图例格式"命令，如下图所示。

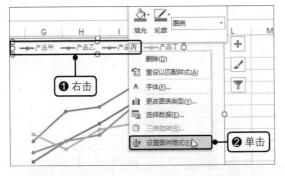

步骤02　设置图例与图表重叠显示

打开"设置图例格式"任务窗格，在"图例选项"选项卡下取消勾选"显示图例，但不与图表重叠"复选框，如下图所示。

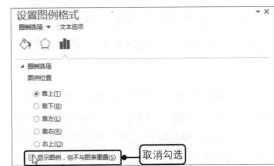

第406招　为图表添加详细的数据表

为了便于比较工作表中的数据和图表，可在图表中添加数据表，具体的操作方法如下。

步骤01 显示数据表

　　打开原始文件，选中图表，❶在"图表工具-设计"选项卡下的"图表布局"组中单击"添加图表元素"按钮，❷在展开的列表中单击"数据表 > 显示图例项标示"选项，如下图所示。

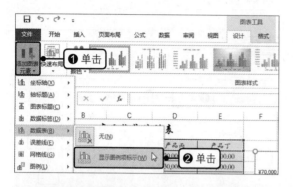

步骤02 显示图表效果

　　此时可看到图表的下方会添加一个带有图例项的详细数据表，如下图所示。

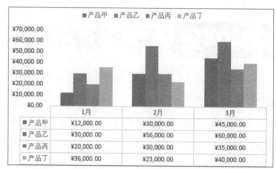

第407招　快速更改图表的元素布局

　　Excel 提供了多种图表的预设布局效果，用户可根据实际情况选择合适的布局。具体的操作方法如下。

　　打开原始文件，选中图表，❶在"图表工具-设计"选项卡下的"图表布局"组中单击"快速布局"按钮，❷在展开的列表中单击"布局2"，如右图所示。

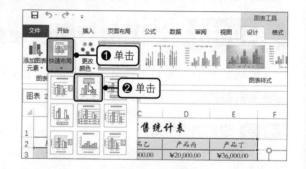

第408招　更改图表的配色

　　如果对图表的配色效果不满意，可直接套用 Excel 中预设的配色方案，具体的操作方法如下。

　　打开原始文件，选中图表，❶在"图表工具-设计"选项卡下的"图表样式"组中单击"更改颜色"按钮，❷在展开的列表中单击"颜色5"选项，如右图所示。

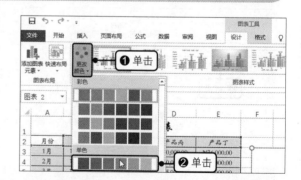

第409招　快速美化图表外观

　　为了方便图表的美化，Excel 提供了多种图表样式，用户可自行套用这些样式快速美化图表。具体的操作方法如下。

打开原始文件，选中图表，在"图表工具 -
设计"选项卡下的"图表样式"组中单击快翻
按钮，在展开的列表中单击"样式 10"选项，
如右图所示。

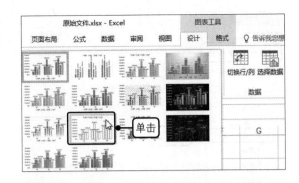

第410招 更改数据系列的填充颜色

如果对图表中数据系列的填充颜色不满意，可自行设置符合喜好的颜色。具体的操作方
法如下。

步骤01 启动任务窗格

打开原始文件，❶右击图表的数据系列，
❷在弹出的快捷菜单中单击"设置数据系列格
式"命令，如下图所示。

步骤02 设置数据系列格式

打开"设置数据系列格式"任务窗格，❶切
换至"填充与线条"选项卡，❷在"填充"组
下单击"纯色填充"单选按钮，❸设置"颜色"
为"绿色"，如下图所示。

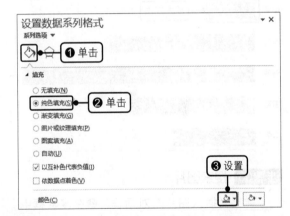

第411招 使用纹理填充图表

除了可以使用颜色填充数据系列，还可以使用预设的多种纹理效果来填充数据系列。具
体的操作方法如下。

步骤01 填充图片或纹理

打开原始文件，双击图表中的数据系列，打开"设置数据系列格式"任务窗格，❶切换至"填
充与线条"选项卡，❷在"填充"组下单击"图片或纹理填充"单选按钮，如下左图所示。

步骤02 选择纹理

❶单击"纹理"按钮，❷在展开的列表中单击"栎木"选项，如下右图所示。

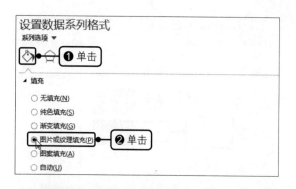

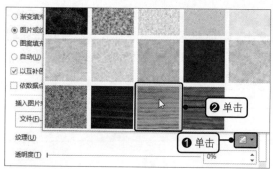

第412招 使用图片填充图表

若要让图表变得更加专业和有趣,可使用图片来填充数据系列。具体的操作方法如下。

步骤01 选中要填充的数据系列

打开原始文件,连续三次单击图表中要填充的数据系列,如下图所示。

步骤02 单击"联机"按钮

打开"设置数据系列格式"任务窗格,❶切换至"填充与线条"选项卡,❷在"填充"组下单击"图片或纹理填充"单选按钮,❸单击"联机"按钮,如下图所示。

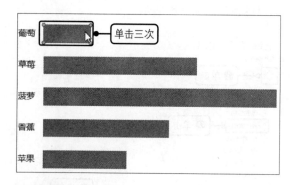

步骤03 搜索图片

弹出"插入图片"对话框,❶在搜索框中输入"葡萄",❷单击"搜索"按钮,如下图所示。

步骤04 插入图片

❶在搜索结果中单击要插入的图片,❷单击"插入"按钮,如下图所示。

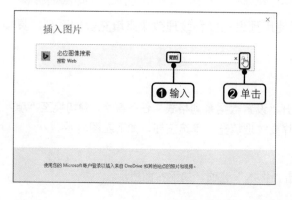

步骤05 层叠图片

返回工作表中，在"设置数据系列格式"任务窗格中单击"层叠"单选按钮，如下图所示。

步骤06 显示填充效果

应用相同的方法为其他数据系列插入填充图片，即可得到如下图所示的图表效果。

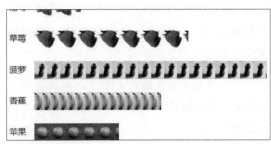

第413招　使用图案填充图表

如果系统提供的填充颜色和纹理效果并不能满足实际工作需求，可为图表中的数据系列设置图案填充效果。具体的操作方法如下。

步骤01 填充图案

打开原始文件，双击图表中的数据系列，打开"设置数据系列格式"窗格，❶切换至"填充与线条"选项卡，❷在"填充"组下单击"图案填充"单选按钮，如下图所示。

步骤02 选择图案

在"图案"选项组下单击要填充的图案，如"横向砖形"，如下图所示。即可在工作表中查看图案填充效果

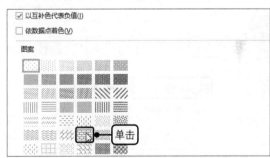

第414招　为数据系列添加边框

若要更加明晰地区分各个数据系列，可为数据系列添加边框，具体的操作方法如下。

打开原始文件，双击图表中的数据系列，打开"设置数据系列格式"任务窗格，❶切换至"填充与线条"选项卡，❷在"填充"组下单击"实线"单选按钮，❸设置"颜色"为"黑色，文字1"，如右图所示。

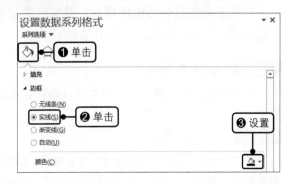

第415招 删除图表的垂直轴

如果只需要查看图表中数据的走向或对比情况，不用查看各个数据系列的具体值，则可将图表中表示值的坐标轴删除，具体的操作方法如下。

打开原始文件，❶右击图表中的垂直轴，❷在弹出的快捷菜单中单击"删除"命令，如右图所示。

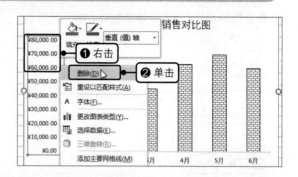

第416招 为图表添加坐标轴标题

如果需要更加清楚地说明纵坐标轴和横坐标轴所要表达的数据内容，可为图表添加坐标轴标题。具体的操作方法如下。

步骤01 添加轴标题

打开原始文件，选中图表，❶在"图表工具-设计"选项卡下的"图表布局"组中单击"添加图表元素"按钮，❷在展开的列表中单击"轴标题 > 主要横坐标轴"选项，如下图所示。

步骤02 显示添加效果

应用相同的方法为图表添加主要纵坐标轴，完成添加后，更改轴标题中的文本内容，即可得到如下图所示的效果。

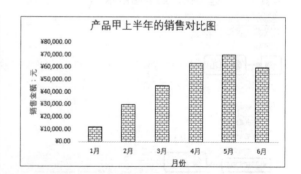

第417招 更改纵坐标轴标题的文字方向

为图表添加纵坐标轴标题后，其文字的显示方向可能不便于查看，此时可以更改坐标轴标题文字的方向，具体的操作方法如下。

步骤01 启动任务窗格

打开原始文件，❶右击图表中的纵坐标轴标题，❷在弹出的快捷菜单中单击"设置坐标轴标题格式"命令，如下左图所示。

步骤02 设置文字方向

打开"设置坐标轴标题格式"任务窗格，❶切换至"大小与属性"选项卡，❷单击"文字方向"右侧的下三角按钮，❸在展开的列表中单击"竖排"选项，如下右图所示。

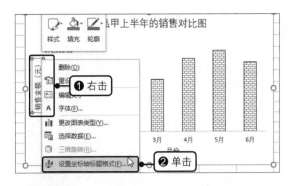
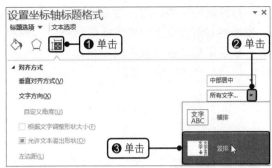

步骤03 显示更改效果

关闭任务窗格，可看到图表中纵坐标轴中的标题内容调整为了竖排效果，如右图所示。

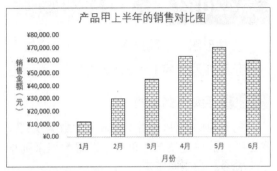

第418招　设置图表绘图区的填充效果

为图表的绘图区设置合适的背景颜色，可让图表更加美观和醒目。具体的操作方法如下。

步骤01 设置填充颜色

打开原始文件，❶右击图表的绘图区，❷在弹出的快捷菜单中单击"填充"按钮，❸在展开列表中单击"灰色-25%，背景2"，如下图所示。

步骤02 显示填充效果

完成设置后，即可得到如下图所示的绘图区填充效果。

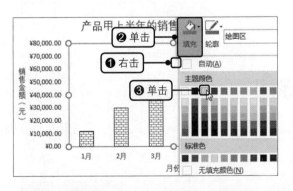
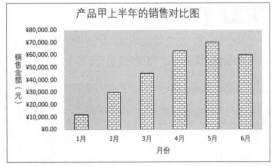

第419招　调整图表的大小

当图表的展示效果比较稀疏或紧凑时，可通过调整图表的大小来让图表更加和谐。具体的操作方法如下。

打开原始文件，选中图表后，将鼠标放置在图表的右侧控点上，当鼠标指针变为⟷形状时，按住鼠标左键不放并向右拖动，如右图所示，拖动至合适的位置后释放鼠标即可。

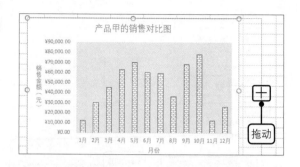

第420招 更改柱形图数据系列间距

当柱形图各个数据系列间距较大或较小时，可通过调整数据系列间距让图表更加美观。具体的操作方法如下。

步骤01 启动任务窗格

打开原始文件，❶右击图表中的数据系列，❷在弹出的快捷菜单中单击"设置数据系列格式"命令，如下图所示。

步骤02 调整分类间距

打开"设置数据系列格式"任务窗格，❶切换至"系列选项"选项卡，❷在"系列选项"组中拖动"分类间距"右侧的滑块至120%位置，如下图所示。

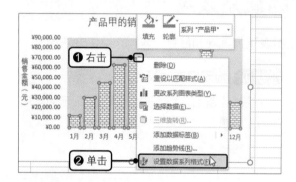

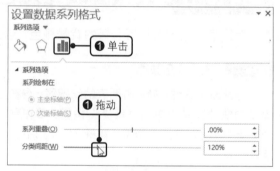

步骤03 显示调整效果

完成设置后，可发现图表中各个数据系列之间的距离增大了，如右图所示。

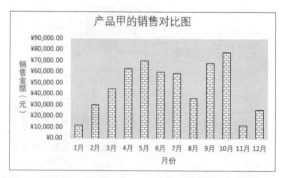

第421招 拉大对比不明显的数据距离

在 Excel 中创建了表现数据的图表后，其具有默认的刻度值，但是为了更加清晰地理解和分析数据，在某些情况下需要改变坐标轴的刻度值。具体的操作方法如下。

步骤01 启动任务窗格

打开原始文件，❶右击图表中的垂直（值）轴，❷在弹出的快捷菜单中单击"设置坐标轴格式"命令，如下图所示。

步骤02 设置坐标轴选项

打开"设置坐标轴格式"任务窗格，❶切换至"坐标轴选项"选项卡，❷在"坐标轴选项"组中设置"最小值"为"30000.0"、"主要"为"10000.0"，如下图所示。

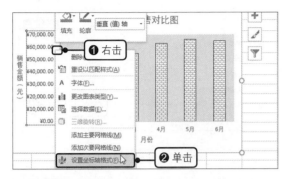

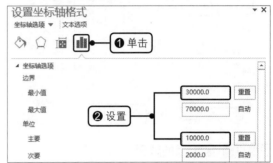

步骤03 显示设置效果

完成设置后，可看到图表中调整垂直（值）轴数据后的图表效果，如右图所示。

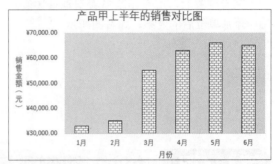

第422招　重置图表垂直轴值的刻度大小

如果设置的图表刻度值不符合实际的工作需要，可将其重置。具体的操作方法如下。

打开原始文件，双击图表中的垂直（值）轴，打开"设置坐标轴格式"任务窗格，❶自动切换至"坐标轴选项"选项卡，❷在"坐标轴选项"组中单击"最小值"数值框右侧的"重置"按钮，如右图所示。

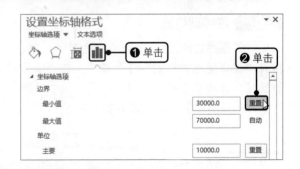

第423招　为图表坐标轴添加显示单位

为了更加简洁地展示坐标轴中数值较大的数据，可为图表中的坐标轴数据添加显示单位。具体的操作方法如下。

步骤01 启动任务窗格

打开原始文件，❶右击图表中的垂直（值）轴，❷在弹出的快捷菜单中单击"设置坐标轴格式"命令，如下左图所示。

步骤02 设置显示单位

打开"设置坐标轴格式"任务窗格，❶在"坐标轴选项"选项卡下的"坐标轴选项"组中单击"显示单位"右侧的下三角按钮，❷在展开的列表中单击"10000"选项，如下右图所示。

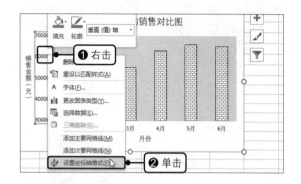

步骤03 显示添加效果

完成设置后，可在图表中看到垂直（值）轴中添加单位后的效果，如右图所示。

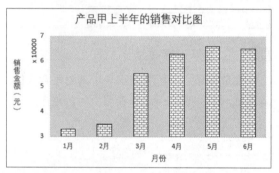

第424招 让柱形图倒立显示

如果想要让柱形图以倒立的方式显示，可通过以下方法来实现。

步骤01 逆序刻度值

打开原始文件，双击图表中的垂直（值）轴，打开"设置坐标轴格式"任务窗格，在"坐标轴选项"选项卡下的"坐标轴选项"组中勾选"逆序刻度值"复选框，如下图所示。

步骤02 显示设置效果

完成设置后，可看到逆序显示刻度值后的图表效果，如下图所示。

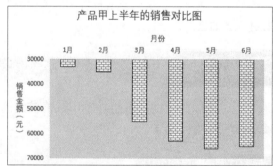

第425招　为图表的坐标轴数据设置数字格式

若要为图表坐标轴中的数据添加货币符号或以特殊的数字格式显示，则可通过以下方法实现。

步骤01　启动任务窗格

打开原始文件，❶右击图表中的垂直（值）轴，❷在弹出的快捷菜单中单击"设置坐标轴格式"命令，如下图所示。

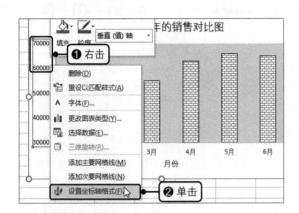

步骤02　选择数字类别

打开"设置坐标轴格式"任务窗格，❶切换至"坐标轴选项"选项卡，❷在"数字"组中单击"类别"右侧的下三角按钮，❸在展开的列表中单击"货币"选项，如下图所示。

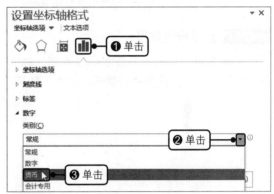

步骤03　设置数字格式

设置"小数位数"为"0"，设置"符号"为"￥"，如下图所示。

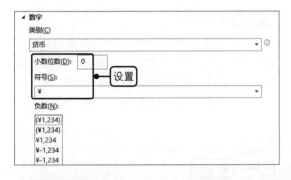

步骤04　显示设置效果

完成设置后，即可看到垂直（值）轴设置数字格式后的效果，如下图所示。

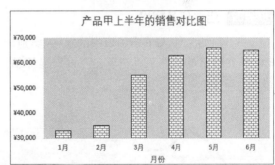

第426招　更改图表标签的位置与距离

当不能明晰地分辨各个系列对应的标签数据时，可对图表标签的位置和距离进行调整。具体的操作方法如下。

步骤01　启动任务窗格

打开原始文件，❶右击图表中的水平（类别）轴，❷在弹出的快捷菜单中单击"设置坐标轴格式"命令，如下左图所示。

步骤02 设置标签间隔

打开"设置坐标轴格式"任务窗格，❶切换至"坐标轴选项"选项卡，❷在"标签"组中单击"指定间隔单位"单选按钮，并设置间隔为"2"，如下右图所示。

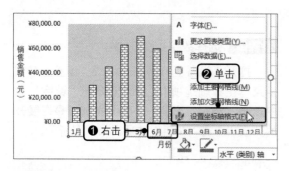
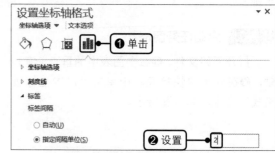

步骤03 显示设置效果

关闭窗格，可看到图表水平（类别）轴的月份数据会以 2 为间隔进行显示，如右图所示。

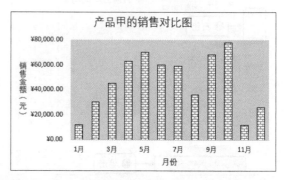

第427招 为图表的坐标轴添加方向箭头

若要在图表中展示横、纵坐标上数据的走向，可为其添加箭头符号，具体的操作方法如下。

步骤01 启动任务窗格

打开原始文件，❶右击图表中的水平（类别）轴，❷在弹出的快捷菜单中单击"设置坐标轴格式"命令，如下图所示。

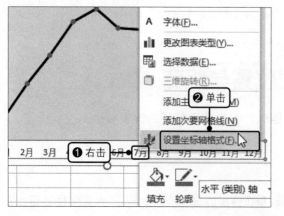

步骤02 设置线条

打开"设置坐标轴格式"任务窗格，❶切换至"填充与线条"选项卡，❷在"线条"组中单击"实线"单选按钮，❸设置"颜色"为"红色"、"宽度"为"1.75 磅"，如下图所示。

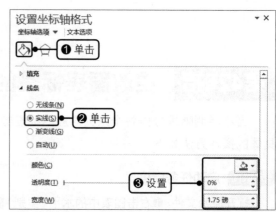

步骤03　选择箭头类型

❶单击"箭头末端类型"按钮，❷在展开的列表中单击"燕尾箭头"选项，如下图所示。

步骤04　选择箭头大小

❶单击"箭头末端大小"按钮，❷在展开的列表中单击"右箭头 9"选项，如下图所示。

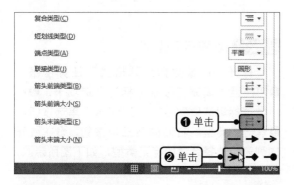

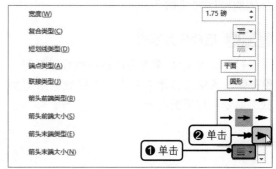

步骤05　显示设置效果

应用相同的方法设置垂直（值）轴的线条和方向箭头效果，完成设置后，可看到图表中添加坐标轴方向箭头后的效果，如右图所示。

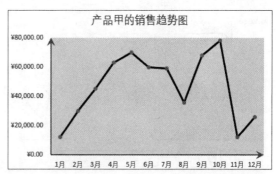

第428招　为图表添加刻度线

为了让图表坐标轴中的数据与图表绘图区中的数据效果相对应，可为图表添加刻度线，具体的操作方法如下。

步骤01　设置刻度线的位置

双击垂直（值）轴，打开"设置坐标轴格式"任务窗格，❶切换至"坐标轴选项"选项卡，❷在"刻度线"组中单击"主要类型"右侧的下三角按钮，❸在展开的列表中单击"外部"选项，如下图所示。

步骤02　显示设置效果

应用相同的方法设置水平（类别）轴的刻度线位置，即可得到如下图所示的图表效果。

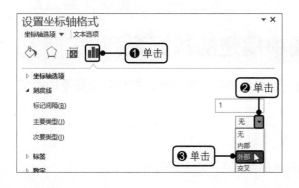

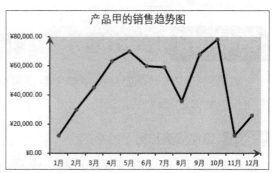

第429招 为折线图添加数据标记

如果想要在折线图中更加直观地分辨各个数据系列的位置，可在折线图中添加数据标记。具体的操作方法如下。

步骤01 启动任务窗格

打开原始文件，❶右击图表中的数据系列，❷在弹出的快捷菜单中单击"设置数据系列格式"命令，如下图所示。

步骤02 设置标记选项

打开"设置数据系列格式"任务窗格，❶切换至"填充与线条 > 标记"选项卡，❷在"数据标记选项"组中单击"内置"单选按钮，❸单击"类型"右侧的下三角按钮，❹在展开的列表中选择合适的标记类型，如下图所示。

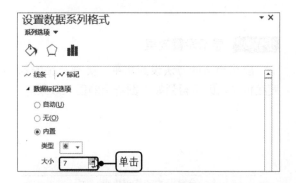

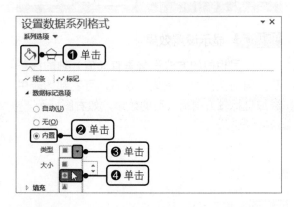

步骤03 设置标记大小

单击"大小"右侧的数字调节按钮，设置标记的大小，如下图所示。

步骤04 显示设置效果

完成设置后，可看到折线图表添加数据标记并设置标记类型和大小后的效果，如下图所示。

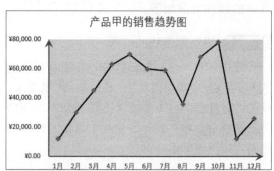

第430招 突出显示折线图中指定的数据系列

如果想要突出显示折线图中某个数据系列，则可为该数据系列对应的标记设置不同的填充效果。具体的操作方法如下。

步骤01 选中要突出显示的标记

打开原始文件，连续单击三次图表中要突出显示的数据点，如下左图所示。

步骤02 设置填充效果

打开"设置数据点格式"任务窗格，❶切换至"填充与线条＞标记"选项卡，❷在"填充"组中单击"纯色填充"单选按钮，❸设置"颜色"为"红色"，如下右图所示。

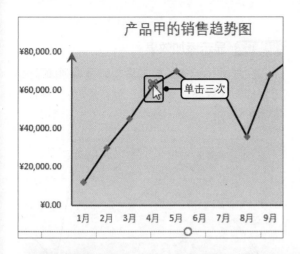

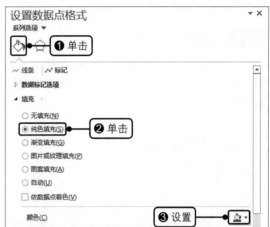

第431招　让折线图的折线更加平滑

为了让 Excel 中的折线图达到一定程度上的美感，可将折线图以平滑的形式显示在工作表中。具体的操作方法如下。

步骤01 启动任务窗格

打开原始文件，❶右击图表中的数据系列，❷在弹出的快捷菜单中单击"设置数据系列格式"命令，如下图所示。

步骤02 设置平滑线效果

打开"设置数据系列格式"任务窗格，在"填充与线条"选项卡下的"线条"组中勾选"平滑线"复选框，如下图所示。

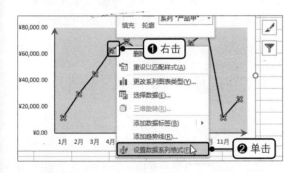

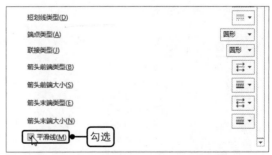

步骤03 显示设置效果

完成设置后，即可看到具有折线效果的图表变为了平滑线，如右图所示。

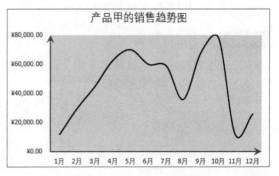

第432招 添加数据标签显示数据值

为了更加清楚地说明系列中对应图形所代表的数据值，可为图表添加数据标签。具体的操作方法如下。

步骤01 添加数据标签

打开原始文件，❶单击图表右上角的"图表元素"按钮，❷在展开的列表中单击"数据标签 > 上方"选项，如下图所示。

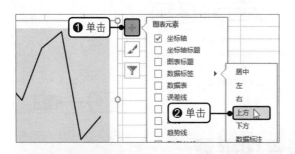

步骤02 显示添加效果

完成数据标签的添加后，即可看到如下图所示的图表效果。

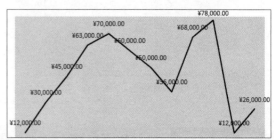

第433招 更改标签的显示项目

如果添加的标签项目不足以说明图表系列中所要表现的数据情况，可更改图表数据标签的显示项目，具体的操作方法如下。

步骤01 启动任务窗格

打开原始文件，❶右击图表中的数据标签，❷在弹出的快捷菜单中单击"设置数据标签格式"命令，如下图所示。

步骤02 设置标签显示选项

打开"设置数据标签格式"任务窗格，❶切换至"标签选项"选项卡，❷在"标签选项"组中勾选"类别名称"复选框，如下图所示。

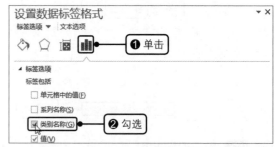

步骤03 显示设置效果

完成设置后，即可看到图表中更改标签显示选项后的效果，如右图所示。

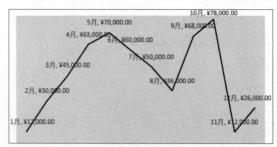

第434招　更改数据标签中的分隔符

　　默认情况下，当数据标签中的选项数据较多时，会以逗号分隔各个项目数据，用户也可以根据实际情况和个人喜好设置其他分隔符。具体的操作方法如下。

步骤01　设置分隔符

　　打开原始文件，双击图表中的数据标签，打开"设置数据标签格式"任务窗格，切换至"标签选项"选项卡，❶在"标签选项"组中单击"分隔符"右侧的下三角按钮，❷在展开的列表中单击"（分行符）"选项，如下图所示。

步骤02　显示设置效果

　　完成设置后，可看到图表数据标签中的不同标签分行显示，如下图所示。

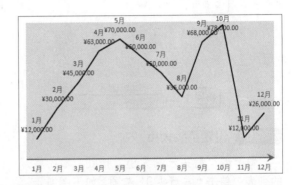

第435招　更改数据标注的形状

　　为了让数据标签与图表更加契合，可对图表中数据标签的形状进行更改，具体的操作方法如下。

步骤01　更改标签形状

　　打开原始文件，❶右击图表中的数据标签，❷在弹出的快捷菜单中单击"更改数据标签形状 > 椭圆形标注"命令，如下图所示。

步骤02　显示更改形状效果

　　完成标签形状的更改后，可得到如下图所示的效果。

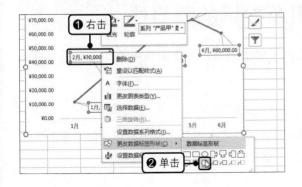

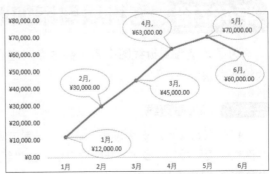

第436招 为折线图添加表明方向的箭头

如果用户需要在折线图中展示横坐标轴数据的走向，可为折线图中的折线添加用于指示方向的线条，具体的操作方法如下。

步骤01 启动任务窗格

打开原始文件，❶右击图表中的数据系列，❷在弹出的快捷菜单中单击"设置数据系列格式"命令，如下图所示。

步骤02 设置箭头类型

打开"设置数据系列格式"任务窗格，❶在"填充与线条"选项卡下的"线条"组中单击"箭头末端类型"按钮，❷在展开的列表中单击"燕尾箭头"选项，如下图所示。

步骤03 设置箭头大小

❶单击"箭头末端大小"按钮，❷在展开的列表中单击"右箭头9"选项，如下图所示。

步骤04 显示设置效果

设置完成后，即可看到为折线图添加箭头的效果，如下图所示。

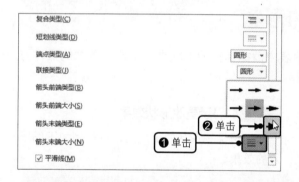

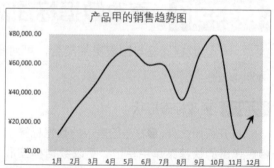

第437招 为折线图添加明晰数据的垂直线

为了直接看到折线图中各个数据点对应在水平轴上的值，可在图表中添加垂直线，具体的操作方法如下。

步骤01 添加垂直线

打开原始文件，选中图表，❶在"图表工具 - 设计"选项卡下的"图表布局"组中单击"添加图表元素"按钮，❷在展开的列表中单击"线条 > 垂直线"选项，如下左图所示。

步骤02 显示添加效果

此时通过添加垂直线后的图表可以很清楚地分辨各个月份的销售额对应的位置，如下右图所示。

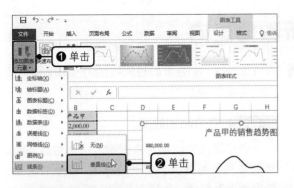

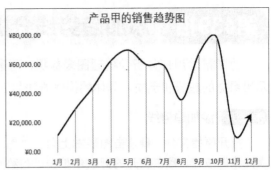

第438招　设置垂直线的格式

为了让添加的垂直线与图表效果更加契合，可对垂直线的线型进行设置。具体的操作方法如下。

步骤01　启动任务窗格

打开原始文件，❶右击图表中的垂直线，❷在弹出的快捷菜单中单击"设置垂直线格式"命令，如下图所示。

步骤02　设置垂直线格式

打开"设置垂直线格式"任务窗格，❶切换至"填充与线条"选项卡，❷在"线条"组中单击"实线"单选按钮，❸设置"颜色"为"绿色"，如下图所示。

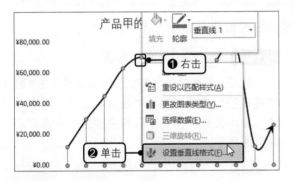

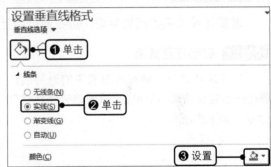

步骤03　选择线型

❶单击"短画线类型"按钮，❷在展开的列表中单击"长画线"选项，如下图所示。

步骤04　显示设置效果

完成设置后，即可看到设置垂直线颜色和线型后的图表效果，如下图所示。

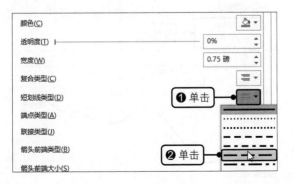

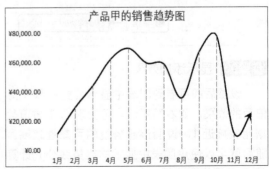

第439招　添加趋势线分析数据走向

为了帮助用户分析和梳理图表数据，可通过为 Excel 折线图添加趋势线的方法清晰地显示出数据的趋势和走向，具体的操作方法如下。

步骤01　添加趋势线

打开原始文件，❶单击图表右上角的"图表元素"按钮，❷在展开的列表中单击"趋势线 > 线性"选项，如下图所示。

步骤02　显示添加效果

完成添加后，即可看到图表中添加趋势线后的效果，可看到产品甲在 1 至 11 月的销售情况呈上升趋势，如下图所示。

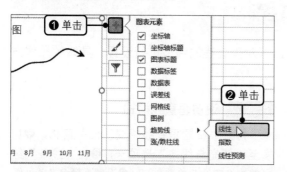

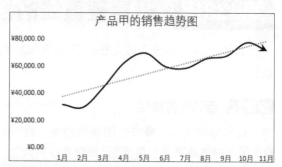

第440招　使用趋势线公式计算未来数据

若要计算未来的销售数据，可在趋势线上显示公式和 R 平方值。操作方法如下。

步骤01　启动任务窗格

打开原始文件，❶右击图表中的趋势线，❷在弹出的快捷菜单中单击"设置趋势线格式"命令，如下图所示。

步骤02　显示公式和R平方值

打开"设置趋势线格式"任务窗格，在"趋势线选项"选项卡下的"趋势线选项"组中勾选"显示公式"和"显示 R 平方值"复选框，如下图所示。

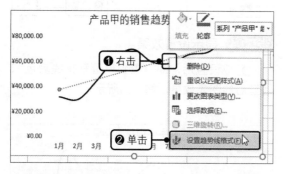

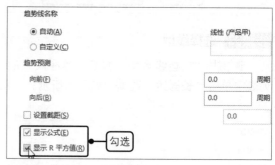

步骤03　显示添加效果

设置后即可看到图表中显示公式和 R 平方值后的效果，如右图所示。可发现 R 平方值数据比较接近 1，说明该趋势线的可靠性较高。随后就可以使用图表中显示的趋势线公式计算 12 月的销售业绩了。

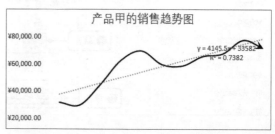

> **⏰ 提示**
>
> R 平方值是趋势线拟合程度的指标，它的数值大小可以反映趋势线的估计值与对应的实际数据之间的拟合程度，R 平方值的取值范围为 0 ～ 1，当趋势线的 R 平方值越接近 1 时，其可靠性越高，反之则可靠性越低。

第441招　使用图表筛选器筛选图表数据

为了便于对图表数据进行筛选，可使用 Excel 提供的图表筛选器工具直接选择需要在图表中显示的数据。具体的操作方法如下。

步骤01　筛选图表数据

打开原始文件，选中图表，❶单击图表右侧的"图表筛选器"按钮，❷在展开的列表中取消勾选"9 月""10 月"和"11 月"复选框，❸单击"应用"按钮，如下图所示。

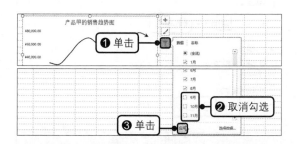

步骤02　显示筛选效果

完成设置后，可看到图表中将不再显示 9 月、10 月和 11 月的销售趋势效果，但是选中图表时，可发现创建图表的数据源仍然包括 9 月、10 月和 11 月的销售数据，如下图所示。

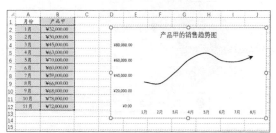

第442招　分离单个饼图块突出显示数据

制作出饼图后，可发现各个系列会作为一个整体存在，如果需要突出饼图中的某个系列数据，可将其对应的饼图块单独地分离于饼图外。具体的操作方法如下。

步骤01　分离单个饼图块

打开原始文件，选中要分离的单个饼图块后，将鼠标放置在该饼图块上，当鼠标指针变为形状时，按住鼠标左键向外拖动，如下图所示。

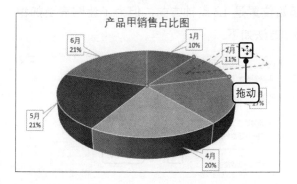

步骤02　显示分离效果

拖动至合适的位置后，释放鼠标，即可看到分离该饼图块后的效果，如下图所示。

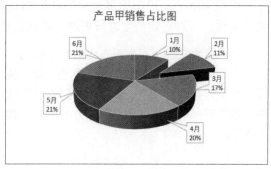

⏰ **提示**

> 除了可以通过以上方法分离单个饼图块，还可以打开"设置数据点格式"任务窗格，在"系列选项"选项卡下通过拖动"点爆炸型"下的滑块来分离饼图块。

第443招 制作分离型饼图

如果想要单独而清晰地查看饼图中的各个数据系列，可通过饼图分离程度功能将饼图块全部分离开来，具体的操作方法如下。

步骤01 启动任务窗格

打开原始文件，❶右击图表中的数据系列，❷在弹出的快捷菜单中单击"设置数据系列格式"命令，如下图所示。

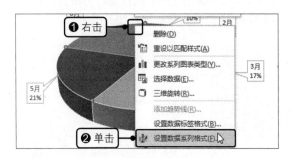

步骤03 显示分离效果

完成设置后，即可看到饼图中的数据系列全部分离后的效果，如右图所示。

步骤02 设置分离程度

打开"设置数据系列格式"任务窗格，❶切换至"系列选项"选项卡，❷在"系列选项"组中拖动"饼图分离程度"下方的滑块，如下图所示。

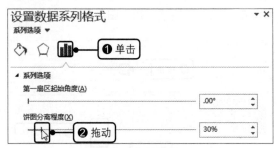

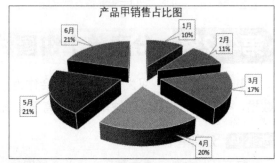

第444招 改变饼图扇区的位置

通常情况下，饼图中第一个扇区的默认起始位置是 12 点钟方向，但为了让图表更加稳定和美观，可对起始角度进行更改。具体的操作方法如下。

打开原始文件，双击图表中的数据系列，打开"设置数据系列格式"任务窗格，❶切换至"系列选项"选项卡，❷在"系列选项"组中拖动"第一扇区起始角度"下方的滑块，如右图所示。

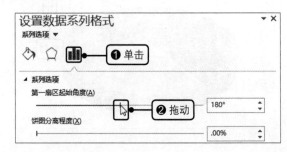

第445招 调整圆环图的内径大小

为了让圆环图更加美观，也为了让其在展示数据时更加清晰，可对圆环图的内径大小进行调整。具体的操作方法如下。

步骤01 启动任务窗格

打开原始文件，❶右击图表中的数据系列，❷在弹出的快捷菜单中单击"设置数据系列格式"命令，如下图所示。

步骤02 设置圆环图内径大小

打开"设置数据系列格式"任务窗格，❶切换至"系列选项"选项卡，❷在"系列选项"组中拖动"圆环图内径大小"下方的滑块，如下图所示。

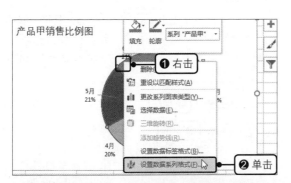

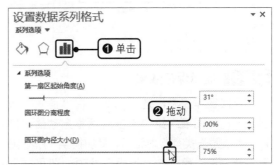

第446招 固定图表的大小和位置

如果不需要图表随着单元格行高或列宽的改变而发生变动，可固定图表的大小和位置，具体的操作方法如下。

步骤01 设置所选内容格式

打开原始文件，选中图表后，在"图表工具-格式"选项卡下的"当前所选内容"组中单击"设置所选内容格式"按钮，如下图所示。

步骤02 固定图表的大小和位置

打开"设置图表区格式"任务窗格，❶切换至"大小与属性"选项卡，❷在"属性"组中单击"大小和位置均固定"单选按钮，如下图所示。

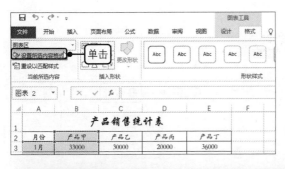

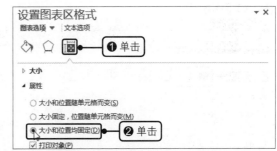

第447招 将自定义的图表另存为模板

为了避免重新设计和编辑，用户可将需要经常使用的并设计好的图表保存为模板，从而方便后期调用。具体的操作方法如下。

步骤01 单击"另存为模板"命令

打开原始文件，❶右击图表的绘图区，❷在弹出的快捷菜单中单击"另存为模板"命令，如下图所示。

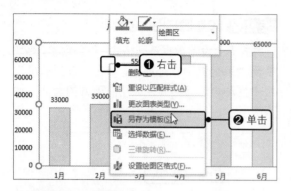

步骤02 另存为模板

弹出"保存图表模板"对话框，保持默认的位置，❶在"文件名"文本框中输入模板名，❷单击"保存"按钮，如下图所示。

步骤03 显示保存效果

返回工作表中，选中图表，在"插入"选项卡下的"图表"组中单击对话框启动器，打开"更改图表类型"对话框，❶切换至"所有图表"选项卡，❷单击"模板"选项，即可在右侧的面板中看到保存的图表模板，如右图所示。

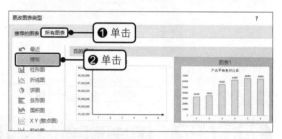

第448招 删除保存的图表模板

如果不再需要使用保存的图表模板，则可将其删除。具体的操作方法如下。

步骤01 管理模板

打开原始文件，选中图表，在"插入"选项卡下的"图表"组中单击对话框启动器，打开"插入图表"对话框，❶在"所有图表"选项卡下单击"模板"，❷再单击"管理模板"按钮，如下图所示。

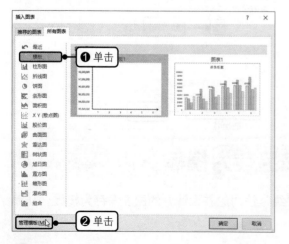

步骤02 删除模板

弹出"Charts"窗口，❶右击要删除的模板，❷在弹出的快捷菜单中单击"删除"命令，如下图所示。

第449招　隐藏创建的图表

如果暂时不需要在工作表中显示创建好的图表，可将其隐藏。具体的操作方法如下。

步骤01　单击"选择窗格"按钮

打开原始文件，选中图表，在"图表工具 - 格式"选项卡下的"排列"组中单击"选择窗格"按钮，如下图所示。

步骤02　隐藏图表

打开"选择"任务窗格，可看到该工作表中的所有图表，单击图表右侧代表隐藏功能的按钮，如下图所示。即可将其隐藏，应用相同方法可隐藏其他图表。

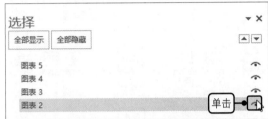

第450招　创建单个迷你图

如果想要清晰而简洁地表达某列或某行表格数据，可在单个单元格中创建迷你图。具体的操作方法如下。

步骤01　创建迷你图

打开原始文件，在"插入"选项卡下的"迷你图"组中单击"折线图"按钮，如下图所示。

步骤02　设置数据和位置范围

弹出"创建迷你图"对话框，❶设置"数据范围"为单元格区域 B3:B8、"位置范围"为单元格 B9，❷单击"确定"按钮，如下图所示。

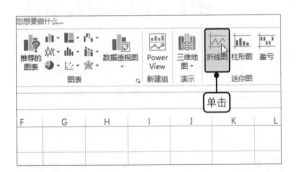

步骤03　显示创建的单个迷你图

返回工作表中，即可在单元格 B9 中看到创建的单个折线迷你图，如右图所示。

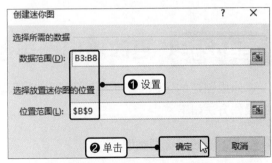

产品销售统计表

月份	产品甲	产品乙	产品丙	产品丁
1月	33000	30000	20000	36000
2月	35000	56000	30000	23000
3月	55000	60000	35000	40000
4月	63000	78000	60000	45000
5月	66000	80000	66000	50000
6月	65000	88000	56000	60000

第451招 创建迷你图组

如果想要清晰而简洁地展示多列或多行表格数据，可在多个单元格中创建迷你图组。具体的操作方法如下。

步骤01 创建柱形图

打开原始文件，在"插入"选项卡下的"迷你图"组中单击"柱形图"按钮，如下图所示。

步骤02 设置数据和位置范围

弹出"创建迷你图"对话框，❶设置"数据范围"为单元格区域 B3:E8、"位置范围"为单元格 B9:E9，❷单击"确定"按钮，如下图所示。

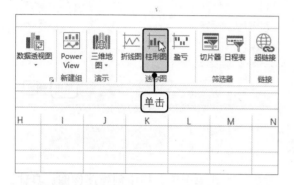

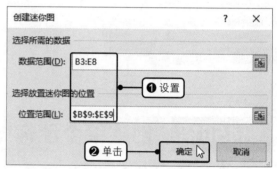

步骤03 显示创建效果

返回工作表中，即可在单元格区域 B9:E9 中看到创建的柱形迷你图组，如右图所示。

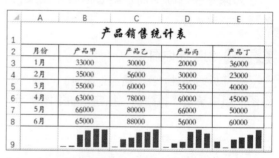

第452招 更改迷你图类型

如果创建的迷你图不能清晰而直观地展现数据效果，可对迷你图的类型进行更改。具体的操作方法如下。

步骤01 更改迷你图类型

打开原始文件，❶选中要更改类型的迷你图组，❷在"迷你图工具-设计"选项卡下的"类型"组中单击"折线图"按钮，如右图所示。

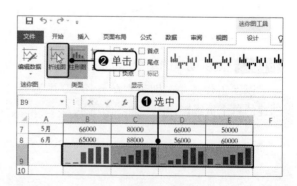

步骤02　显示更改效果

完成更改后，即可看到柱形迷你图组更改为了折线迷你图组，如右图所示。

	A	B	C	D	E
1			产品销售统计表		
2	月份	产品甲	产品乙	产品丙	产品丁
3	1月	33000	30000	20000	36000
4	2月	35000	56000	30000	23000
5	3月	55000	60000	35000	40000
6	4月	63000	78000	60000	45000
7	5月	66000	80000	66000	50000
8	6月	65000	88000	56000	60000
9					

第453招　更改迷你图组的数据源

完成迷你图组的制作后，如果数据源出现变动，或者数据源本身出现了错误，可更改迷你图组的数据源，具体的操作方法如下。

步骤01　启动编辑功能

打开原始文件，❶选中要更改数据的迷你图组，❷在"迷你图工具 - 设计"选项卡下的"迷你图"组中单击"编辑数据"下三角按钮，❸在展开的列表中单击"编辑组位置和数据"选项，如下图所示。

步骤02　编辑数据范围

弹出"编辑迷你图"对话框，❶设置"数据范围"为单元格区域 B3:E5，❷单击"确定"按钮，如下图所示。

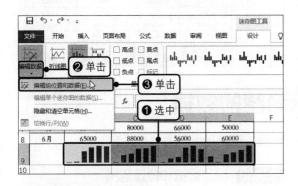

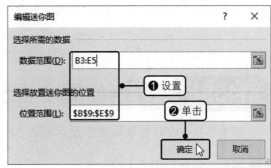

步骤03　显示更改数据效果

返回工作表中，即可看到更改数据后的柱形迷你图效果，如右图所示。

	A	B	C	D	E
1			产品销售统计表		
2	月份	产品甲	产品乙	产品丙	产品丁
3	1月	33000	30000	20000	36000
4	2月	35000	56000	30000	23000
5	3月	55000	60000	35000	40000
6	4月	63000	78000	60000	45000
7	5月	66000	80000	66000	50000
8	6月	65000	88000	56000	60000
9					

第454招　更改单个迷你图的数据

如果单个迷你图的数据源出现了变动或错误，可对其数据源进行单独更改，具体的操作方法如下。

步骤01 启动编辑功能

打开原始文件，❶选中要更改数据的迷你图，❷在"迷你图工具 - 设计"选项卡下的"迷你图"组中单击"编辑数据"下三角按钮，❸在展开的列表中单击"编辑单个迷你图的数据"选项，如下图所示。

步骤02 更改迷你图数据

弹出"编辑迷你图数据"对话框，❶在"选择迷你图的源数据区域"文本框中输入更改后的数据区域，如单元格区域 D3:D5，❷单击"确定"按钮，如下图所示。

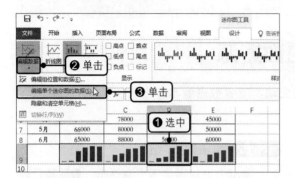

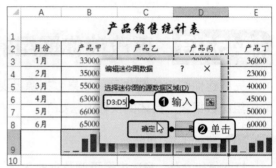

步骤03 显示更改效果

返回工作表中，即可看到选中单元格 D9 中的柱形迷你图只对 1 月、2 月和 3 月的数据进行了对比，而其他单元格中的柱形迷你图仍然对 1 至 6 月的数据进行了对比，如右图所示。

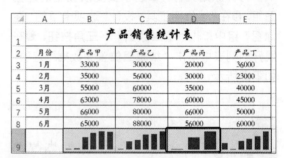

第455招 在迷你图中显示隐藏的数据

如果想要在制作的迷你图中显示隐藏的行列数据，可通过以下方法来实现。

步骤01 创建迷你图

打开原始文件，在"插入"选项卡下的"迷你图"组中单击"柱形图"按钮，如下图所示。

步骤02 设置数据和位置范围

弹出"创建迷你图"对话框，❶设置好"数据范围"和"位置范围"，❷单击"确定"按钮，如下图所示。

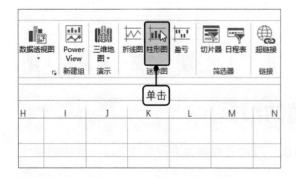

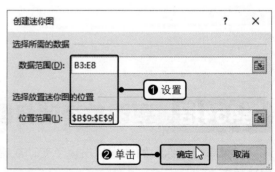

步骤03 单击"隐藏和清空单元格"选项

返回工作表中，❶选中柱形迷你图组，❷在"迷你图工具 - 迷你图"组中单击"编辑数据"下三角按钮，❸在展开的列表中单击"隐藏和清空单元格"选项，如下图所示。

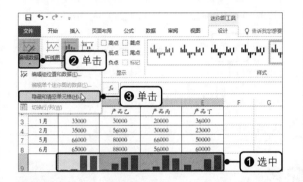

步骤04 显示隐藏行列中的数据

弹出"隐藏和空单元格设置"对话框，❶勾选"显示隐藏行列中的数据"复选框，❷单击"确定"按钮，如下图所示。

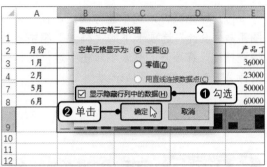

步骤05 显示设置效果

返回工作表中，即可看到隐藏行列中的数据也会在柱形迷你图组中显示，如右图所示。

	A	B	C	D	E
1		产品销售统计表			
2	月份	产品甲	产品乙	产品丙	产品丁
3	1月	33000	30000	20000	36000
4	2月	35000	56000	30000	23000
7	5月	66000	80000	66000	50000
8	6月	65000	88000	56000	60000
9					

第456招　突出显示迷你图的最值

如果需要突出显示迷你图中的最大、最小值，可通过显示数据点功能来实现。具体的操作方法如下。

步骤01 添加显示标记

打开原始文件，选中迷你图组，在"迷你图工具 - 设计"选项卡下的"显示"组中勾选"高点"和"低点"复选框，如下图所示。

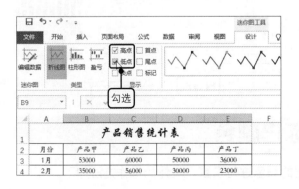

步骤02 显示设置效果

完成标记的添加后，即可看到迷你图中突出显示高点和低点的效果，如下图所示。

	A	B	C	D	E
1		产品销售统计表			
2	月份	产品甲	产品乙	产品丙	产品丁
3	1月	53000	60000	50000	36000
4	2月	35000	56000	30000	23000
5	3月	55000	60000	35000	40000
6	4月	63000	78000	60000	45000
7	5月	66000	80000	66000	50000
8	6月	65000	88000	56000	60000
9					
10					
11					

第457招 套用迷你图的样式

若对迷你图的样式不满意，可套用 Excel 预设的迷你图样式快速美化迷你图。具体的操作方法如下。

打开原始文件，选中迷你图组，在"迷你图工具 - 设计"选项卡下的"样式"组中单击快翻按钮，在展开的列表中单击"迷你图样式着色 2"选项，如右图所示。

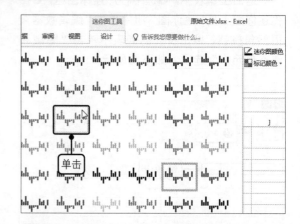

第458招 更改迷你图的配色

如果制作的迷你图配色效果不符合实际需求，可更改迷你图的颜色，具体的操作方法如下。

打开原始文件，选中迷你图组，❶在"迷你图工具 - 设计"选项卡下的"样式"组中单击"迷你图颜色"按钮，❷在展开的列表中单击"红色"选项，如右图所示。即可将迷你图颜色设置为红色。

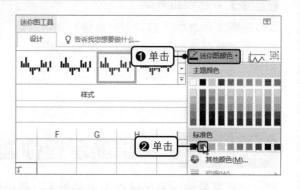

第459招 调整折线迷你图的粗细

若要突出显示制作的折线迷你图，可对折线图的粗细进行调整。具体的操作方法如下。

打开原始文件，选中迷你图组，❶在"迷你图工具 - 设计"选项卡下的"样式"组中单击"迷你图颜色"按钮，❷在展开的列表中单击"粗细 >1.5 磅"选项，如右图所示。

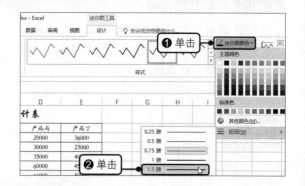

第460招 更改迷你图的标记颜色

若要突出显示迷你图中的标记，可对标记的颜色进行设置。具体的操作方法如下。

步骤01　设置高点颜色

打开原始文件，选中迷你图组，❶在"迷你图工具 - 设计"选项卡下的"样式"组中单击"标记颜色"按钮，❷在展开的列表中单击"高点 > 黑色，文字 1"选项，如下图所示。

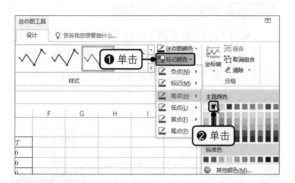

步骤02　设置低点颜色

❶在"迷你图工具 - 设计"选项卡下的"样式"组中单击"标记颜色"按钮，❷在展开的列表中单击"低点 > 橙色，个性色 2"选项，如下图所示。

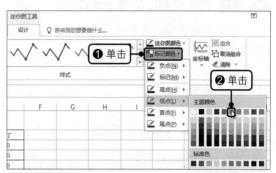

第461招　将多个迷你图组合为迷你图组

若要对多个单独的迷你图进行相同的操作，为了提高工作效率，可先将多个迷你图组合为一个迷你图组。具体的操作方法如下。

步骤01　选中要组合的迷你图

打开原始文件，拖动鼠标选中要组合的多个迷你图，如单元格区域 B9:E9，如下图所示。

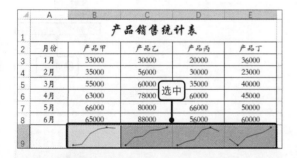

步骤02　组合迷你图

在"迷你图工具 - 设计"选项卡下的"分组"组中单击"组合"按钮，如下图所示。即可将选中的多个迷你图组合为一个迷你图组。

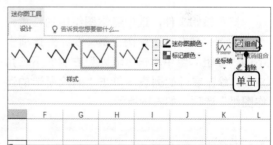

第462招　将迷你图组拆分为单个的迷你图

若要对迷你图组中的某个迷你图进行单独操作，可先将迷你图组拆分为多个迷你图。具体的操作方法如下。

打开原始文件，选中要拆分的迷你图组，在"迷你图工具 - 设计"选项卡下的"分组"组中单击"取消组合"按钮，如右图所示。

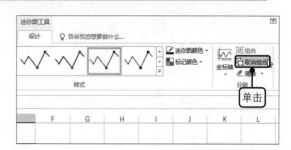

第463招 删除单个迷你图

当不再需要利用迷你图来直观展示某行或某列数据时，可将该迷你图删除。具体的操作方法如下。

步骤01 选中要删除的单个迷你图

打开原始文件，选中要删除的单个迷你图，如单元格 C9，如下图所示。

	A	B	C	D	E
1			产品销售统计表		
2	月份	产品甲	产品乙	产品丙	产品丁
3	1月	33000	30000	20000	36000
4	2月	35000	56000	30000	23000
5	3月	55000	单击	35000	40000
6	4月	63000		60000	45000
7	5月	66000	80000	66000	50000
8	6月	65000	88000	56000	60000
9					

步骤02 删除所选的迷你图

❶在"迷你图工具-设计"选项卡下的"分组"组中单击"清除"右侧的下三角按钮，❷在展开的列表中单击"清除所选的迷你图"选项，如下图所示。

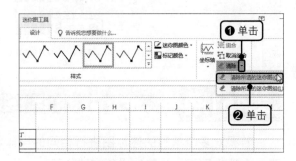

第464招 删除迷你图组

当不需要利用迷你图组直观展示多行或多列数据时，可将其删除。具体的操作方法如下。

打开原始文件，选中迷你图组中的任意一个迷你图，❶在"迷你图工具-设计"选项卡下的"分组"组中单击"清除"右侧的下三角按钮，❷在展开的列表中单击"清除所选的迷你图组"选项，如右图所示。

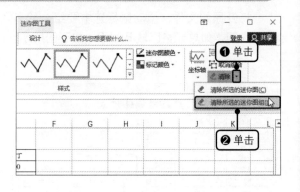

读书笔记

第12章 数据透视功能的应用

在信息化时代,大量数据的处理与分析成为了个人和企业迫切需要解决的问题。在Excel中,可使用数据透视表和数据透视图工具来快速处理大量数据,灵活地从不同角度进行分析,并将数据以报表或图表形式简洁、直观地展示出来。此外,还可以使用Power Pivot工具完成复杂的数据分析工作。

第465招 创建推荐的数据透视表

如果需要快速创建含有数据的数据透视表,则可直接使用推荐的数据透视表功能来实现。具体的操作方法如下。

步骤01 创建数据透视表

打开原始文件,❶选中工作表中含有数据的任意单元格,❷在"插入"选项卡下的"表格"组中单击"推荐的数据透视表"按钮,如下图所示。

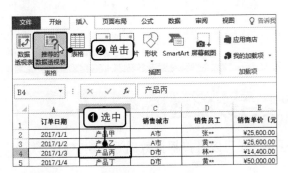

步骤02 选择数据透视表

弹出"推荐的数据透视表"对话框,双击要创建的数据透视表,如下图所示。

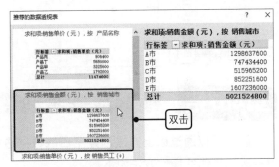

步骤03 显示创建的数据透视表

返回工作簿中,可看到新工作表中创建的数据透视表效果,如右图所示。

第466招 创建空白数据透视表

如果暂时不需要创建含有数据的数据透视表,则可创建空白的数据透视表。具体的操作方法如下。

步骤01 打开对话框

打开原始文件，❶选中工作表中含有数据的任意单元格，❷在"插入"选项卡下的"表格"组中单击"推荐的数据透视表"按钮，如右图所示。

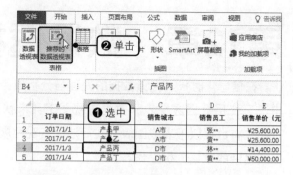

步骤02 创建空白数据透视表

弹出"推荐的数据透视表"对话框，单击"空白数据透视表"按钮，如下图所示。

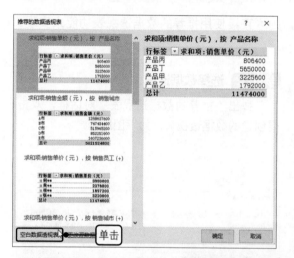

步骤03 显示创建的效果

返回工作簿中，即可看到新工作表中创建的空白数据透视表效果，如下图所示。

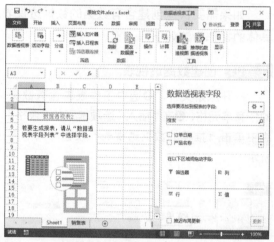

第467招 根据数据源创建空白数据透视表

除了可以通过以上方法创建空白的数据透视表，还可以直接根据数据源创建空白的数据透视表。具体的操作方法如下。

步骤01 创建数据透视表

打开原始文件，在"插入"选项卡下的"表格"组中单击"数据透视表"按钮，如右图所示。

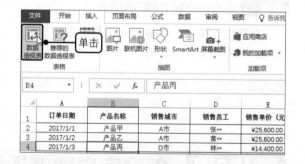

步骤02 设置表区域和位置

弹出"创建数据透视表"对话框，❶在"表/区域"文本框中设置创建数据透视表的表区域，❷单击"新工作表"单选按钮，❸单击"确定"按钮，如下左图所示。

步骤03 显示创建的数据透视表

返回工作簿中，即可看到新工作表中创建的空白数据透视表效果，如下右图所示。

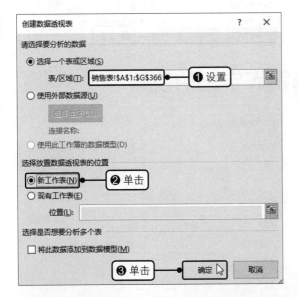

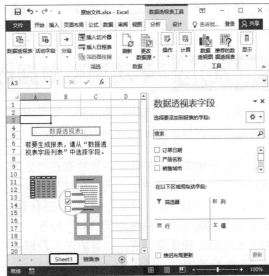

第468招　添加字段展示数据分析效果

创建空白的数据透视表后，还要为空白的数据透视表添加字段才能进行数据分析。具体的操作方法如下。

步骤01 勾选字段

打开原始文件，在打开的"数据透视表字段"任务窗格中勾选要添加的字段，如下图所示。

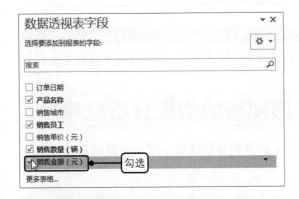

步骤02 显示创建的数据透视表

完成字段的勾选后，即可看到添加了字段后的数据透视表效果，如下图所示。

行标签	求和项:销售数量（辆）	求和项:销售金额（元）
⊟产品丙	24219	348753600
何**	4100	59040000
黄**	1500	21600000
林**	8901	128174400
张**	9718	139939200
⊟产品丁	49128	2456400000
何**	20487	1024350000
黄**	13667	683350000
林**	6277	313850000
张**	8697	434850000
⊟产品甲	54103	1385036800
何**	10454	267622400
黄**	9847	252083200
林**	10142	259635200

第469招　移动数据透视表中的字段位置

当数据透视表中字段默认的标签位置不符合数据分析结果时，可对字段的位置进行移动操作。具体的操作方法如下。

打开原始文件，❶在打开的"数据透视表字段"任务窗格中单击"行"标签中的"销售员工"字段，❷在展开的列表中单击"上移"选项，如右图所示。可发现"销售员工"字段会移动到"行"标签中"产品名称"字段的上方。

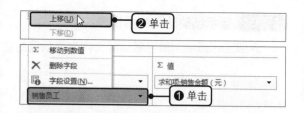

第470招 手动调整数据透视表字段的位置

除了可以通过列表中的功能外，还可以直接拖动字段调整其位置。具体的操作方法如下。

打开原始文件，将鼠标指针放置在"数据透视表字段"任务窗格中"行"标签要移动的"销售员工"字段上，当鼠标指针变为 形状时，按住鼠标左键将该字段拖动至"列"标签上，如右图所示。释放鼠标后，即可将该字段移动至"列"标签中。

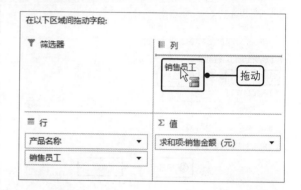

第471招 删除数据透视表中的字段

当数据透视表中添加了多余的字段时，可通过以下方法将其删除。

打开原始文件，❶在"数据透视表字段"任务窗格中单击要删除的字段，如"销售员工"字段，❷在展开的列表中单击"删除字段"选项，如右图所示。

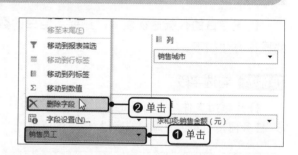

> ⏰ **提示**
>
> 除了可以在窗格的区域节中删除字段，还可以在窗格的字段节中取消勾选该字段的复选框。

第472招 展开与折叠数据透视表的数据分析信息

若要在不删除字段的情况下只查看某些字段下的数据分析结果，可通过展开与折叠字段功能来实现目的。具体的操作方法如下。

步骤01 折叠字段

打开原始文件，单击数据透视表行标签字段左侧的折叠按钮，如右图所示。

A	B	C
1		
2		
3 行标签 ▼	求和项:销售金额（元）	
4 产品丙 [单击]	348753600	
5 何**	59040000	
6 黄**	21600000	
7 林**	128174400	
8 张**	139939200	
9 产品丁	2456400000	
10 何**	1024350000	

步骤02 折叠整个字段

可看到该字段下的详细信息已被折叠，❶右击任意一个行标签中的字段，❷在弹出的快捷菜单中单击"展开/折叠>折叠整个字段"命令，如右图所示。

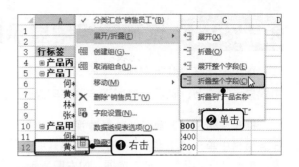

步骤03 展开字段

完成整个字段的折叠后，此时只能看到第一个行标签字段中的信息数据了。单击"产品乙"字段项目左侧的展开按钮，如下图所示。

步骤04 展开整个字段

此时可看到该字段下的详细信息，如果要展开整个字段，❶则右击第一个行标签字段，❷在弹出的快捷菜单中单击"展开/折叠>展开整个字段"命令，如下图所示。

第473招　并排显示窗格中的字段节和区域节

默认情况下，"数据透视表字段"任务窗格中的字段节和区域节会上下排列，如果想要并排显示字段节和区域节，可通过以下方法来实现。

打开原始文件，❶在"数据透视表字段"任务窗格中单击"工具"按钮，❷在展开的列表中单击"字段节和区域节并排"选项，如右图所示。

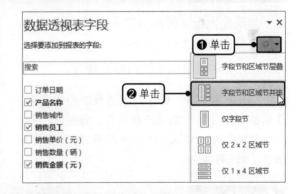

第474招　仅在窗格中显示字段节

如果需要在"数据透视表字段"任务窗格中仅显示字段节，则可通过以下方法来实现。

打开原始文件，❶在"数据透视表字段"任务窗格中单击"工具"按钮，❷在展开的列表中单击"仅字段节"选项，如右图所示。即可在窗格中仅显示字段节。

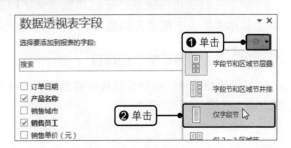

第475招 仅在窗格中显示区域节

如果需要在"数据透视表字段"任务窗格中仅显示区域节，则可通过以下方法来实现。

打开原始文件，❶在"数据透视表字段"任务窗格中单击"工具"按钮，❷在展开的列表中单击"仅 2x2 区域节"选项，如右图所示。

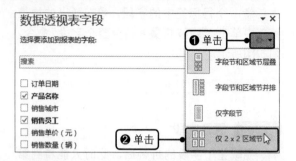

第476招 隐藏窗格中的字段列表

在字段列表中完成了数据透视表字段的勾选和移动后，就可以暂时隐藏字段列表了。具体的操作方法如下。

打开原始文件，在"数据透视表工具 - 分析"选项卡下的"显示"组中单击"字段列表"按钮，如右图所示。即可将打开的"数据透视表字段"任务窗格隐藏。

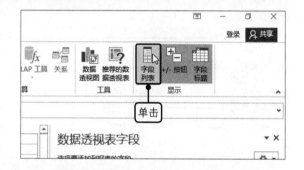

第477招 移动数据透视表字段项目的位置

如果发现行字段和列字段中各个项目的显示位置不符合实际的数据分析显示结果，可对字段下的项目位置进行移动操作。

打开原始文件，❶在数据透视表中右击要移动的字段项目，如"产品甲"，❷在弹出的快捷菜单中单击"移动 > 将'产品甲'移至开头"命令，如右图所示。

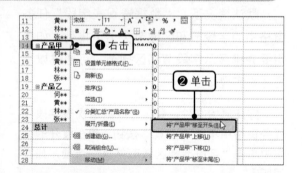

第478招 手动调整字段项目的位置

除了可以使用快捷菜单中的功能改变字段的显示位置，还可以直接通过鼠标拖动的方法移动数据透视表字段项目的位置。

步骤01 选中要移动的字段项目

打开原始文件，将鼠标放置在数据透视表中要移动字段项目的单元格边框上，此时鼠标指针变为了箭形状，如下左图所示。

步骤02 拖动字段

　　按住鼠标左键不放，拖动选中的字段项目，如下右图所示。拖动至合适的位置后释放鼠标即可。

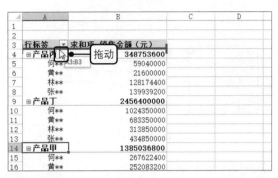

第479招　移动数据透视表的位置

　　为了满足实际工作需求，用户可将创建好的数据透视表在同一个工作簿中的不同工作表之间移动，或者在同一工作表的不同单元格区域之间移动。具体的操作方法如下。

步骤01 移动数据透视表

　　打开原始文件，选中数据透视表中的任意单元格，在"数据透视表工具-分析"选项卡下的"操作"组中单击"移动数据透视表"按钮，如下图所示。

步骤02 设置移动位置

　　弹出"移动数据透视表"对话框，❶单击"现有工作表"单选按钮，在"位置"后的文本框中输入新的数据透视表放置位置，❷单击"确定"按钮，如下图所示。

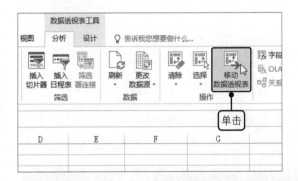
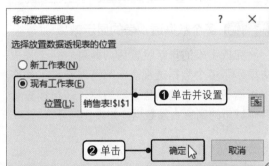

第480招　在工作表中查看不同的数据透视表效果

　　若要在一个工作表中查看多个不同的数据分析效果，可直接通过复制功能对原有的数据透视表进行复制后更改字段的显示效果即可。具体的操作方法如下。

步骤01 复制数据透视表

　　打开原始文件，❶拖动鼠标选中整个数据透视表后并右击，❷在弹出的快捷菜单中单击"复制"命令，如下左图所示。

步骤02 粘贴数据透视表

❶在要粘贴的位置右击，❷在弹出的快捷菜单中单击"粘贴"命令，如下右图所示。

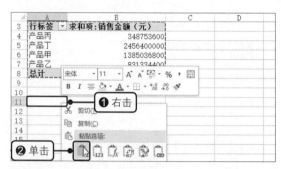

步骤03 显示复制效果

完成复制和粘贴后，即可看到粘贴位置中放置了一个与复制区域相同的数据透视表，选中新数据透视表中的任意数据单元格，如下图所示。

步骤04 勾选字段

在"数据透视表字段"任务窗格中取消勾选"产品名称"字段，并勾选"销售城市"字段，如下图所示。

步骤05 多个数据透视表的显示效果

完成字段的重新设置后，即可看到工作表中显示了多个数据透视表，既可以在该工作表中查看各个产品的销售金额数据，还可以查看各个城市的销售金额数据，如右图所示。

第481招 在数据透视表中隐藏汇总数据

如果不需要在数据透视表中展示各个字段项目的汇总数据情况，可通过以下方法将其隐藏。

打开原始文件，选中数据透视表中的任意单元格，❶在"数据透视表工具 - 设计"选项卡下的"布局"组中单击"分类汇总"按钮，❷在展开的列表中单击"不显示分类汇总"选项，如右图所示。

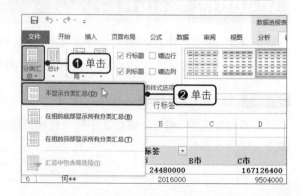

第482招　让数据透视表中的汇总数据显示在底部

如果想要让数据透视表中的汇总数据显示在各个项目的底部，可通过以下方法实现。

打开原始文件，选中数据透视表中的任意单元格，❶在"数据透视表工具 - 设计"选项卡下的"布局"组中单击"分类汇总"按钮，❷在展开的列表中单击"在组的底部显示所有分类汇总"选项，如右图所示。

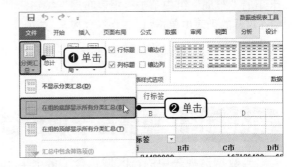

第483招　隐藏数据透视表中的总计值

如果不需要在数据透视表中展示字段的总计值，则可将其隐藏，具体的操作方法如下。

打开原始文件，选中数据透视表中的任意单元格，❶在"数据透视表工具 - 设计"选项卡下的"布局"组中单击"总计"按钮，❷在展开的列表中单击"对行和列禁用"选项，如右图所示。

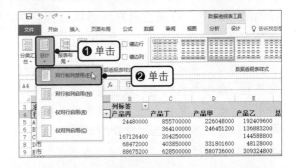

第484招　插入空行，让汇总数据一目了然

默认情况下，数据透视表中各个字段项目之间的数据会比较紧凑，不便于查看，此时可以通过插入空行功能将各个字段项目分隔开。具体的操作方法如下。

打开原始文件，选中数据透视表中的任意单元格，❶在"数据透视表工具 - 设计"选项卡下的"布局"组中单击"空行"按钮，❷在展开的列表中单击"在每个项目后插入空行"选项，如右图所示。

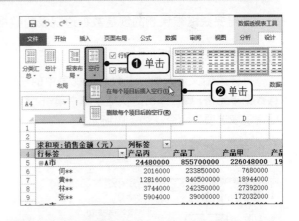

第485招　使用传统的表格形式布局报表

默认情况下，压缩形式的布局效果会将行区域中的多个字段堆叠在一列中，行区域中的字段并不会显示字段名，如果想要实现字段名的显示结果，可使用表格形式的布局效果。

打开原始文件，选中数据透视表中的任意
单元格，❶在"数据透视表工具 - 设计"选项
卡下的"布局"组中单击"报表布局"按钮，
❷在展开的列表中单击"以表格形式显示"选项，
如右图所示。

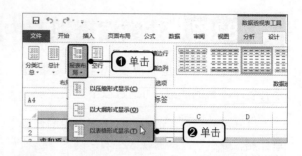

第486招 重复显示项目标签

当数据透视表中的行区域包含了多个字
段时，第一个行字段的项目标签仅会在第一
行中显示，而其他行均为空。如果需要显示
所有项目标签，可通过重复显示项目标签功
能来实现。具体的操作方法如下。

打开原始文件，选中数据透视表中的任意
单元格，❶在"数据透视表工具 - 设计"选项
卡下的"布局"组中单击"报表布局"按钮，
❷在展开的列表中单击"重复所有项目标签"
选项，如右图所示。

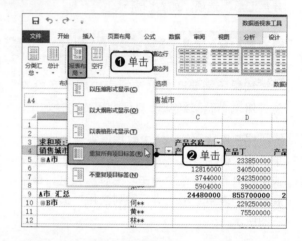

第487招 获取数据透视表的所有数据源

当需要获取被误删的创建数据透视表的数据源时，可通过以下方法来实现。

步骤01 打开对话框

打开原始文件，❶右击数据透视表中的任
意数据单元格，❷在弹出的快捷菜单中单击"数
据透视表选项"命令，如下图所示。

步骤02 启用显示明细数据

弹出"数据透视表选项"对话框，❶切换
至"数据"选项卡，❷勾选"启用显示明细数据"
复选框，如下图所示。

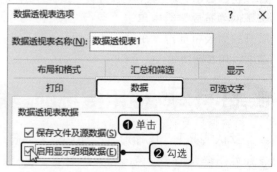

步骤03 双击单元格

单击"确定"按钮，返回工作表中，双击数据透视表的最后一个单元格，如下左图所示。

步骤04　显示所有明细数据

即可在新插入的工作表中看到重新生成的所有数据源信息，如下右图所示。

第488招　获取数据透视表中某个字段项目的数据源

如果只需要获取某个字段下的项目数据源，则可通过以下方法来实现。

步骤01　双击单元格

打开原始文件，首先在"数据透视表选项"对话框中启用显示明细数据，然后在数据透视表中双击单元格 C5，如下图所示。

步骤02　显示某个字段项目的明细数据

即可在新插入的工作表中看到产品丁在 A 市的销售金额数据源，如下图所示。

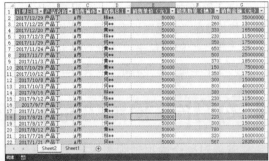

第489招　禁止显示数据透视表的数据源

如果不想让他人通过数据透视表查看到数据源信息，则可禁止启用显示明细数据功能，具体的操作方法如下。

步骤01　打开对话框

打开原始文件，❶右击数据透视表中的任意单元格，❷在弹出的快捷菜单中单击"数据透视表选项"命令，如右图所示。

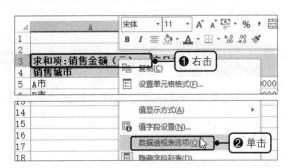

步骤02 取消明细数据的显示

弹出"数据透视表选项"对话框，❶切换至"数据"选项卡，❷取消勾选"启用显示明细数据"复选框，如下图所示。

步骤03 测试禁止显示数据源的效果

单击"确定"按钮，返回工作表中，双击数据透视表中想要获取明细数据的单元格，弹出提示框，提示用户"无法更改数据透视表的这一部分"，如下图所示。

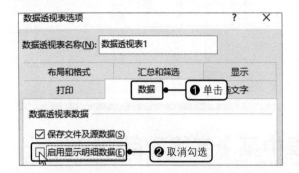

第490招 清空数据透视表中的数据分析信息

如果需要清空已有的数据透视表信息，以便于从头开始勾选字段分析数据。可通过以下方法快速清除全部字段。

打开原始文件，选中数据透视表中的任意单元格，❶在"数据透视表工具 - 分析"选项卡下的"操作"组中单击"清除"按钮，❷在展开的列表中单击"全部清除"选项，如右图所示。

第491招 使用功能区按钮选中整个数据透视表

若要对整个数据透视表进行某项操作，可通过以下方法先选中整个数据透视表区域。

打开原始文件，选中数据透视表中的任意单元格，❶在"数据透视表工具 - 分析"选项卡下的"操作"组中单击"选择"按钮，❷在展开的列表中单击"整个数据透视表"选项，如右图所示。

第492招 使用快捷键选中整个数据透视表

若想要更加快速地选中整个数据透视表区域，可直接使用快捷键。具体的操作方法如下。

打开原始文件，选中数据透视表中的任意数据单元格，按下【Ctrl+A】组合键，即可选中整个数据透视表数据区域，如右图所示。

第493招　删除数据透视表

若要删除整个数据透视表的内容及空白的数据透视表模型，可通过以下方法来实现。

步骤01　选中整个数据透视表

打开原始文件，选中数据透视表中的任意数据单元格，按下【Ctrl+A】组合键，选中整个数据透视表数据区域，如下图所示。

步骤02　删除数据透视表

按下【Delete】键，即可删除整个数据透视表，包括数据透视表中的数据及创建的数据透视表模型，如下图所示。

第494招　更改数据透视表的数据源

如果要更改创建数据透视表的数据源,则可直接通过选项卡中的更改数据源功能来实现,具体的操作方法如下。

步骤01　更改数据源

打开原始文件，选中数据透视表中的任意数据单元格，❶在"数据透视表工具 - 分析"选项卡下的"数据"组中单击"更改数据源"按钮，❷在展开的列表中单击"更改数据源"选项，如下图所示。

步骤02　更改表区域

弹出"更改数据透视表数据源"对话框，在"表 / 区域"文本框中输入新的数据源，如下图所示，单击"确定"按钮。

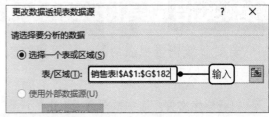

第495招　一次性显示多个字段的更新结果

创建了空白的数据透视表后，如果需要让勾选的字段一次性显示在报表中，可通过推迟布局更新功能来实现。具体的操作方法如下。

步骤01 推迟布局更新

打开原始文件，在"数据透视表字段"窗格中勾选"推迟布局更新"复选框，如下图所示。

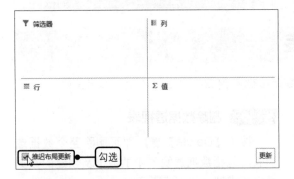

步骤02 勾选字段

在"数据透视表字段"任务窗格的字段节中勾选要添加的字段复选框，如下图所示。

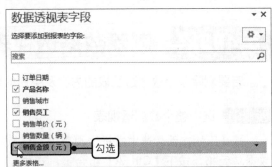

步骤03 更新数据透视表

在"数据透视表字段"任务窗格中单击右下角的"更新"按钮，如下图所示。

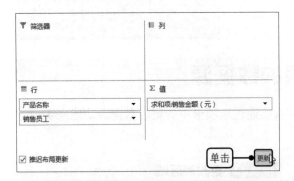

步骤04 显示更新后的效果

即可看到空白的数据透视表会一次性显示勾选多个字段后的数据透视表效果，如下图所示。

	A	B	C
1			
2			
3	产品名称 ▼	销售员工 ▼	求和项:销售金额（元）
4	⊟产品丙	何**	59040000
5		黄**	21600000
6		林**	128174400
7		张**	139939200
8	产品丙 汇总		348753600
9	⊟产品丁	何**	1024350000
10		黄**	683350000
11		林**	313850000
12		张**	434850000
13	产品丁 汇总		2456400000
14	⊟产品甲	何**	267622400
15		黄**	252083200
16		林**	259635200

⏰ 提示

使用推迟布局更新功能时，数据透视表中的某些功能会被禁用，如分组、更改数据源、计算功能等，所以在完成该功能的应用后，需取消勾选"推迟布局更新"复选框，避免影响其他功能的应用。

第496招 美化数据透视表

若要让数据透视表的配色效果更加美观，可通过以下方法来实现。

打开原始文件，选中数据透视表中的任意数据单元格，在"数据透视表工具 - 设计"选项卡下的"数据透视表样式"组中单击快翻按钮，在展开的列表中单击要应用的样式，如右图所示。

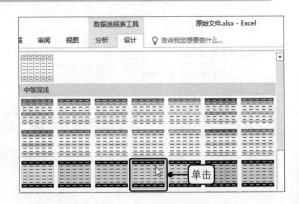

第497招 在数据透视表的空单元格中显示零值

默认情况下，未进行计算的字段项目的值会以空白单元格显示，如果需要在单元格中显示零值，可通过以下方法来实现。

步骤01 打开对话框

打开原始文件，❶在数据透视表中右击任意数据单元格，❷在弹出的快捷菜单中单击"数据透视表选项"命令，如下图所示。

步骤02 设置空单元格显示值

弹出"数据透视表选项"对话框，❶切换至"布局和格式"选项卡，❷勾选"对于空单元格，显示"复选框，在文本框中输入"0"，如下图所示。

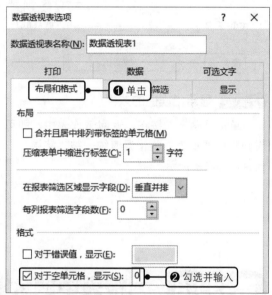

步骤03 显示效果

单击"确定"按钮，返回工作表中，即可看到数据透视表中数值区域的空单元格都显示为了 0 值，如右图所示。

第498招 让错误值一目了然

如果想要更加清晰地展示出数据透视表中含有错误值的单元格，可通过以下方法来实现。

步骤01 打开对话框

打开原始文件，❶右击数据透视表中的任意单元格，❷在弹出的快捷菜单中单击"数据透视表选项"命令，如下左图所示。

步骤02 设置错误值

弹出"设置数据透视表选项"对话框，❶切换至"布局和格式"选项卡，❷勾选"对于错误值，显示"复选框，在文本框中输入"错误！"，如下右图所示。

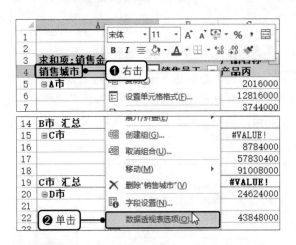
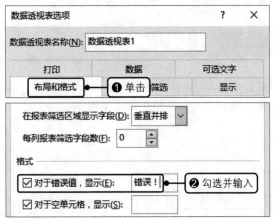

步骤03 显示错误值的效果

单击"确定"按钮，返回工作表中，即可看到数据透视表中的错误值统一被"错误！"代替，如右图所示。

第499招 为报表中的金额数据添加货币符号

如果需要清楚地分辨出数据透视表中的值数据单位，可为数值区域添加货币符号。具体的操作方法如下。

步骤01 选中数据透视表

打开原始文件，❶在"数据透视表工具 - 分析"选项卡下的"数据"组中单击"选择"按钮，❷在展开的列表中单击"整个数据透视表"选项，如下图所示。

步骤02 选中数据透视表中的值

选中整个数据透视表后，❶在"数据透视表工具 - 分析"选项卡下的"数据"组中再次单击"选择"按钮，❷在展开的列表中单击"值"选项，如下图所示。

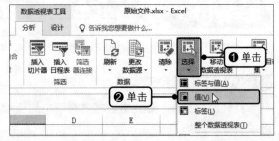

步骤03 设置值的数字格式

选中数据透视表中的值区域后，在"开始"选项卡下的"数字"组中单击对话框启动器，打开"设置单元格格式"对话框，❶在"数字"选项卡下的"分类"列表框中单击"货币"选项，❷在右侧设置好"小数位数"和"货币符号"，如下图所示。

步骤04 显示添加货币符号后的效果

单击"确定"按钮，返回工作表中，即可看到数据透视表中的值数据都添加了货币符号，如下图所示。

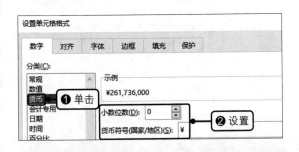

	A	B	C
1			
2			
3	销售城市 ▼	销售员工 ▼	求和项:销售金额（元）
4	⊟A市	何**	¥301,146,000
5		黄**	¥455,357,600
6		林**	¥280,398,000
7		张**	¥261,736,000
8	A市 汇总		¥1,298,637,600
9	⊟B市	何**	¥455,733,200
10		黄**	¥183,199,200
11		林**	¥9,216,000
12		张**	¥99,286,000

第500招　刷新数据透视表

如果创建数据透视表的数据源内容有修改，可通过刷新功能刷新工作簿中的所有源信息获取最新的数据分析结果。具体的操作方法如下。

步骤01 显示错误的数据透视表字段项目

打开原始文件，可看到数据透视表中产品名称字段下的"产品甲"显示为"产品夹"，如下图所示。

	A	B	C
1			
2			
3	销售员工 ▼	产品名称 ▼	求和项:销售金额（元）
4	⊟何**	产品丙	¥59,040,000
5		产品丁	¥1,024,350,000
6		产品乙	¥363,648,000
7		产品夹	¥267,622,400
8	何** 汇总		¥1,714,660,400
9	⊟黄**	产品丙	¥21,600,000
10		产品丁	¥683,350,000
11		产品乙	¥135,833,600
12		产品夹	¥252,083,200
13	黄** 汇总		¥1,092,866,800
14	⊟林**	产品丙	¥128,174,400

步骤02 启动替换功能

切换至创建数据透视表的数据源工作表中，❶在"开始"选项卡下的"编辑"组中单击"查找和选择"按钮，❷在展开的列表中单击"替换"选项，如下图所示。

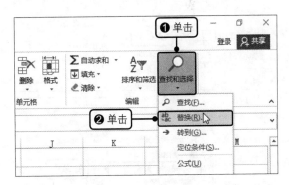

步骤03 替换数据

弹出"查找和替换"对话框，❶在"查找内容"和"替换为"文本框中输入要查找的内容和要替换为的内容，❷单击"全部替换"按钮，如右图所示。随后会弹出提示框，提示用户完成了替换，单击"确定"按钮即可。

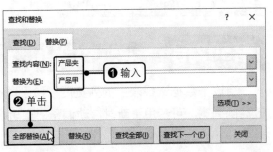

步骤04 刷新数据

关闭"查找和替换"对话框。切换至含有数据透视表的工作表中，❶在"数据透视表工具 - 分析"选项卡下的"数据"组中单击"刷新"下三角按钮，❷在展开的列表中单击"刷新"选项，如下图所示。

步骤05 显示替换后的效果

即可看到数据透视表中的"产品夹"在替换和刷新后更改为了"产品甲"，如下图所示。

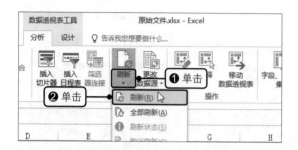

第501招 打开文件时刷新数据透视表

如果需要在打开文件的同时刷新数据透视表内容，则可启动"打开文件时刷新数据"功能。具体的操作方法如下。

步骤01 打开对话框

打开原始文件，❶右击数据透视表中的任意单元格，❷在弹出的快捷菜单中单击"数据透视表选项"命令，如下图所示。

步骤02 打开文件时刷新数据

弹出"数据透视表选项"对话框，❶切换至"数据"选项卡，❷勾选"打开文件时刷新数据"复选框，如下图所示。完成后单击"确定"按钮。

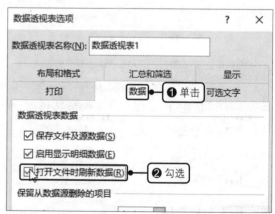

第502招 更新时保留数据透视表列宽

更改了数据透视表中的列宽后，如果进行刷新，其又会返回更改前的效果，若要保留更改后的列宽，可禁用更新时自动调整列宽功能。具体的操作方法如下。

步骤01　禁用更新时自动调整列宽

打开原始文件，右击数据透视表中的任意单元格，在弹出的快捷菜单中单击"数据透视表选项"命令，打开"数据透视表选项"对话框，❶切换至"布局和格式"选项卡，❷取消勾选"更新时自动调整列宽"复选框，如下图所示。

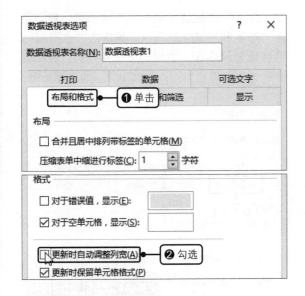

步骤03　刷新数据

❶在"数据透视表工具 - 分析"选项卡下的"数据"组中单击"刷新"下三角按钮，❷在展开的列表中单击"刷新"按钮，如右图所示。即可看到刷新后，列宽保持不变。

步骤02　调整列宽

单击"确定"按钮，返回工作表中，将鼠标放置在 C 列标的右侧，按住鼠标左键不放向左拖动，如下图所示，即可减小 C 列的列宽。

第503招　更新时保留数据透视表中的单元格格式

如果需要在更新时保留数据透视表中更改的单元格格式，则可通过以下方法来实现。

打开原始文件，右击数据透视表中的任意单元格，在弹出的快捷菜单中单击"数据透视表选项"命令，打开"数据透视表选项"对话框，❶切换至"布局和格式"选项卡，❷勾选"更新时保留单元格格式"复选框，如右图所示。单击"确定"按钮，返回工作表中，为数据透视表中的数据设置格式后并刷新，可发现设置的格式保持不变。

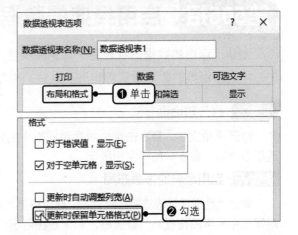

第504招 并排显示报表筛选字段

默认情况下，当数据透视表中含有多个报表筛选字段时，会自动以垂直并排的方式显示，若要并排显示多个报表筛选字段，可通过以下方法来实现。

步骤01 打开对话框

打开原始文件，❶右击数据透视表中的任意单元格，❷在弹出的快捷菜单中单击"数据透视表选项"命令，如下图所示。

步骤02 设置筛选区域的显示字段

弹出"数据透视表选项"对话框，❶切换至"布局和格式"选项卡，❷单击"在报表筛选区域显示字段"右侧的下三角按钮，❸在展开的列表中单击"水平并排"选项，如下图所示。

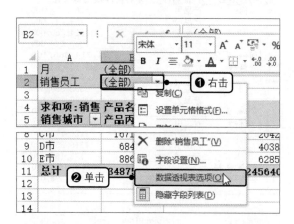

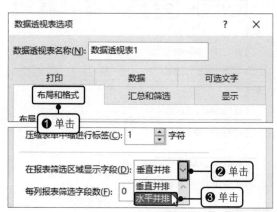

步骤03 显示并排显示效果

单击"确定"按钮，返回工作表中，即可看到数据透视表中的两个筛选字段并排显示在了工作表中，如右图所示。

第505招 启用经典的数据透视表布局

创建了空白的数据透视表后，如果想要通过直接拖动的方式将字段添加到各个报表区域中，可启用经典的数据透视表布局。具体的操作方法如下。

步骤01 打开对话框

打开原始文件，❶右击空白数据透视表中的任意单元格，❷在弹出的快捷菜单中单击"数据透视表选项"命令，如下左图所示。

步骤02 启用经典的报表布局

弹出"数据透视表选项"对话框，❶切换至"显示"选项卡，❷勾选"经典数据透视表布局（启用网格中的字段拖放）"复选框，如下右图所示。单击"确定"按钮。

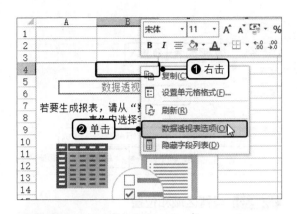

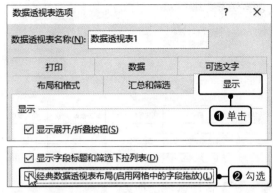

步骤03 选中要拖动的字段

在"数据透视表字段"任务窗格中，将鼠标放置在要拖动的字段上，如下图所示。

步骤04 拖动字段

按住鼠标左键不放，将选中的字段拖动到行区域中，如下图所示。

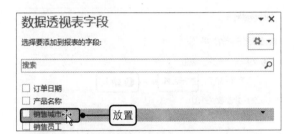

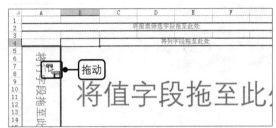

步骤05 显示数据透视表效果

应用相同的方法将其他字段拖动至合适的数据透视表区域中，即可得到如右图所示的数据透视表效果。

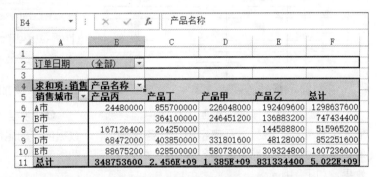

第506招　使用定义名称功能创建动态的数据透视表

若用户想要在数据源工作表中添加数据时，数据透视表中的数据源自动实现动态扩展，可通过定义名称功能定义一个动态的区域名称，具体的操作方法如下。

步骤01 定义名称

打开原始文件，在"公式"选项卡下的"定义的名称"组中单击"定义名称"按钮，如下左图所示。

步骤02 新建名称

弹出"新建名称"对话框，❶在"名称"文本框中输入名称"数据区域"，❷在"引用位置"文本框中输入公式"=OFFSET(销售表 !$A$1,0,0,COUNTA(销售表 !$A:$A),COUNTA(销售表 !$1:$1))"，❸单击"确定"按钮，如下右图所示。

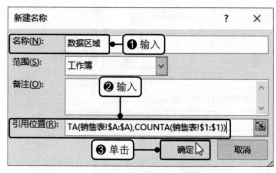

步骤03 创建数据透视表

返回工作表中，选中工作表中的任意数据单元格，在"插入"选项卡下的"表格"组中单击"数据透视表"按钮，如下图所示。

步骤04 设置区域和位置

弹出"创建数据透视表"对话框，❶在"表/区域"文本框中输入"数据区域"，❷单击"新工作表"单选按钮，如下图所示。

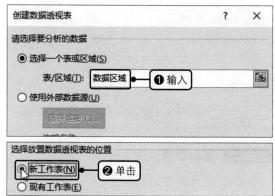

步骤05 显示数据透视表效果

单击"确定"按钮，返回工作簿中，在新插入工作表的"数据透视表字段"任务窗格中勾选并移动字段，即可看到创建的数据透视表效果，如下图所示。

步骤06 添加数据内容

❶切换至"销售表"工作表中，❷在工作表数据内容的尾部添加上 12 月的销售数据，如下图所示。

步骤07 刷新数据

选中数据透视表中的任意数据单元格，❶在"数据透视表工具 - 分析"选项卡下的"数据"组中单击"刷新"下三角按钮，❷在展开的列表中单击"刷新"选项，如下左图所示。

步骤08 显示添加数据后的报表效果

完成数据源内容的添加及数据透视表的刷新后，即可看到新添加的数据被自动添加到了数据透视表中，如下右图所示。

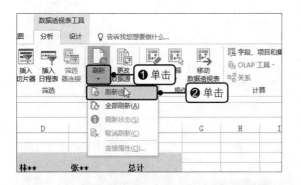

> **提示**
>
> OFFSET 是一个引用函数，其中该函数的第 2、3 个参数分别表示行、列偏移量，该操作公式中为 0，表明未发生偏移，第 4、5 个参数分别表示引用的高度和宽度。因此公式"=OFFSET(销售表 !$A$1,0,0,COUNTA(销售表 !$A:$A),COUNTA(销售表 !$1:$1))"表示分别统计 A 列和第 1 行的非空单元格的数量作为数据源的高度和宽度，当"销售表"工作表中新增了数据记录时，其高度和宽度的值会自动发生变化，从而实现对数据源区域的动态引用。

第507招　使用表格功能创建动态的数据透视表

除了可以使用定义名称功能外，还可以使用表格功能创建动态的数据透视表。具体的操作方法如下。

步骤01 单击"表格"按钮

打开原始文件，❶选中工作表中的任意数据单元格，❷在"插入"选项卡下的"表格"组中单击"表格"按钮，如下图所示。

步骤02 创建表

弹出"创建表"对话框，保持默认的表数据来源，单击"确定"按钮，如下图所示。

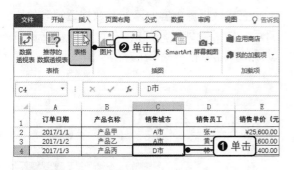

步骤03 创建数据透视表

返回工作表中，❶选中表中的任意数据单元格，❷在"插入"选项卡下的"表格"组中单击"数据透视表"按钮，如下左图所示。

步骤04 设置表区域

弹出"创建数据透视表"对话框，在"表/区域"文本框中自动输入了"表1"，单击"新工作表"单选按钮，如下右图所示。单击"确定"按钮。

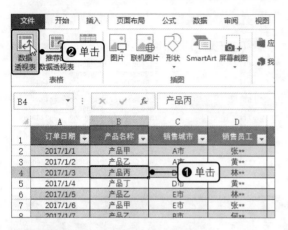

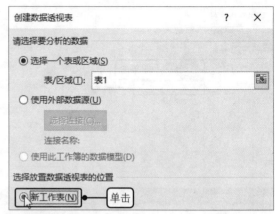

步骤05 显示创建的数据透视表

返回工作表中，在新工作表右侧打开的"数据透视表字段"任务窗格中勾选需要显示的字段复选框，即可得到如下图所示的数据透视表效果。

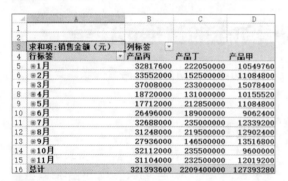

步骤06 添加数据内容

在"销售表"工作表中添加12月份的销售数据，如下图所示。

步骤07 刷新数据

选中数据透视表中的任意数据单元格，❶在"数据透视表工具-分析"选项卡下的"数据"组中单击"刷新"下三角按钮，❷在展开的列表中单击"刷新"选项，如下图所示。

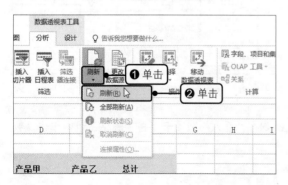

步骤08 显示添加数据后的报表效果

完成数据源内容的添加及数据透视表的刷新后，即可看到新添加的12月份的数据被自动添加到了数据透视表中，如下图所示。

第508招　插入筛选作用的切片器

如果用户不仅需要在数据透视表中进行筛选操作，还想要直观地查看筛选信息，可在数据透视表中插入切片器来实现目的。

步骤01　插入切片器

打开原始文件，选中数据透视表中的任意单元格，在"数据透视表工具 - 分析"选项卡下的"筛选"组中单击"插入切片器"按钮，如下图所示。

步骤02　选择要插入的切片器字段

弹出"插入切片器"对话框，❶勾选"销售城市"复选框，❷单击"确定"按钮，如下图所示。

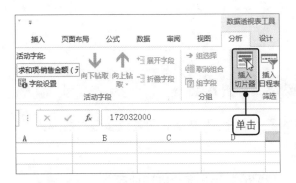

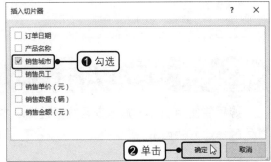

步骤03　显示插入的切片器

返回工作表中，即可看到插入的"销售城市"切片器效果，如右图所示。

第509招　移动切片器的位置

如果切片器遮挡了需要查看的数据透视表内容，则可将其移动到其他位置。具体的操作方法如下。

打开原始文件，将鼠标放置在切片器上，当鼠标指针变为形状时，按住鼠标左键拖动，即可移动切片器的位置，如右图所示。

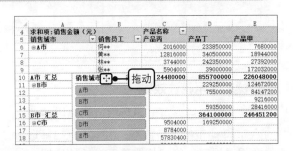

第510招　使用切片器筛选单个字段

完成切片器的插入操作后，就可以通过切片器筛选需要查看的数据透视表内容了。具体的操作方法如下。

步骤01 筛选字段项目

打开原始文件，在数据透视表的切片器中单击"B市"字段项目按钮，如下图所示。

步骤02 显示筛选结果

完成筛选后，可看到数据透视表只显示B市下各个员工在各个产品上的销售数据，如下图所示。

	A	B	C	D
4	求和项:销售金额（元）		产品名称	
5	销售城市	销售员工	产品丙	产品丁
6	⊟A市	何**	2016000	2338
7		黄**	12816000	3405
8		林**	3744000	2423
9		张**	5904000	390
10	A市 汇总	销售城市	24480000	85570
11	⊟B市			2292
12		A市		755
13		B市 单击		
14				593
15	B市 汇总	C市		36410
16	⊟C市	D市	9504000	1692
17		E市	8784000	
18			57830400	

	A	B	C	D
4	求和项:销售金额（元）		产品名称	
5	销售城市	销售员工	产品丁	产品甲
6	⊟B市	何**	229250000	12467200
7		黄**	75500000	8414720
8		林**		921600
9		张**	59350000	2841600
10	B市 汇总	销售城市	364100000	24645120
11	总计		364100000	24645120
12		A市		
13		B市		
14		C市		
15		D市		
16		E市		
17				
18				
19				

第511招 使用切片器筛选多个字段

如果要使用切片器筛选查看数据透视表中的多个字段项目内容，可通过多选功能来实现。具体的操作方法如下。

步骤01 单击"多选"按钮

打开原始文件，单击切片器中的"多选"按钮，如下图所示。

步骤02 筛选多个字段项目

在切片器中单击不需要筛选的字段项目，如"B市""D市""E市"字段项目按钮，如下图所示。

	A	B	C	D
4	求和项:销售金额（元）		产品名称	
5	销售城市	销售员工	产品丙	产品丁
6	⊟A市	何**	2016000	2338
7		黄**	12816000	3405
8		林**	3744000	2423
9		张**	5904000	390
10	A市 汇总	销售城市 单击	80000	85570
11	⊟B市			2292
12		A市		755
13		B市		
14				593
15	B市 汇总	C市		36410
16	⊟C市	D市	9504000	1692
17		E市	8784000	
18			57830400	

	A	B	C	D
4	求和项:销售金额（元）		产品名称	
5	销售城市	销售员工	产品丙	产品丁
6	⊟A市	何**	2016000	233850000
7		黄**	12816000	340500000
8		林**	3744000	242350000
9		张**	5904000	39000000
10	A市 汇总	销售城市	24480000	855700000
11	⊟C市		9504000	169250000
12		A市	8784000	
13			57830400	
14		B市	91008000	35000000
15	C市 汇总	C市	167126400	4250000
16	⊟E市		2289600 单击	40500000
17		D市		55500000
18		E市	22752000	13000000
19			43027200	219500000
20	E市 汇总		88675200	628500000

步骤03 显示筛选效果

完成筛选后，可看到数据透视表中筛选出的A市和C市的销售数据，为了不遮挡筛选后的数据透视表，将切片器移至合适的位置，如右图所示。

	A	B	C	D
4	求和项:销售金额（元）		产品名称	
5	销售城市	销售员工	产品丙	产品丁
6	⊟A市	何**	2016000	233850000
7		黄**	12816000	340500000
8		林**	3744000	242350000
9		张**	5904000	39000000
10	A市 汇总		24480000	855700000
11	⊟C市	何**	9504000	169250000
12		黄**	8784000	
13		林**	57830400	
14		张**	91008000	35000000
15	C市 汇总		167126400	204250000
16	总计		191606400	1059950000
17				
18		销售城市		
19		A市		

第512招　使用Ctrl键筛选多个字段

除了可以使用多选功能外，还可以使用快捷键实现多个字段项目的筛选查看。具体的操作方法如下。

打开原始文件，按住【Ctrl】键不放，单击切片器中的多个字段项目，如"A市""C市"和"E市"，如右图所示，即可筛选出"B市"和"D市"的销售数据。

第513招　返回筛选前的报表效果

如果需要返回筛选前的数据透视表效果，可通过以下方法来实现。

打开原始文件，在数据透视表的切片器中单击"清除筛选器"按钮，如右图所示。

第514招　美化切片器

如果想要快速美化数据透视表中的切片器，则可直接为其套用切片器样式。具体的操作方法如下。

打开原始文件，选中切片器，在"切片器工具 - 选项"选项卡下的"切片器样式"组中单击快翻按钮，在展开的列表中单击要应用的样式，如"切片器样式深色 6"，如右图所示。

第515招　修改切片器标题

如果切片器中的标题不能很清晰地表达该字段的内容，可对切片器的标题进行更改。具体的操作方法如下。

打开原始文件，选中切片器，❶切换至"切片器工具 - 选项"选项卡，❷在"切片器"组中的"切片器题注"文本框中输入"销售城市"，如右图所示。按下【Enter】键，即可更改切片器标题为"销售城市"。

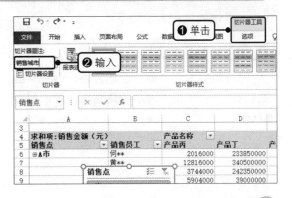

第516招 隐藏切片器标题

如果切片器中的字段项目内容很直观，或者切片器标题作用不大，可将切片器的标题进行隐藏，具体的操作方法如下。

步骤01 打开对话框

打开原始文件，选中切片器，在"切片器工具 - 选项"选项卡下的"切片器"组中单击"切片器设置"按钮，如下图所示。

步骤02 隐藏切片器标题

弹出"切片器设置"对话框，取消勾选"显示页眉"复选框，如下图所示。单击"确定"按钮，即可隐藏切片器标题。

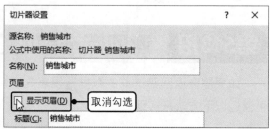

第517招 更改切片器的高度和宽度

如果插入的切片器的默认尺寸不便于进行筛选操作，可通过以下方法精确设置切片器大小。

打开原始文件，选中数据透视表中的切片器，在"切片器工具 - 选项"选项卡下的"大小"组中设置"高度"和"宽度"分别为"4.6厘米"和"4.1厘米"，如右图所示。此外，还可以直接拖动切片器的八个控点来自由调整切片器的大小。

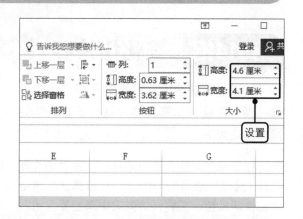

第518招 禁止调整切片器的大小和位置

如果不想要对数据透视表中的切片器位置和大小进行更改，可启动禁用调整大小和移动功能，具体的操作方法如下。

步骤01 打开任务窗格

打开原始文件，❶右击切片器，❷在弹出的快捷菜单中单击"大小和属性"命令，如右图所示。

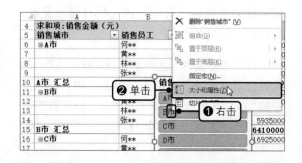

步骤02 禁止移动并调整切片器的大小

打开"格式切片器"任务窗格，在"位置和布局"选项组下勾选"禁用调整大小和移动"复选框，如右图所示。

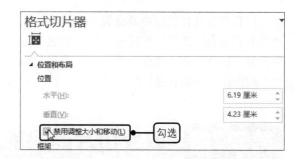

第519招 固定切片器的大小和位置

如果用户不想要在调整行高和列宽时改变切片器的大小和位置，可通过以下方法来实现。

打开原始文件，右击切片器，在弹出的快捷菜单中单击"大小和属性"命令，打开"格式切片器"任务窗格，在"属性"选项组下单击"大小和位置均固定"单选按钮，如右图所示。

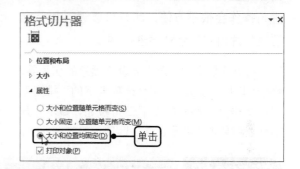

第520招 多列显示切片器中的字段项目

当切片器的大小固定，而字段项目较多不能完全显示出来时，可在切片器中多列显示字段项目。具体的操作方法如下。

步骤01 更改字段项目的显示列数

打开原始文件，选中切片器，在"切片器工具 - 选项"选项卡下的"按钮"组中设置"列"为"3"列，如下图所示。

步骤02 显示更改效果

完成更改后，即可看到选中的切片器中的字段项目变为了 3 列显示，如下图所示。

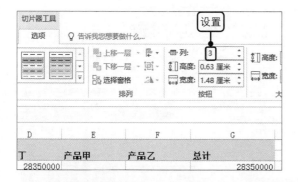

第521招 更改切片器按钮的大小

除了可以对切片器的大小和列数进行更改，还可以对切片器中的按钮大小进行调整。具体的操作方法如下。

打开原始文件，选中要设置的切片器，在"切片器工具 - 选项"选项卡下的"按钮"组中设置"高度"和"宽度"为"0.63 厘米"和"1.3 厘米"，如右图所示。

第522招 改变切片器的前后显示顺序

当数据透视表中含有多个切片器且切片器被堆叠在一起时，如果要对下方的切片器进行操作会很不方便，此时可以通过以下方法对切片器的显示顺序进行调整。

打开原始文件，选中要设置顺序的切片器，❶在"切片器工具 - 选项"选项卡下的"排列"组中单击"上移一层"下三角按钮，❷在展开的列表中单击"置于顶层"选项，如右图所示。

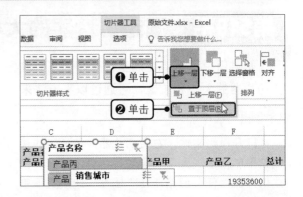

第523招 对齐多个切片器

如果想要整齐地排列数据透视表中的多个切片器，则可通过对齐功能来实现。具体的操作方法如下。

步骤01 对齐切片器

打开原始文件，按住【Ctrl】键选中多个切片器，❶在"切片器工具 - 选项"选项卡下的"排列"组中单击"对齐"按钮，❷在展开的列表中单击"顶端对齐"选项，如下图所示。

步骤02 显示对齐效果

完成对齐后，可看到选中的多个切片器以顶端对齐的方式排列显示，如下图所示。

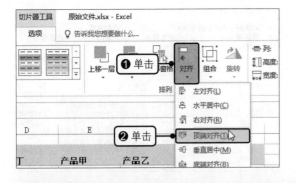

第524招 将多个切片器组合为一个对象

如果要对数据透视表中的多个切片器进行相同的操作，如调整大小和位置等，为了提高工作效率，可首先将多个切片器组合为一个对象。具体的操作方法如下。

　　打开原始文件，使用【Ctrl】键选中多个切片器，❶在"切片器工具 - 选项"选项卡下的"排列"组中单击"组合"按钮，❷在展开的列表中单击"组合"选项，如右图所示。

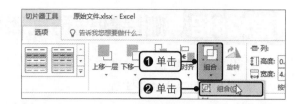

第525招　隐藏数据透视表中的某个切片器

　　若要暂时隐藏数据透视表中插入的某个切片器，可通过以下方法来实现。

步骤01　打开任务窗格

　　打开原始文件，选中数据透视表中的切片器，在"切片器工具 - 选项"选项卡下的"排列"组中单击"选择窗格"按钮，如下图所示。

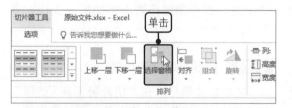

步骤02　隐藏切片器

　　打开"选择"任务窗格，单击要隐藏字段右侧代表隐藏功能的按钮，如下图所示，即可将数据透视表中的该切片器隐藏。

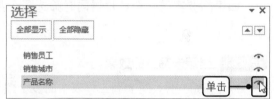

第526招　隐藏数据透视表中的全部切片器

　　如果要隐藏全部的切片器，则可通过以下方法来实现。

　　打开原始文件，选中数据透视表中的切片器，在"切片器工具 - 选项"选项卡下的"排列"组中单击"选择窗格"按钮，打开"选择"任务窗格，单击"全部隐藏"按钮，如右图所示。

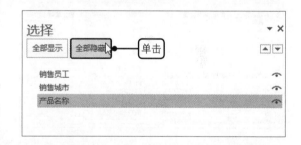

> ⏰ 提示
>
> 　　如果要显示被隐藏的全部切片器，则在"选择"任务窗格中单击"全部显示"按钮。

第527招　删除数据透视表中的某个切片器

　　若不再需要使用某个切片器进行筛选操作，就可以将其删除了，具体的操作方法如下。

　　打开原始文件，❶右击数据透视表中需要删除的切片器，❷在弹出的快捷菜单中单击"删除'产品名称'"命令，如右图所示。

第528招 删除数据透视表中的全部切片器

如果要删除数据透视表中的全部切片器，则可通过以下方法来实现。

打开原始文件，❶使用【Ctrl】键选中全部切片器并右击，❷在弹出的快捷菜单中单击"删除切片器"命令，如右图所示。

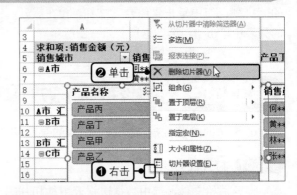

第529招 使用切片器同步筛选多个数据透视表

如果想要实现一个切片器同时筛选多个数据透视表，则可通过报表连接功能来实现。具体的操作方法如下。

步骤01 显示未筛选的效果

打开原始文件，可看到工作表中的多个数据透视表及为第一个数据透视表插入的切片器，如下图所示。

步骤03 选择多个数据透视表

弹出"数据透视表连接（产品名称）"对话框，❶勾选所有复选框，❷单击"确定"按钮，如下图所示。

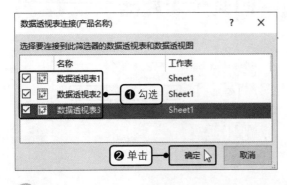

步骤02 启动报表筛选功能

选中切片器后，在"切片器工具 - 选项"选项卡下的"切片器"组中单击"报表连接"按钮，如下图所示。

步骤04 筛选多个数据透视表

返回工作表中，单击切片器中的"产品丁"字段项目按钮，如下图所示。即可看到 3 个数据透视表被同时筛选出的效果。

第530招　插入筛选日期数据的日程表

虽然使用切片器也能够筛选出含有日期的数据字段，但是为了更加快速且轻松地选择数据透视表中的某个时间段，可使用日程表功能实现。具体的操作方法如下。

步骤01　插入日程表

打开原始文件，❶选中数据透视表中的任意数据单元格，❷在"数据透视表工具 - 分析"选项卡下的"筛选"组中单击"插入日程表"按钮，如下图所示。

步骤02　选择插入的字段

弹出"插入日程表"对话框，❶勾选"订单日期"复选框，❷单击"确定"按钮，如下图所示。

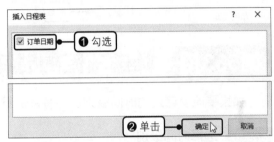

步骤03　显示插入效果

返回工作表中，即可看到在数据透视表中插入的日程表效果，可直接通过拖动的方式将该日程表移动至合适的位置，如右图所示。

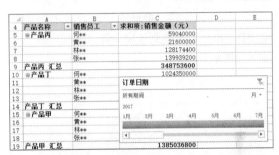

第531招　使用日程表筛选某个时间段的数据

完成日程表的插入后，就可以使用其筛选某个时间段的日期数据了。具体的操作方法如下。

打开原始文件，在数据透视表的日程表时间范围控件上单击要筛选的时间段图块，如"3月"，如右图所示，即可在数据透视表中看到筛选出的数据效果。

第532招　使用日程表筛选多个时间段的数据

如果要在日程表中筛选多个时间段的日期数据，则可通过以下方法来实现。

步骤01 增加日期筛选区间

打开原始文件,将鼠标放置在日程表时间范围控件的右侧控点上,此时鼠标指针变为了↔形状,如下图所示。

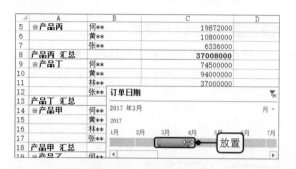

步骤02 筛选多个日期数据

按住鼠标左键不放并向右拖动至"5月",即可在数据透视表中筛选出"3月""4月"和"5月"的销售数据,如下图所示。

第533招 筛选不同的时间级别数据

如果要改变筛选的时间级别,如将月份更改为季度,则可通过以下方法来实现。

步骤01 选择时间级别

打开原始文件,❶单击日程表上的时间级别按钮,❷在展开的列表中单击"季度"选项,如下图所示。

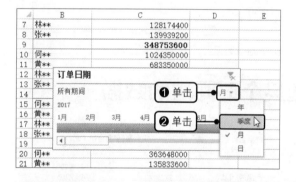

步骤02 筛选季度数据

即可看到时间级别的显示由月变为了季度,单击"第2季度"期间按钮,如下图所示。即可筛选出第2季度各个产品对应的员工销售数据。

第534招 美化日程表

如果想要快速美化数据透视表中的日程表,则可直接为其套用预设样式。具体的操作方法如下。

打开原始文件,选中日程表,在"日程表工具-选项"选项卡下的"日程表样式"组中单击快翻按钮,在展开的列表中单击要应用的样式,如"日程表样式深色6",如右图所示。

第535招　精确调整日程表的大小

　　如果日程表的大小不便于进行筛选操作，可对其高度和宽度进行调整。具体的操作方法如下。

　　打开原始文件，选中数据透视表中的日程表，在"日程表工具 - 选项"选项卡下的"大小"组中设置"高度"和"宽度"分别为"4.58 厘米"和"10.1 厘米"，如右图所示。

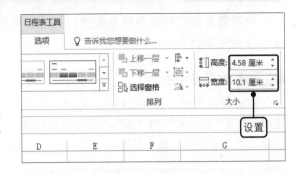

第536招　让日程表随着单元格的变动而改变

　　如果需要让日程表在更改行高和列宽时同时调整其大小和位置，可以通过以下方法来实现。

步骤01　打开任务窗格

　　打开原始文件，❶右击数据透视表中的日程表，❷在弹出的快捷菜单中单击"大小和属性"命令，如下图所示。

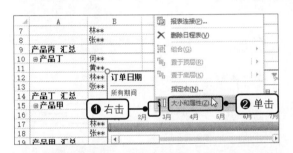

步骤02　设置日程表格式

　　打开"设置日程表格式"任务窗格，在"属性"选项组下单击"大小和位置随单元格而变"单选按钮，如下图所示。

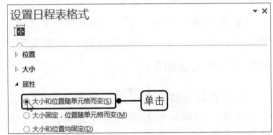

第537招　隐藏日程表

　　如果只是暂时不需要使用日程表筛选数据，可直接将其隐藏。具体的操作方法如下。

步骤01　打开任务窗格

　　打开原始文件，选中日程表，在"日程表工具 - 选项"选项卡下的"排列"组中单击"选择窗格"按钮，如下图所示。

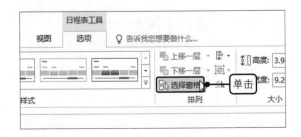

步骤02　隐藏日程表

　　打开"选择"任务窗格，单击"订单日期"右侧代表隐藏功能的按钮，如下图所示，即可隐藏日程表。

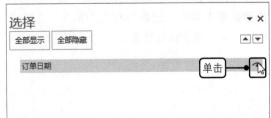

第538招 隐藏日程表中的水平滚动条

当不需要在日程表中查看或更改日程表中显示的时间段时，可将水平的滚动条隐藏。具体的操作方法如下。

步骤01 隐藏滚动条

打开原始文件，选中日程表，在"日程表工具 - 选项"选项卡下的"显示"组中取消勾选"滚动条"复选框，如下图所示。

步骤02 显示隐藏效果

完成设置后，即可看到日程表中的滚动条已被隐藏，如下图所示。

第539招 清除日程表的筛选结果

如果想要返回未筛选日期数据时的数据透视表效果，可通过清除筛选器功能来实现。具体的操作方法如下。

打开原始文件，单击日程表右上角的"清除筛选器"按钮，如右图所示，即可返回未筛选时的数据透视表效果。

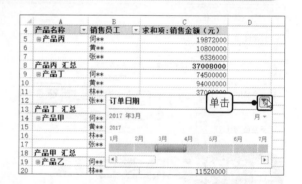

第540招 删除日程表

当不再需要对数据透视表中的日期数据进行筛选操作时，可将日程表删除。具体的操作方法如下。

打开原始文件，❶右击日程表，❷在弹出的快捷菜单中单击"删除日程表"命令，如右图所示，即可删除该日程表。

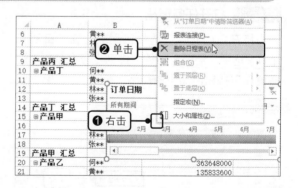

第541招 按季度组合日期数据

如果需要按照年、季度或月份等时间级别对数据进行汇总，可通过组合功能来实现，具体的操作方法如下。

步骤01 创建组

打开原始文件，❶右击数据透视表中的任意行字段项目，❷在弹出的快捷菜单中单击"创建组"命令，如下图所示。

步骤02 按季度组合日期数据

弹出"组合"对话框，在"步长"列表框中取消"日"和"月"的选中状态，然后单击"季度"选项，如下图所示。单击"确定"按钮。

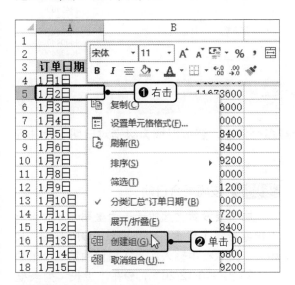

步骤03 显示组合效果

返回工作表中，即可看到按季度组合日期数据后的数据透视表效果，如右图所示。

订单日期	求和项:销售金额（元）	求和项:销售数量（辆）
第一季	1320591600	43145
第二季	1035253200	32194
第三季	1331080000	43330
第四季	1334600000	41255
总计	5021524800	159924

第542招 按季度和月同时组合日期数据

如果想要在一个数据透视表中同时展现两个时间级别的汇总数据，可通过以下操作来实现。

步骤01 按季度和月组合日期数据

打开原始文件，右击数据透视表中的任意行字段项目，在弹出的快捷菜单中单击"创建组"命令，打开"组合"对话框，在"步长"列表框中选中"月"和"季度"选项，如下左图所示。单击"确定"按钮。

步骤02 显示组合效果

返回工作表中，即可看到按季度和月组合后的数据透视表效果，如下右图所示。

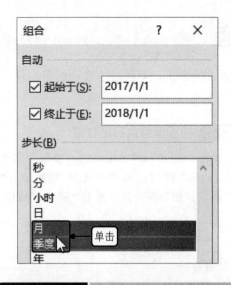

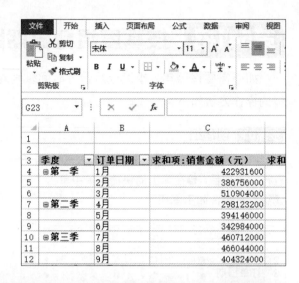

第543招 按周组合日期数据

除了可以对日期字段进行月、季度的单个或多个汇总，还可以周为级别对日期字段进行汇总。具体的操作方法如下。

步骤01 计算字段星期数

打开原始文件，在单元格 A1 中输入公式 "=TEXT(A4,"aaaa")"，按下【Enter】键，即可得到 1 月 1 日的星期数为星期日，如下图所示。右击数据透视表中的任意行字段项目，在弹出的快捷菜单中单击"创建组"命令，即可打开"组合"对话框。

步骤02 按周组合日期

由于要设置"起始于"为星期一，而第一个日期数据 1 月 1 日为星期日，❶所以在"起始于"文本框中输入 1 月 1 日前的第一个星期一，即"2016/12/26"，❷在"步长"列表框中选中"日"选项，❸设置"天数"为"7"天，如下图所示。单击"确定"按钮。

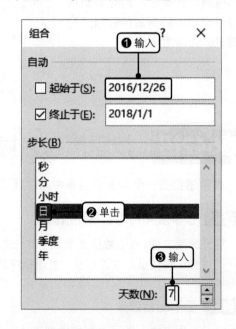

返回工作表中，即可看到按周组合后的数据透视表效果，如右图所示。

	A	B	C
1	2016/12/26 – 2017/1/1		
2			
3	订单日期　▼	求和项:销售金额（元）	求和项:销售数量（辆）
4	2016/12/26 – 2017/1/1	14848000	580
5	2017/1/2 – 2017/1/8	67375600	2518
6	2017/1/9 – 2017/1/15	70189200	2680
7	2017/1/16 – 2017/1/22	150774400	3746
8	2017/1/23 – 2017/1/29	88344400	3011
9	2017/1/30 – 2017/2/5	96256000	3080
10	2017/2/6 – 2017/2/12	131752000	4230
11	2017/2/13 – 2017/2/19	73132000	2090
12	2017/2/20 – 2017/2/26	99608000	3890

第544招　按等距步长组合行字段数据

当需要对数据透视表中的行字段进行等距步长的汇总显示时，可通过创建组功能来实现。

步骤01　创建组

打开原始文件，❶在数据透视表的行字段项目上右击，❷在弹出的快捷菜单中单击"创建组"命令，如下图所示。

步骤02　组合值字段

弹出"组合"对话框，❶设置"起始于"为"0"，保持默认的"终止于"值与"步长"值，❷单击"确定"按钮，如下图所示。

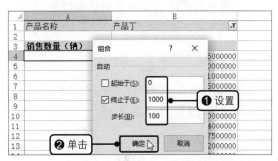

步骤03　显示组合效果

返回工作表中，即可看到等距步长组合后的数据透视表效果，如右图所示。

	A	B
1	产品名称	产品丁
2		
3	销售数量（辆）　▼	求和项:销售金额（元）
4	100-199	88500000
5	200-299	262450000
6	300-399	483250000
7	400-499	169500000
8	500-599	319200000
9	600-699	160000000

第545招　按不等距步长组合行字段数据

如果要对数据透视表中的行字段进行不等距步长的汇总显示，也可以通过创建组功能来实现。

步骤01　创建组

打开原始文件，❶选中要组合的行字段区域并右击，❷在弹出的快捷菜单中单击"创建组"命令，如下左图所示。

步骤02　显示组合效果

应用相同的方法选中其他区域并创建组，即可看到选中字段列前插入了一列数据，并自动将选中的区域创建成了一个组，如下右图所示。

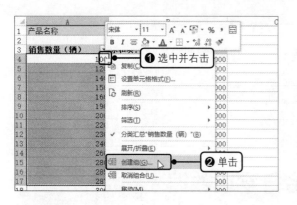

步骤03 更改组名

选中单元格 A4，更改单元格的内容为"销量 300 辆以下"，按下【Enter】键，即可得到更改组名后的效果，如右图所示。

步骤04 折叠组

应用相同的方法更改其他数据组的组名，单击组名左侧的折叠按钮，如下图所示。

步骤05 显示最终的效果

应用相同的方法折叠其他组中的详细数据，即可得到如下图所示的数据透视表效果。

第546招 取消行字段的组合

如果要返回组合前的数据透视表效果，则可取消组的创建。具体的操作方法如下。

·打开原始文件，❶右击数据透视表中被组合的任意行字段项目，❷在弹出的快捷菜单中单击"取消组合"命令，如右图所示。

第547招 激活数据透视表向导工具

当需要对具有相同属性区域的多个数据区域进行合并时，可通过多重合并计算功能来实现。但是默认情况下，用于进行多重合并计算的数据透视表向导工具并不会显示在选项卡或工具栏中，此时可以通过以下方法激活该工具。

步骤01　打开对话框

打开一个工作簿，单击"文件"按钮，在打开的视图菜单中单击"选项"命令，如下图所示。

步骤02　选择命令

弹出"Excel 选项"对话框，❶切换至"快速访问工具栏"选项卡，❷单击"从下列位置选择命令"右侧的下三角按钮，❸在展开的列表中单击"所有命令"选项，如下图所示。

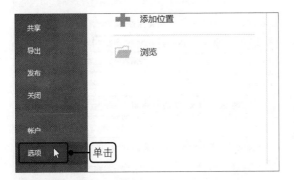

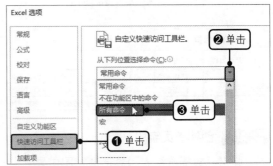

步骤03　添加命令

❶在列表框中单击要添加的"数据透视表和数据透视图向导"命令，❷单击"添加"按钮，如下图所示。

步骤04　显示添加的向导工具

单击"确定"按钮，返回工作表中，即可在快速访问工具栏中看到添加的命令，如下图所示。

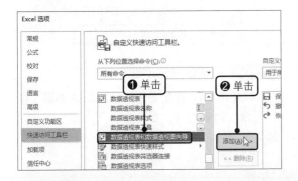

第548招　对简单的数据源进行多重合并计算

当工作表中的数据源结构比较简单时，可直接创建单页的字段进行多重合并计算。具体的操作方法如下。

步骤01　启动向导工具

打开原始文件，在快速访问工具栏中单击"数据透视表和数据透视图向导"按钮，如下左图所示。

步骤02　设置数据和报表类型

弹出"数据透视表和数据透视图向导 -- 步骤 1（共 3 步）"对话框，❶单击"多重合并计算数据区域"单选按钮，❷单击"数据透视表"单选按钮，❸单击"下一步"按钮，如下右图所示。

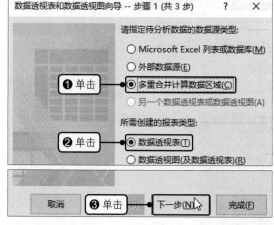

步骤03 创建单页字段

弹出"数据透视表和数据透视图向导 -- 步骤 2a（共 3 步）"对话框，❶单击"创建单页字段"单选按钮，❷单击"下一步"按钮，如右图所示。

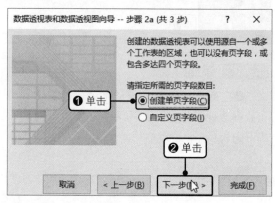

步骤04 添加选定区域

弹出"数据透视表和数据透视图向导 - 第 2b 步，共 3 步"对话框，❶在"选定区域"文本框中设置好要添加的区域，❷单击"添加"按钮，如下图所示。

步骤05 完成区域的添加

❶应用相同的方法将其他区域添加到"所有区域"列表框中，❷单击"下一步"按钮，如下图所示。

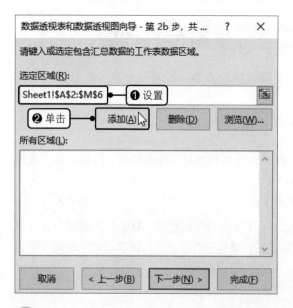

步骤06 设置数据透视表的位置

弹出"数据透视表和数据透视图向导 -- 步骤 3（共 3 步）"对话框，单击"现有工作表"单选按钮，并在文本框中设置好显示位置，如右图所示，单击"完成"按钮。

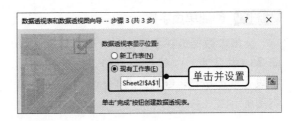

步骤07 显示汇总效果

返回工作表中，可在工作表中看到插入的数据透视表效果，接着适当调整报表中的字段位置，添加货币符号，更改行高和字体格式等，最终效果如下图所示。

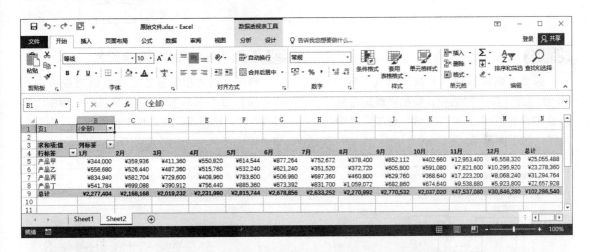

第549招　对复杂的数据源进行合并计算

当工作表中的数据源内容较多时，则可通过自定义页字段进行多重合并计算。具体的操作方法如下。

步骤01 启动向导工具

打开原始文件，可在工作簿中看到各个工作表中的月份销售数据，在快速访问工具栏中单击"数据透视表和数据透视图向导"按钮，如下图所示。

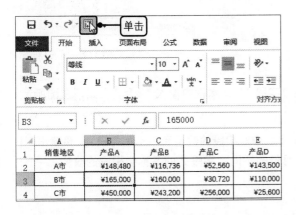

步骤02 设置数据和报表类型

弹出"数据透视表和数据透视图向导 -- 步骤 1（共 3 步）"对话框，❶单击"多重合并计算数据区域"单选按钮，❷单击"数据透视表"单选按钮，如下图所示，单击"下一步"按钮。

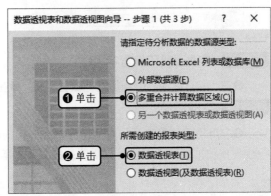

步骤03 创建单页字段

弹出"数据透视表和数据透视图向导 -- 步骤 2a（共 3 步）"对话框，❶单击"自定义页字段"单选按钮，❷单击"下一步"按钮，如右图所示。

步骤04 添加选定区域

弹出"数据透视表和数据透视图向导 - 第 2b 步，共 3 步"对话框，❶在"选定区域"文本框中设置好要添加的区域，❷单击"添加"按钮，如下图所示。

步骤05 设置字段数目和字段名

❶在"请先指定要建立在数据透视表中的页字段数目"下单击"2"单选按钮，❷在"字段 1"和"字段 2"文本框中分别输入"1月"和"第一季度"，如下图所示。

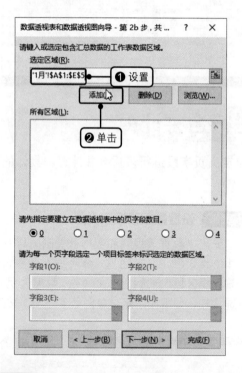

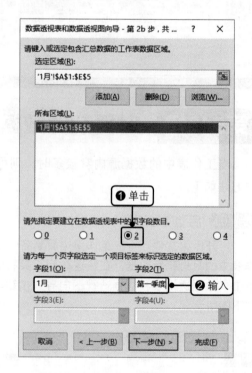

步骤06 继续添加和设置字段

❶在"所有区域"中添加其他数据区域，❷在"字段 1"文本框中输入"2 月"，如下左图所示。

步骤07 完成添加

❶应用相同的方法添加其他工作表中的相同区域，❷对字段的数量和名称进行设置，❸单击"下一步"按钮，如下右图所示。需注意的是，随着月份的不同，字段 2 的名称会相应的改变。

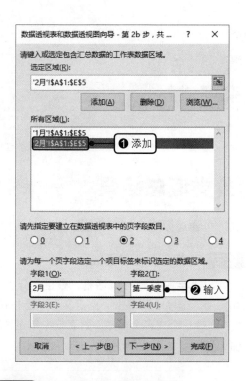

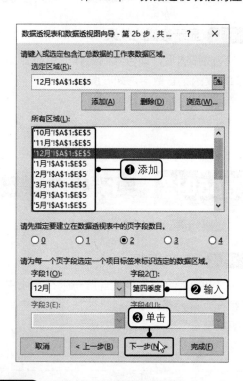

步骤08　设置数据透视表的位置

弹出"数据透视表和数据透视图向导 -- 步骤 3（共 3 步）"对话框，❶单击"现有工作表"单选按钮，在文本框中设置好显示位置，❷单击"完成"按钮，如下图所示。

步骤09　显示创建的数据透视表

返回工作表中，即可看到创建双页字段后的数据透视表效果，如下图所示。

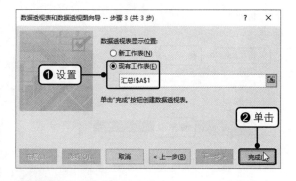

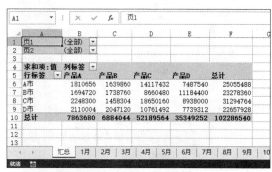

步骤10　筛选页字段

在单元格 A1 和 A2 中更改两个页字段名称为"月"和"季度"，❶单击单元格 B1 右侧的下三角按钮，❷在展开的列表中单击"第四季度"选项，❸单击"确定"按钮，如右图所示。

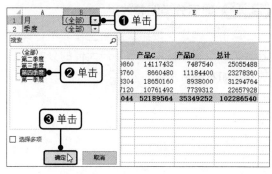

步骤11 显示最值的效果

完成筛选后，即可看到工作表中统计出的第四季度的销售数据，如右图所示。

行标签	产品A	产品B	产品C	产品D	总计
A市	920000	307200	386480	210720	1824400
B市	281320	445000	250560	316400	1293280
C市	697200	409600	310560	385680	1803040
D市	595660	660040	407040	770000	2432740
总计	2494180	1821840	1354640	1682800	7353460

第550招 更改行字段显示的分类汇总结果

如果想要改变行字段中各个字段项目的汇总数据，可通过以下方法来实现。

步骤01 打开对话框

打开原始文件，❶右击第一个行字段中的任意一个单元格，❷在弹出的快捷菜单中单击"字段设置"命令，如下图所示。

步骤02 选择分类汇总函数

弹出"字段设置"对话框，❶在"分类汇总和筛选"选项卡下单击"自定义"单选按钮，❷在"选择一个或多个函数"列表框中单击"最大值"选项，如下图所示。

步骤03 显示分类汇总效果

单击"确定"按钮，返回工作表中，即可看到第一个行字段中显示了最大值的分类汇总效果，如右图所示。

产品名称	销售城市	求和项:销售金额（元）
产品丙	A市	24480000
	C市	167126400
	D市	68472000
	E市	88675200
产品丙 最大值		14400000
产品丁	A市	855700000
	B市	364100000
	C市	204250000
	D市	403850000
	E市	628500000
产品丁 最大值		50000000
产品甲	A市	226048000

第551招　同时显示行字段的多个分类汇总结果

若需要同时显示行字段中各个字段项目的多个分类汇总结果，则可通过以下方法来实现。

步骤01　选择多个分类汇总函数

打开原始文件，右击第一个行字段中的任意一个单元格，在弹出的快捷菜单中单击"字段设置"命令，打开"字段设置"对话框，❶在"分类汇总和筛选"选项卡下单击"自定义"单选按钮，❷在"选择一个或多个函数"列表框中单击"求和"和"最大值"选项，如下图所示。

步骤02　显示分类汇总效果

单击"确定"按钮，返回工作表中，即可看到第一个行字段中显示的求和和最大值的分类汇总效果，如下图所示。

第552招　查看值字段的占比情况

如果需要在数据透视表中查看值字段的百分比占比数据，可更改值字段的值显示方式，具体的操作方法如下。

步骤01　更改值显示方式

打开原始文件，❶右击数据透视表中的值字段单元格，❷在弹出的快捷菜单中单击"值显示方式 > 总计的百分比"命令，如下图所示。

步骤02　显示更改效果

完成值字段的更改后，即可看到各个产品的销售金额在各个销售城市中的占比情况，如下图所示。

第553招　在数据透视表中添加新的计算字段

除了可以对已有的字段进行数据分析，还可以基于原有的字段创建新的计算字段。具体的操作方法如下。

步骤01 打开对话框

打开原始文件，选中数据透视表中的任意数据单元格，❶在"数据透视表工具 - 分析"选项卡下的"计算"组中单击"字段、项目和集"按钮，❷在展开的列表中单击"计算字段"选项，如下图所示。

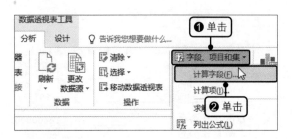

步骤02 添加字段

弹出"插入计算字段"对话框，❶在"名称"文本框中输入"销售提成"，❷单击"添加"按钮，如下图所示。

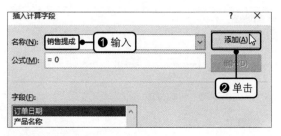

步骤03 插入字段

❶在"公式"文本框中保留"="，❷在"字段"列表框中单击"销售金额（元）"字段，❸单击"插入字段"按钮，如下图所示。

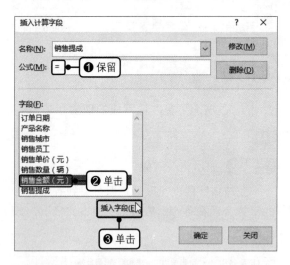

步骤04 完成公式的输入

在"公式"文本框中可看到插入的字段，❶在公式的字段后输入"*0.05"，❷单击"确定"按钮，如下图所示。

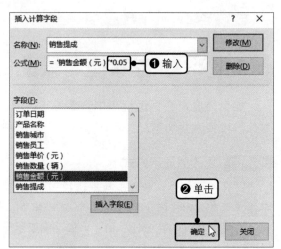

步骤05 显示插入的字段效果

返回工作表中，即可看到销售金额字段后添加的销售提成字段效果，在该字段下可看到各个员工的销售提成金额，如右图所示。

第554招　删除创建的计算字段

如果不再需要使用数据透视表中添加的计算字段，可将其删除，具体的操作方法如下。

步骤01　选择要删除的字段

打开原始文件，选中数据透视表中的任意数据单元格，在"数据透视表工具 - 分析"选项卡下的"计算"组中单击"字段、项目和集"按钮，在展开的列表中单击"计算字段"选项，打开"插入计算字段"对话框，❶单击"名称"右侧的下三角按钮，❷在展开的列表中单击"销售提成"，如下图所示。

步骤02　删除字段

完成字段的选择后，单击"删除"按钮，如下图所示。即可将该字段从数据透视表中移除。

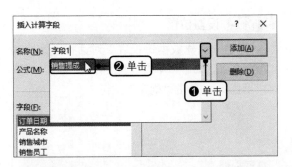

第555招　根据数据透视表创建数据透视图

如果需要将数据透视表中的数据分析结果以直观、动态的方式展现出来，可根据数据透视表直接创建数据透视图。具体的操作方法如下。

步骤01　创建数据透视图

打开原始文件，选中数据透视表中的单元格数据，在"数据透视表工具 - 分析"选项卡下的"工具"组中单击"数据透视图"按钮，如下图所示。

步骤02　选择图表类型

弹出"插入图表"对话框，❶切换至"柱形图"选项卡，❷在右侧面板中选择要插入的图表，如下图所示。单击"确定"按钮。

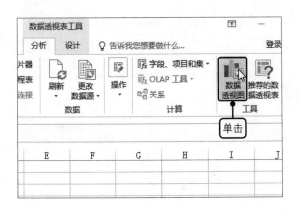

步骤03 显示数据透视图效果

返回工作表中，即可看到插入的数据透视图效果，如右图所示。

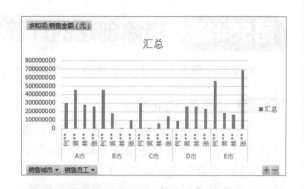

第556招 使用数据源同时创建数据透视表和图

如果需要同时创建数据透视表和数据透视图。则可通过以下方法来实现。

步骤01 插入报表和图

打开原始文件，❶选中工作表中的任意数据单元格，❷在"插入"选项卡下的"图表"组中单击"数据透视图"下三角按钮，❸在展开的列表中单击"数据透视图和数据透视表"选项，如下图所示。

步骤02 设置位置

弹出"创建数据透视表"对话框，保持默认的"表/区域"，单击"新工作表"单选按钮，如下图所示。单击"确定"按钮。

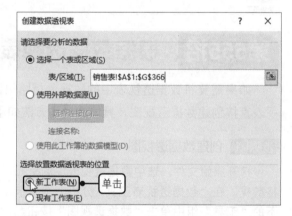

步骤03 显示创建效果

返回工作簿中，在新插入工作表的"数据透视图（表）字段"任务窗格中勾选、设置字段，并适当调整数据透视图的大小和位置，即可得到如右图所示的效果。

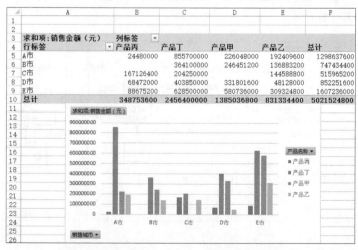

第557招　使用快捷键创建数据透视图

如果需要让数据透视图直接快速地创建在新工作表中，可使用快捷键来实现。

打开原始文件，选中数据透视表中的任意数据单元格，按下键盘上的【F11】键，即可看到新插入的"Chart1"工作表，在该工作表中可看到创建的数据透视图，如右图所示。

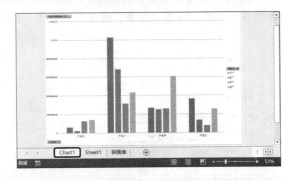

第558招　使用向导工具创建数据透视图

除了可以使用以上三种方法，还可以使用向导工具创建数据透视图。具体的操作方法如下。

步骤01　启动向导工具

打开原始文件，在快速访问工具栏中单击"数据透视表和数据透视图向导"按钮，如下图所示。

步骤02　选择创建类型

弹出"数据透视表和数据透视图向导 -- 步骤1（共3步）"对话框，保持默认的数据源类型，❶单击"数据透视图（及数据透视表）"单选按钮，❷单击"下一步"按钮，如下图所示。

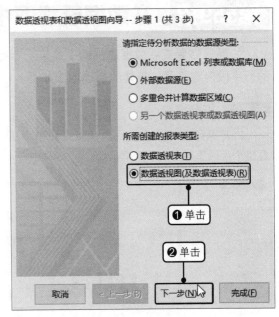

步骤03　设置区域

弹出"数据透视表和数据透视图向导 -- 第2步，共3步"对话框，❶设置"选定区域"，❷单击"下一步"按钮，如下左图所示。

步骤04 设置显示位置

弹出"数据透视表和数据透视图向导 -- 步骤3（共3步）"对话框，❶单击"现有工作表"单选按钮，设置好显示位置，❷单击"完成"按钮，如下右图所示。

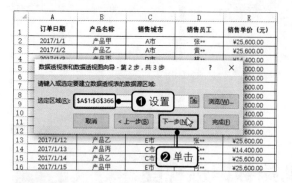

步骤05 显示创建效果

返回工作表，在"Sheet1"工作表右侧的"数据透视表字段"任务窗格中勾选字段，并适当调整数据透视图的大小和位置，即可得到如右图所示的数据透视表和数据透视图效果。

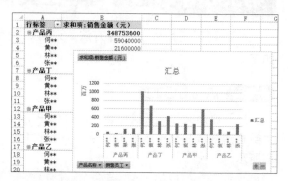

第559招 在数据透视图中折叠字段数据

如果只需要查看数据透视图中的第一个行字段展示效果，则可通过折叠字段功能将其他的行字段内容隐藏。具体的操作方法如下。

步骤01 折叠字段

打开原始文件，在数据透视图中单击"折叠整个字段"按钮，如下图所示。

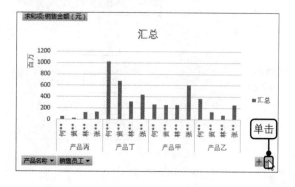

步骤02 显示折叠效果

完成字段的折叠后，可看到数据透视图中只显示了产品销售金额的对比效果，如下图所示。

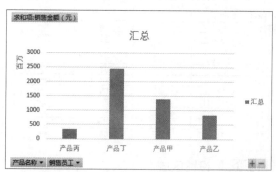

第560招　筛选数据透视图中的数据

如果数据透视图中展示数据过多，而只需要查看部分的图表内容时，可在数据透视图中直接通过字段按钮筛选图表数据。具体的操作方法如下。

步骤01　筛选数据

打开原始文件，❶在数据透视图中单击"产品名称"字段按钮，❷在展开的列表中勾选"产品丁"和"产品甲"复选框，❸单击"确定"按钮，如下图所示。

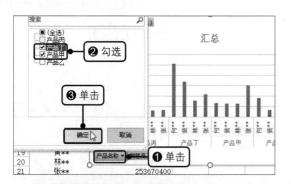

步骤02　显示筛选效果

完成筛选后，即可看到数据透视图中只显示了产品甲和产品丁的汇总情况，如下图所示。

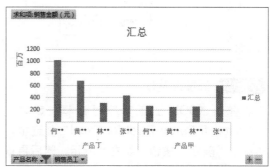

第561招　添加Power Pivot工具

为了对复杂的数据快速地进行分析工作，可使用 Power Pivot 工具。但在默认情况下，该工具不会显示在选项卡中，此时可以通过以下方法实现。

打开"Excel 选项"对话框，❶切换至"自定义功能区"选项卡，❷在"自定义功能区"列表框中勾选"Power Pivot"复选框，❸单击"确定"按钮，如右图所示。

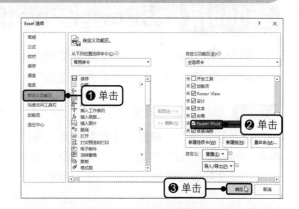

第562招　解决加载Power Pivot时遇到的问题

在某些情况下，Power Pivot 工具可能并不会在"自定义功能区"的列表框中显示，此时可以通过以下方法加载并添加该工具。

步骤01　选择加载项

打开一个空白的工作簿，单击"文件"按钮，在打开的视图菜单中单击"选项"命令，打开"Excel选项"对话框，❶切换至"加载项"选项卡，❷单击"管理"右侧的下三角按钮，❸在展开的列表中单击"COM 加载项"选项，如下左图所示。

步骤02 转至添加加载项的对话框中

完成加载项的选择后，单击"转到"按钮，如下右图所示。

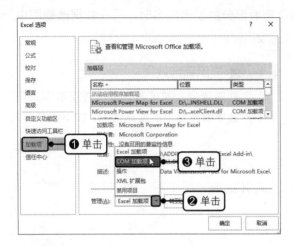

步骤03 添加加载项

弹出"COM 加载项"对话框，❶勾选 "Microsoft Power Pivot for Excel"复选框，❷单击"确定"按钮，如右图所示。随后再根据上小节中的步骤将该工具添加到选项卡中。

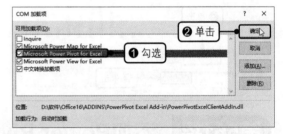

第563招 为Power Pivot链接同一工作簿中的数据

要使用 Power Pivot 对工作簿数据进行分析，首先就需要将工作簿中的数据链接到 Power Pivot 窗口中，具体的操作方法如下。

步骤01 添加数据到模型中

打开原始文件，❶选中任意数据单元格，❷在"Power Pivot"选项卡下的"表格"组中单击"添加到数据模型"按钮，如下图所示。

步骤02 创建表

弹出"创建表"对话框，设置好数据源，❶勾选"表包含标题"复选框，❷单击"确定"按钮，如下图所示。

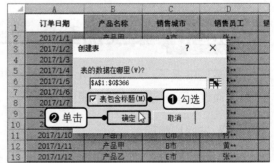

步骤03 显示导入数据后的效果

经过一段时间的链接配置后，系统自动打开一个 Power Pivot for Excel 窗口，在该窗口中可看到已经配置好的数据表"表 1"，在该表中可看到导入的表格数据，如下图所示。

订单日期	产品名称	销售城市	销售员工	销售单价（元）	销售数量（辆）	销售金额（元）	添加列
1	2017/1/...	产品甲	A市	张**	25600	580	14848000
2	2017/1/...	产品乙	A市	黄**	25600	456	11673600
3	2017/1/...	产品丙	D市	林**	14400	365	5256000
4	2017/1/...	产品丁	D市	黄**	50000	287	14350000
5	2017/1/...	产品乙	E市	林**	25600	264	6758400
6	2017/1/...	产品甲	E市	张**	25600	489	12518400
7	2017/1/...	产品乙	B市	何**	25600	457	11699200
8	2017/1/...	产品甲	B市	何**	25600	200	5120000
9	2017/1/...	产品丙	E市	张**	14400	198	2851200
10	2017/1/...	产品丁	C市	何**	50000	365	18250000
11	2017/1/...	产品甲	B市	黄**	25600	487	12467200
12	2017/1/...	产品乙	E市	张**	25600	239	6118400

表1

记录 第8行，共365行

第564招 使用Power Pivot创建扁平的数据透视表

将工作簿中的数据链接到 Power Pivot 中后，就可以通过窗口中的数据制作相比普通的数据透视表更加美观的扁平数据透视表了，具体的操作方法如下。

步骤01 管理数据

打开原始文件，在"Power Pivot"选项卡下的"数据模型"组中单击"管理"按钮，如下图所示。

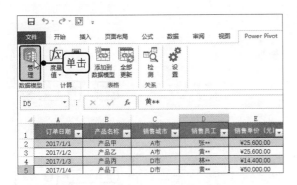

步骤02 插入扁平的数据透视表

❶在打开的 Power Pivot for Excel 窗口的"表格工具 - 链接表"选项卡下单击"数据透视表"下三角按钮，❷在展开的列表中单击"扁平的数据透视表"选项，如下图所示。

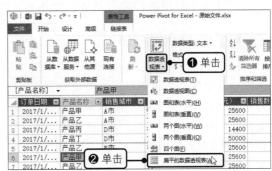

步骤03 设置位置

弹出"创建扁平的数据透视表"对话框，❶单击"现有工作表"单选按钮，设置好放置位置，❷单击"确定"按钮，如下图所示。

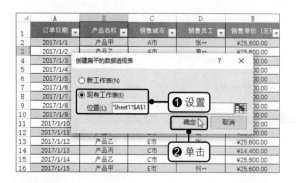

步骤04 展开表字段

返回工作表中，在"数据透视表字段"任务窗格中可看到含有字段的"表1"，单击"表1"左侧的展开按钮，如下图所示。

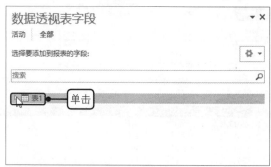

步骤05 勾选字段

在展开的字段节窗格中勾选要显示的字段，如下图所示。

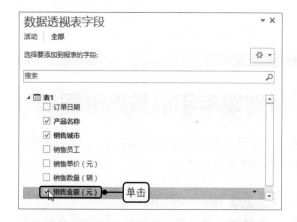

步骤06 显示创建的报表效果

即可看到工作表中创建的扁平数据透视表效果，如下图所示。

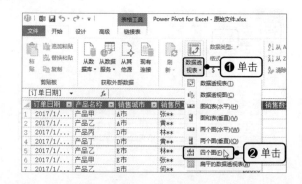

第565招 同时创建多个数据透视图

如果需要通过多个数据透视图同时分析不同的数据情况，可直接通过 Power Pivot 中的工具创建多个数据透视图。具体的操作方法如下。

步骤01 创建数据透视图

打开原始文件，在"Power Pivot"选项卡下的"数据模型"组中单击"管理"按钮，打开 Power Pivot for Excel 窗口，❶在"表格工具 - 链接表"选项卡下单击"数据透视表"下三角按钮，❷在展开的列表中单击"四个图"选项，如右图所示。

步骤02 设置位置

弹出"创建四个数据透视图"对话框，❶单击"现有工作表"单选按钮，设置好放置位置，❷单击"确定"按钮，如右图所示。

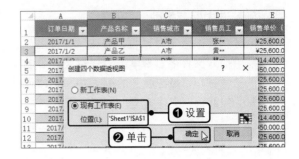

步骤03 显示创建效果

返回工作表中，分别选中工作表中的各个数据透视图，并在"数据透视图字段"任务窗格中勾选要显示的字段复选框，即可在同一个工作表中看到四个数据透视图中各个字段的数据分析情况，如下图所示。

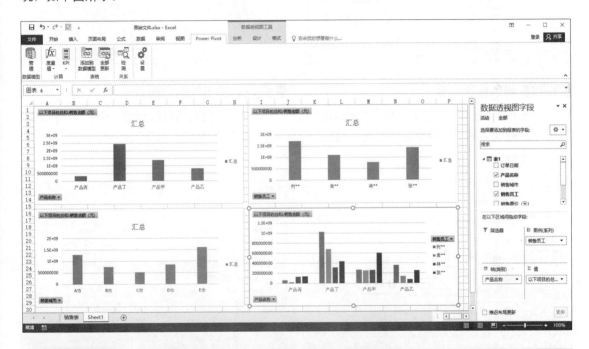

第566招　将数据透视表发布为网页

如果需要通过任何一台计算机上的浏览器来查看数据透视表的数据，可将数据透视表发布为网页。具体的操作方法如下。

步骤01 另存数据透视表

打开原始文件，单击"文件"按钮，❶在打开的视图菜单中单击"另存为"命令，❷单击"浏览"按钮，如右图所示。

步骤02 选中保存类型

　　弹出"另存为"对话框，❶在"文件名"文本框中输入文件名，❷单击"保存类型"右侧的下三角按钮，❸在展开的列表中单击"网页 (*.htm;*.html)"文件类型，如下图所示。

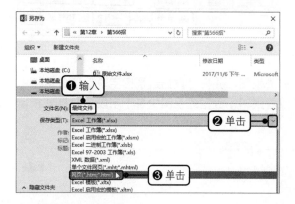

步骤03 更改标题

　　如果要指定网页标题，则单击"更改标题"按钮，如下图所示。

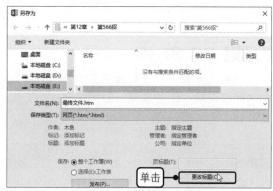

步骤04 输入标题名称

　　弹出"输入文字"对话框，❶在"页标题"文本框中输入标题名，❷单击"确定"按钮，如下图所示。

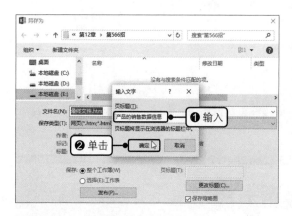

步骤05 发布数据透视表

　　完成标题的设置后，返回"另存为"对话框，单击"发布"按钮，如下图所示。

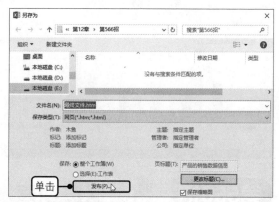

步骤06 设置发布内容和形式

　　弹出"发布为网页"对话框，❶在"选择"列表框中单击要在网页中显示的内容，此时只显示数据透视表，则单击"数据透视表"，❷勾选"在每次保存工作簿时自动重新发布"和"在浏览器中打开已发布网页"复选框，❸单击"发布"按钮，如右图所示。

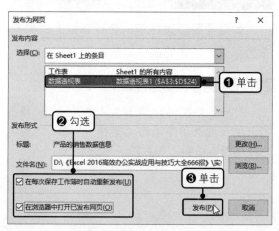

步骤07 显示发布结果

　　即可在自动打开的浏览器中看到包含了数据透视表的网页，如下图所示。需注意的是，保存为网页的数据透视表为静态表，用户无法在浏览器中对数据透视表进行更改。

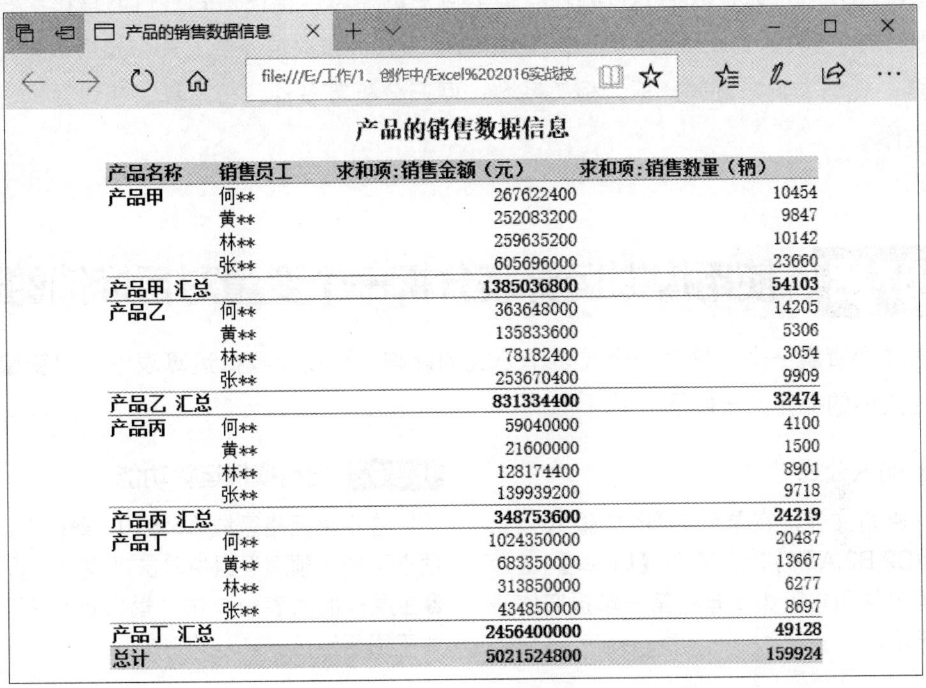

产品的销售数据信息

产品名称	销售员工	求和项:销售金额（元）	求和项:销售数量（辆）
产品甲	何**	267622400	10454
	黄**	252083200	9847
	林**	259635200	10142
	张**	605696000	23660
产品甲 汇总		1385036800	54103
产品乙	何**	363648000	14205
	黄**	135833600	5306
	林**	78182400	3054
	张**	253670400	9909
产品乙 汇总		831334400	32474
产品丙	何**	59040000	4100
	黄**	21600000	1500
	林**	128174400	8901
	张**	139939200	9718
产品丙 汇总		348753600	24219
产品丁	何**	1024350000	20487
	黄**	683350000	13667
	林**	313850000	6277
	张**	434850000	8697
产品丁 汇总		2456400000	49128
总计		5021524800	159924

读书笔记

第13章　用分析工具分析数据

在实际工作中，分析数据的目的在于提取有用的信息，以便得到可行的结论。若要通过Excel组件中的工具达到此目的，可使用已有的模拟分析和数据分析工具，如模拟运算表、方案管理器、规划求解、方差分析、相关系数、回归分析等多种分析工具快速对数据进行统计和分析操作。

第567招　使用模拟运算表分析一个变量对目标值的影响

如果需要查看一个变量对一个或多个公式的影响，可使用模拟运算表中的单变量模拟运算功能。具体的操作方法如下。

步骤01　输入公式

打开原始文件，在单元格 B6 中输入公式"=SYD(B2,B3,A6,1)"，按下【Enter】键，即可计算出使用年限为 3 年的第一年折旧值，如下图所示。

步骤02　启用模拟运算功能

选中单元格区域 A6:B10，❶在"数据"选项卡下的"预测"组中单击"模拟分析"按钮，❷在展开的列表中单击"模拟运算表"选项，如下图所示。

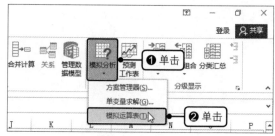

步骤03　设置引用的单元格

弹出"模拟运算表"对话框，❶在"输入引用列的单元格"中输入要引用的单元格，❷单击"确定"按钮，如下图所示。

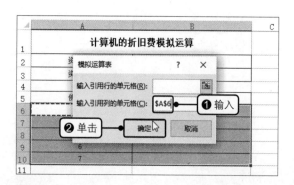

步骤04　显示计算结果

返回工作表中，即可看到使用单变量模拟运算后获取的各个使用年限下第一年的折旧值，如下图所示。

	A	B	C
1	计算机的折旧费模拟运算		
2	资产原值	￥600,000.00	
3	资产残值	￥2,000.00	
4			
5	使用年限	第一年的折旧值	
6	3	￥299,000.00	
7	4	239200	
8	5	199333.3333	
9	6	￥170,857.14	
10	7	￥149,500.00	
11			

第568招　使用模拟运算表分析两个变量对目标值的影响

如果需要在其他因素不变的条件下分析两个参数的变化对目标值的影响，可使用模拟运算表中的双变量模拟运算功能，具体的操作方法如下。

步骤01　输入公式

打开原始文件，在单元格 B6 中输入公式"=SYD(B2,B3,B4,1)"，按下【Enter】键，即可计算出使用年限为 7 年时第一年的折旧值，如下图所示。

步骤02　启用模拟运算功能

选中单元格区域 C4:G8，❶在"数据"选项卡下的"预测"组中单击"模拟分析"按钮，❷在展开的列表中单击"模拟运算表"选项，如下图所示。

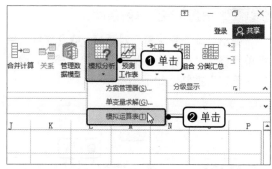

步骤03　设置引用的单元格

弹出"模拟运算表"对话框，❶设置好"输入引用行的单元格"和"输入引用列的单元格"，❷单击"确定"按钮，如下图所示。

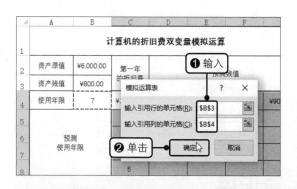

步骤04　显示计算结果

返回工作表中，即可看到使用双变量模拟运算后获取的不同使用年限和不同残值下第一年的折旧值，如下图所示。

	A	B	C	D	E	F	G
1	计算机的折旧费双变量模拟运算						
2	资产原值	¥6,000.00	第一年的折旧费		预测残值		
3	资产残值	¥800.00					
4	使用年限	7	¥1,300.00	¥1,200.00	¥1,100.00	¥1,000.00	¥900.00
5	预测使用年限		3	2400	2450	2500	2550
6			4	1920	1960	2000	2040
7			5	1600	1633.3333	1666.6667	1700
8			6	1371.4286	1400	1428.5714	1457.1429

第569招　使用单变量求解对数据进行计算

若要在设置了不同的结果后去模拟分析出得到这个结果需要什么样的条件，可使用单变量求解功能来实现。具体的操作方法如下。

步骤01　输入公式

打开原始文件，在单元格 B3 中输入公式"=PMT(B2/12,B4,-B1)"，按下【Enter】键，即可得到每月还款额，如下左图所示。

步骤02 启动单变量求解功能

❶在"数据"选项卡下的"预测"组中单击"模拟分析"按钮，❷在展开的列表中单击"单变量求解"选项，如下右图所示。

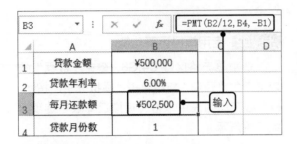

步骤03 设置单变量求解条件

弹出"单变量求解"对话框，❶设置好"目标单元格""目标值"及"可变单元格"，❷单击"确定"按钮，如下图所示。

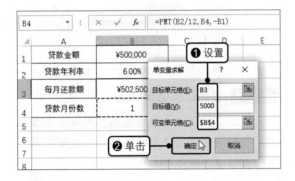

步骤04 查看求解状态

弹出"单变量求解状态"对话框，在该对话框中会提示用户求解的目标值和当前解，直接单击"确定"按钮，如下图所示。

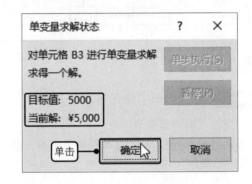

步骤05 显示求解结果

返回工作表中，即可发现，如果想要每月还款 5000 元，贷款的月份数就为 138 个多月，如右图所示。

第570招 提高工作表的运算速度

为了提高运算速度，可对公式的计算选项进行设置，具体的操作方法如下。

打开一个空白工作簿，单击"文件"按钮，在打开的视图菜单中单击"选项"命令，打开"Excel 选项"对话框，❶切换至"公式"选项卡，❷单击"除模拟运算表外，自动重算"单选按钮，如右图所示，单击"确定"按钮。

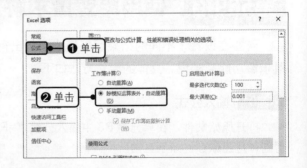

第571招　使用方案管理器添加方案

如果需要更加方便地对工作表中的数据进行预算和分析，可使用 Excel 中的方案管理器添加方案。具体的操作方法如下。

步骤01　计算商品利润

打开原始文件，❶在单元格 B5 中输入公式 "=(B4-B2-$C$8-$C$9)*B3"，按下【Enter】键，❷拖动鼠标向右复制公式，如下图所示。即可得到各个商品的利润值。

步骤02　计算总利润

在单元格 B6 中输入公式 "=SUM(B5:D5)"，按下【Enter】键，即可得到商品的总利润金额，如下图所示。

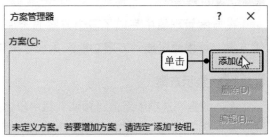

步骤03　启动方案管理器功能

❶在"数据"选项卡下的"预测"组中单击"模拟分析"按钮，❷在展开的列表中单击"方案管理器"选项，如下图所示。

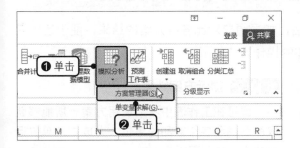

步骤04　添加方案

弹出"方案管理器"对话框，单击"添加"按钮，如下图所示。

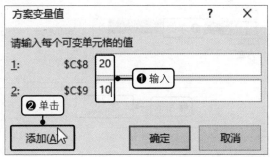

步骤05　添加第一个方案

弹出"编辑方案"对话框，设置好方案名和可变单元格，如下图所示。单击"确定"按钮。

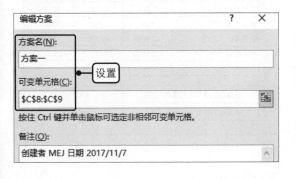

步骤06　设置变量值

弹出"方案变量值"对话框，❶设置好可变单元格的值，❷单击"添加"按钮，如下图所示。

步骤07 添加第二个方案

返回"添加方案"对话框，设置好第二个方案名和可变单元格，如下图所示。单击"确定"按钮。

步骤09 显示添加的方案

应用相同的方法添加第三个方案，在"方案变量值"对话框中设置好变量值后单击"确定"按钮，即可看到"方案管理器"对话框中的添加的方案，如右图所示。

步骤08 设置变量值

弹出"方案变量值"对话框，❶设置好可变单元格的值，❷单击"添加"按钮，如下图所示。

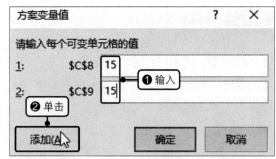

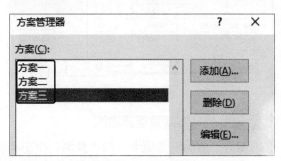

第572招 使用方案管理器对比分析多种方案

在方案管理器中完成了多个方案的添加后，如果想要对比各种方案的结果，便于选出最优方案，可以通过显示方案功能来实现。具体的操作方法如下。

步骤01 显示方案

在"数据"选项卡下的"预测"组中单击"模拟分析"按钮，在展开的列表中单击"方案管理器"选项，打开"方案管理器"对话框，❶选中方案，❷单击"显示"按钮，如下图所示。

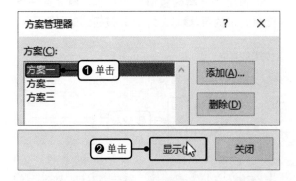

步骤02 显示方案结果

即可在工作表中看到使用方案一所能够获取的利润和各个商品的单位人力成本及单位运输成本，如下图所示。

	A	B	C	D
1		甲商品	乙商品	丙商品
2	成本单价（元/件）	¥1,000	¥1,200	¥2,000
3	商品产量（件）	500	600	660
4	销售单价（元/件）	¥2,600	¥3,000	¥5,000
5	商品利润（元）	¥785,000	¥1,062,000	¥1,960,200
6	总利润（元）		¥3,807,200	
7				
8	各商品的单位人力成本（元）		¥20	
9	各商品的单位运输成本（元）		¥10	
10				

第573招　修改方案管理器中的方案

如果方案管理器中已经添加的方案存在错误，可通过修改功能对其进行编辑和修改，具体的操作方法如下。

步骤01 启动编辑方案功能

打开原始文件，在"数据"选项卡下的"预测"组中单击"模拟分析"按钮，在展开的列表中单击"方案管理器"选项，打开"方案管理器"对话框，❶选中要编辑的方案，❷单击"编辑"按钮，如下图所示。

步骤02 编辑方案

弹出"编辑方案"对话框，保持默认的设置，直接单击"确定"按钮，如下图所示。

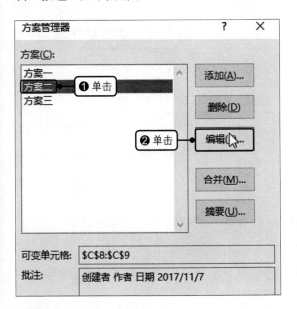

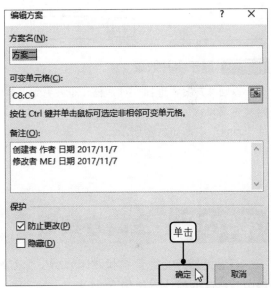

步骤03 编辑方案变量值

弹出"方案变量值"对话框，❶重新设置可变单元格的值，❷单击"确定"按钮，如右图所示。即可完成方案的编辑操作。

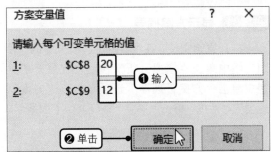

第574招　合并多个工作簿中的方案

为了便于多个工作簿中的方案进行对比分析，可将多个工作簿中的方案统计到一个工作簿中，具体的操作方法如下。

步骤01 启动合并方案操作

打开两个原始文件，在"数据"选项卡下的"预测"组中单击"模拟分析"按钮，在展开的列表中单击"方案管理器"选项，打开"方案管理器"对话框，单击"合并"按钮，如下左图所示。

步骤02 设置合并工作簿和工作表

弹出"合并方案"对话框，❶在"方案来源"选项组下设置好要合并的工作簿和工作表，❷单击"确定"按钮，如下右图所示。

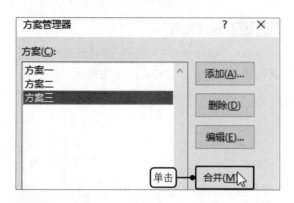
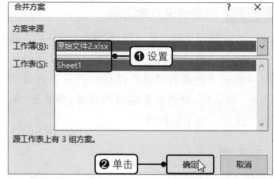

步骤03 显示合并效果

返回"方案管理器"对话框，即可看到"原始文件 2.xlsx"中的方案被合并到了"原始文件 1.xlsx"中，如右图所示。

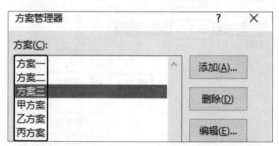

第575招 生成方案报告

若想更加方便地查看和对比分析多个方案，可创建方案摘要，将所有的方案都显示在报告中。具体的操作方法如下。

步骤01 显示方案摘要

打开原始文件，在"数据"选项卡下的"预测"组中单击"模拟分析"按钮，在展开的列表中单击"方案管理器"选项，打开"方案管理器"对话框，单击"摘要"按钮，如下图所示。

步骤02 设置显示位置

弹出"方案摘要"对话框，❶在"报表类型"选项组下单击"方案摘要"单选按钮，❷设置好"结果单元格"，❸单击"确定"按钮，如下图所示。

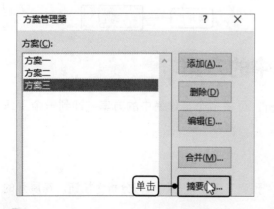
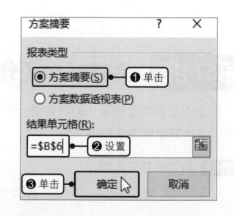

步骤03　显示生成的方案报告

返回工作表中，即可看到在新工作表"方案摘要"中生成的报告，如右图所示。

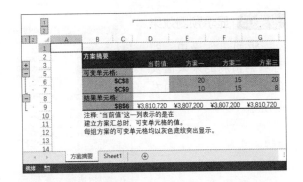

第576招　删除方案管理器中的方案

当不再需要使用方案管理器中的某方案时，可将其删除。具体的操作方法如下。

打开原始文件，在"数据"选项卡下的"预测"组中单击"模拟分析"按钮，在展开的列表中单击"方案管理器"选项，打开"方案管理器"对话框，❶选中要删除的方案，❷单击"删除"按钮，如右图所示。

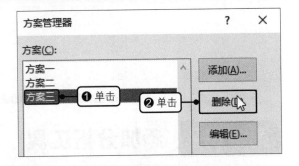

第577招　使用预测工作表预测数据趋势

如果需要从历史数据分析出事情的未来发展趋势，并且以图表的形式快速地展示出来，可以使用预测工作表功能来实现。具体的操作方法如下。

步骤01　启动预测工作表工具

打开原始文件，选中工作表中要预测数据中的任意数据单元格，在"数据"选项卡下的"预测"组中单击"预测工作表"按钮，如下图所示。

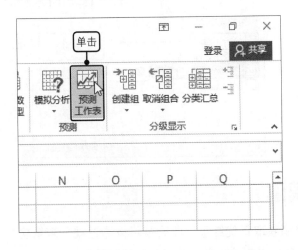

步骤02　设置预测结果值

弹出"创建预测工作表"对话框，❶设置"预测结果"为"2018/6"，❷单击"创建"按钮，如下图所示。

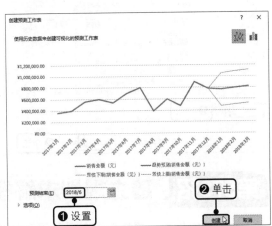

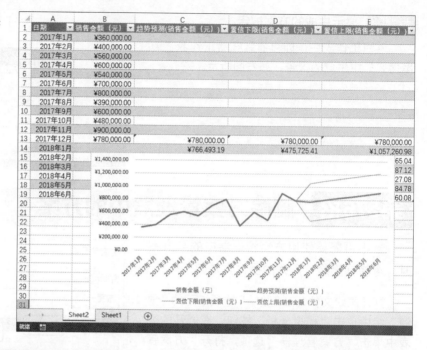

步骤03 显示预测效果

返回工作表中，即可看到预测的未来值及创建的预测图表，如右图所示。

第578招 添加分析工具

如果要在工作表中对数据进行复杂的统计分析，首先就需要将分析工具加载到 Excel 中。具体的操作方法如下。

步骤01 单击"转到"按钮

打开一个空白工作簿，单击"文件"按钮，在打开的视图菜单中单击"选项"命令，打开"Excel 选项"对话框，❶切换至"加载项"选项卡，❷单击"转到"按钮，如下图所示。

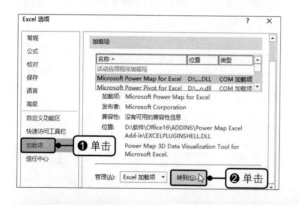

步骤02 添加数据工具

弹出"加载宏"对话框，❶勾选"分析工具库"和"规划求解加载项"复选框，❷单击"确定"按钮，如下图所示，即可将分析工具加载到 Excel 中。

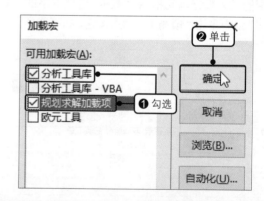

第579招 建立规划求解模型

在实际工作中，常常需要合理利用有限资源获取最优结果，此时就可以通过规划求解功能来实现。而要使用该功能，建立规划求解模型是必需的，具体的操作方法如下。

步骤01　计算销售金额

打开原始文件，❶选中单元格 E3，在编辑栏中输入公式"=C3*D3"，按下【Enter】键，❷向下复制公式至单元格 E5，如下图所示，即可得到各个产品的销售金额。

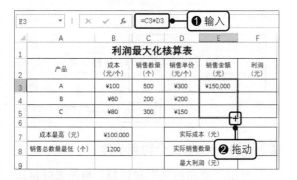

步骤02　计算利润值

❶选中单元格 F3，在编辑栏中输入公式"=E3-B3*C3"，按下【Enter】键，❷向下复制公式至单元格 F5，如下图所示，即可得到各个产品的利润额。

步骤03　计算实际成本

在单元格 F7 中输入公式"=SUMPRODUCT(B3:B5,3:C5)"，按下【Enter】键，即可得到产品的实际成本，如下图所示。

步骤04　计算实际销售数量

在单元格 F8 中输入公式"=SUM(C3:C5)"，按下【Enter】键，即可得到产品的实际销售数量，如下图所示。

步骤05　计算最大利润额

在单元格 F9 中输入公式"=SUM(F3:F5)"，按下【Enter】键，即可得到产品的最大利润金额，如右图所示。

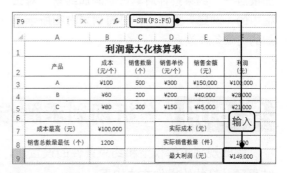

第580招　添加规划求解条件

完成规划求解模型的建立后，还需要设置约束条件对规划问题的决策变量进行一定的条件限制。具体的操作方法如下。

步骤01 启动规划求解工具

打开原始文件，在"数据"选项卡下的"分析"组中单击"规划求解"按钮，如下图所示。

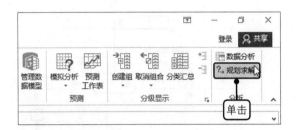

步骤03 添加约束

弹出"添加约束"对话框，❶设置好第一个要添加的约束条件，❷单击"添加"按钮，如下图所示。

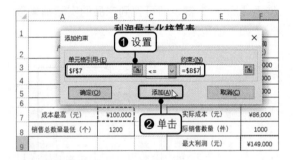

步骤05 显示添加效果

应用相同的方法添加其他约束条件，在添加最后一个约束条件后单击"添加约束"对话框中的"确定"按钮，即可看到如右图所示添加的约束条件效果。

步骤02 设置规划求解参数

弹出"规划求解参数"对话框，❶设置好"设置目标"，单击"最大值"单选按钮，设置好"通过更改可变单元格"，❷单击"添加"按钮，如下图所示。

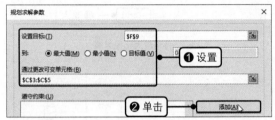

步骤04 添加第二个约束条件

弹出"添加约束"对话框，❶设置好第二个约束条件，❷单击"添加"按钮，如下图所示。

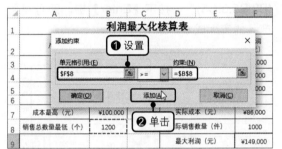

第581招 分析规划求解结果

完成规划求解模型和约束条件的设置后，就可以通过规划求解功能查看最佳方案的求解结果了。具体的操作方法如下。

步骤01 求解规划结果

打开原始文件，在"数据"选项卡下的"分析"组中单击"规划求解"按钮，打开"规划求解参数"对话框，单击"求解"按钮，如下左图所示。

步骤02　开始求解

弹出"规划求解结果"对话框，单击"确定"按钮，如下右图所示。

步骤03　显示求解结果

返回工作表中，即可看到规划求解后的最大利润、实际成本和实际销售数量，如右图所示。

第582招　查看规划求解报告

如果需要让规划求解的全部运算结果信息以单独的工作表的形式显示，则可以创建规划求解报告，具体的操作方法如下。

步骤01　选择报告类型

打开原始文件，在"数据"选项卡下的"分析"组中单击"规划求解"按钮，打开"规划求解参数"对话框，单击"求解"按钮，打开"规划求解结果"对话框，❶在"报告"列表框中单击"运算结果报告"，❷单击"确定"按钮，如下图所示。

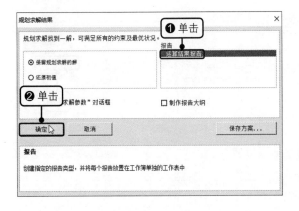

步骤02　显示规划求解报告

返回工作表，此时工作簿中自动插入了一个名为"运算结果报告1"的工作表，在该工作表中可看到整个运算结果的详细信息，如下图所示。

第583招 删除规划求解的约束条件

如果在设置规划求解条件的过程中发现设置了多余的约束条件，可将其删除，具体的操作方法如下。

打开原始文件，在"数据"选项卡下的"分析"组中单击"规划求解"按钮，打开"规划求解参数"对话框，❶单击要删除的约束条件，❷单击"删除"按钮，如右图所示。

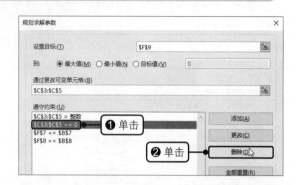

第584招 重置全部约束条件

如果要重新设置规划求解中的所有约束条件，可直接通过全部重置功能将已有的约束条件全部删除。具体的操作方法如下。

在"数据"选项卡下的"分析"组中单击"规划求解"按钮，打开"规划求解参数"对话框，单击"全部重置"按钮，如右图所示。弹出提示框，提示用户"重新设置所有规划求解选项及单元格选定区域"，单击"确定"按钮即可。

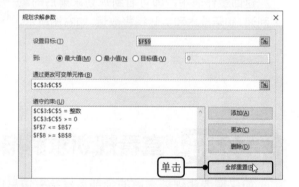

第585招 使用单因素方差分析判断单个因素的影响力

如果要测试一个因素对某项指标的影响是否显著，可通过单因素方差分析工具对此因素的多个水平实验结果进行比较分析，具体的操作方法如下。

步骤01 查看原始数据

打开原始文件，可在工作表中看到随机选取的 10 辆汽车使用不同型号轮胎进行试驾后的刹车停止距离，如下图所示。

汽车编号 \ 轮胎型号	甲型号	乙型号	丙型号	丁型号	戊型号
1	288	285	275	298	294
2	270	272	276	281	286
3	287	288	285	286	290
4	288	280	270	278	276
5	285	289	290	260	258
6	286	285	269	278	294
7	265	268	280	274	276
8	289	278	270	280	275
9	290	260	268	269	278
10	290	296	287	265	287

步骤02 启动数据分析工具

在"数据"选项卡下的"分析"组中单击"数据分析"按钮，如下图所示。

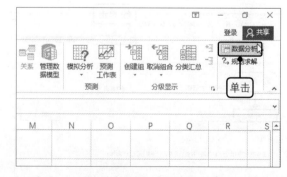

步骤03 选择分析工具

弹出"数据分析"对话框，❶在"分析工具"列表框中单击要应用的工具，如"方差分析：单因素方差分析"，❷单击"确定"按钮，如右图所示。

步骤04 设置输入选项

弹出"方差分析：单因素方差分析"对话框，❶设置好"输入区域"，❷勾选"标志位于第一行"复选框，❸设置"α"为"0.05"，如下图所示。

步骤05 设置输出选项

❶单击"输出区域"单选按钮，并设置好输出区域，❷单击"确定"按钮，如下图所示。

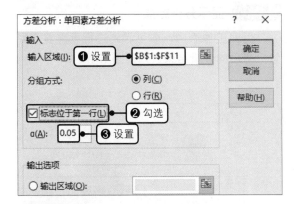

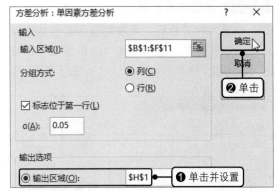

步骤06 显示分析结果

返回工作表中，即可看到单因素方差分析后的数据结果，如右图所示。

> **提示**
>
> 在分析的结果表中，P-value 用于判断组间的差异显著性，通常情况下，当该值 ≤ 0.01 时，表示有极显著的差异；当该值 ≥ 0.05 时，表示没有显著差异；当该值介于 0.01 和 0.05 之间时，表示有显著差异，但差异不是很明显。在上述实例中，可以明显发现 P-value 值大于 0.05，说明各个轮胎之间的刹车距离没有明显的差异，所以刹车距离对轮胎定价并无较大的参考价值。

第586招 使用双因素分析具有显著性影响的因素

在实际工作中，有时还需要考虑两个因素对实验结果是否有显著性影响，此时可以使用双因素分析工具进行对比分析，具体的操作方法如下。

步骤01 查看原始数据

打开原始文件，可在工作表中看到多种方案在多个地区的 3 天销售额数据，如下左图所示。在"数据"选项卡下的"分析"组中单击"数据分析"按钮。

步骤02 选择分析工具

弹出"数据分析"对话框，❶在"分析工具"列表框中单击要应用的工具，如"方差分析：可重复双因素分析"，❷单击"确定"按钮，如下右图所示。

	A	B	C	D	E
1	地区（因素1）\ 方案（因素2）	甲销售区	乙销售区	丙销售区	丁销售区
2		¥20,000	¥30,000	¥45,000	¥40,000
3	方案一	¥36,000	¥48,000	¥40,000	¥45,000
4		¥45,000	¥47,000	¥36,000	¥40,000
5		¥26,000	¥25,000	¥37,000	¥78,000
6	方案二	¥40,000	¥35,000	¥25,000	¥40,000
7		¥30,000	¥39,000	¥29,000	¥50,000
8		¥29,000	¥40,000	¥24,000	¥60,000
9	方案三	¥25,000	¥48,000	¥29,000	¥23,000
10		¥33,000	¥45,000	¥54,000	¥47,000

数据分析

分析工具(A)

- 方差分析：单因素方差分析
- **方差分析：可重复双因素分析** ← ❶单击
- 方差分析：无重复双因素分析
- 相关系数
- 协方差
- 描述统计
- 指数平滑
- F-检验 双样本方差

确定 ← ❷单击
取消

步骤03 设置相关参数

弹出"方差分析：可重复双因素分析"对话框，❶设置好"输入"和"输出选项"选项组下的参数，❷单击"确定"按钮，如下图所示。

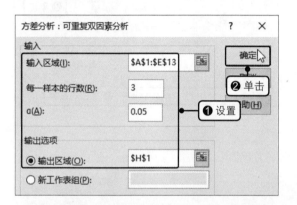

方差分析：可重复双因素分析

输入

输入区域(I):　$A$1:$E$13

每一样本的行数(R):　3

α(A):　0.05　← ❶设置

输出选项

● 输出区域(O):　$H$1

○ 新工作表组(P):

确定 ← ❷单击

步骤04 显示分析结果

返回工作表中，即可看到进行可重复双因素分析后的分析结果，如下图所示。

G	H	I	J	K	L	M	N
	方案四						
	观测数	3	3	3	3	12	
	求和	102000	93000	139000	126000	460000	
	平均	34000	31000	46333.33	42000	38333.33	
	方差	28000000	39000000	65333333	1.48E+08	91878788	
	总计						
	观测数	12	12	12	12		
	求和	386000	450000	458000	549000		
	平均	32166.67	37500	38166.67	45750		
	方差	50878788	72636364	1.07E+08	2.02E+08		
	方差分析						
	差异源	SS	df	MS	F	P-value	F crit
	样本	15562500	3	5187500	0.047592	0.985986	2.90112
	列	1.12E+09	3	3.75E+08	3.440048	0.028251	2.90112
	交互	1.25E+09	9	1.39E+08	1.277289	0.286798	2.188766
	内部	3.49E+09	32	1.09E+08			

⏰ 提示

在分析结果表中，3 个 P-value 值都大于 0.01，说明方案和地区及二者的交互作用对销售额没有显著影响，所以企业在指定后续的销售决策时，可不考虑这些因素对销售额增长的作用。

第587招 使用相关系数工具判断数据的相关性

如果要判断两组数据之间的关系，即判断这两组数据的变化是否相关，可使用相关系数工具来实现。具体的操作方法如下。

步骤01 查看原始数据

打开原始文件，可在工作表中看到不同代理商的年销售额及各项费用，如右图所示。在"数据"选项卡下的"分析"组中单击"数据分析"按钮。

	A	B	C	D	E
1	代理商序号	年销售额（万元）	管理费（万元）	成本费（万元）	广告费（万元）
2	A	36	0.75	2	15
3	B	38	0.7	3	25
4	C	40	0.68	3	26
5	D	42	0.72	3.1	28
6	E	40	0.7	3.2	28
7	F	50	0.62	3.5	30
8	G	55	0.65	3.6	32
9	H	56	0.75	4	36
10	I	59	0.8	5	36
11	J	42	0.8	4	30
12	K	40	0.72	3.2	20
13	L	47	0.7	4	28

步骤02 选择分析工具

　　弹出"数据分析"对话框，❶在"分析工具"列表框中单击"相关系数"工具，❷单击"确定"按钮，如右图所示。

步骤03 设置相关参数

　　弹出"相关系数"对话框，❶设置好"输入"和"输出选项"选项组下的参数，❷单击"确定"按钮，如下图所示。

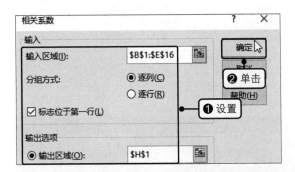

步骤04 显示分析结果

　　返回工作表中，即可看到各项费用与年销售额之间的相关性，如下图所示。

💡 提示

　　在分析结果表中，得到的值为相关系数 r，该值一般介于 $-1 \sim 1$ 之间，$r > 0$ 则正相关，$r < 0$ 为负相关，$r = 0$ 为不相关，r 的绝对值越接近 1，表示相关性越强。根据上述实例的计算结果可发现管理费用和年销售额的相关系数接近于 0，说明二者的相关性不大；而广告费和成本费与年销售额的相关系数接近于 1，说明相关性很强，且属于高度正相关。因此，当企业发现销售额较低或较高时，应重点关注广告费和成本费，无需过多考虑管理费对其的影响。

第588招　使用回归分析让预测更准确

　　若要分析单个因变量是如何受到一个或多个自变量的影响的，可通过回归分析工具来实现。但需要注意的是，只有当数据之间存在高度相关时，进行回归分析才有意义。

步骤01 查看原始数据

　　打开原始文件，可在工作表中看到各月份的销售额与广告费的支出数据情况，如下图所示。在"数据"选项卡下的"分析"组中单击"数据分析"按钮。

	A	B	C	D
1	月份	视频网站广告费（万元）	电视台广告费（万元）	商品销售金额（万元）
2	1月	14	22	700
3	2月	28	23	1200
4	3月	27	25	1200
5	4月	30	24	1500
6	5月	22	22	1200
7	6月	25	30	1300
8	7月	30	26	1400
9	8月	20	18	780

步骤02 选择分析工具

　　弹出"数据分析"对话框，❶在"分析工具"列表框中单击"回归"工具，❷单击"确定"按钮，如下图所示。

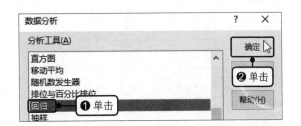

步骤03 设置回归参数

弹出"回归"对话框，❶设置好"输入"和"输出选项"选项组下的参数，❷单击"确定"按钮，如下图所示。

步骤04 显示分析结果

返回工作表中，即可看到使用回归分析后的数据结果，如下图所示。

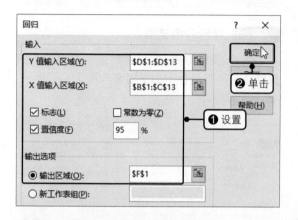

> ### 💡 提示
>
> 在分析结果表中，Multiple R 为复相关系数 R，也就是相关系数，该数据主要用于衡量变量 x 和 y 之间的相关程度大小，该值一般在 -1 ～ 1 之间，其绝对值越靠近 1 则相关性越强，越靠近 0 则相关性越弱。上述实例中的相关系数为 0.913799，说明相关性较大。此外，该表的第三部分中的 Coefficients 列数据为回归系数，包括了截距和斜率，可以依据此建立回归模型，即模型为 $y=-323.525+51.2498x_1+11.11842x_2$。

第589招 使用随机抽样对总体数据进行判断

当要检测的数据较多，不便于逐个进行数据的全量统计分析时，可通过随机抽样工具从目标总体中抽取一部分作为样本，通过观察样本的某一或某些属性，对总体数据的特征得出具有一定可靠性的估计和判断。具体的操作方法如下。

步骤01 查看原始数据

打开原始文件，可在工作表中看到各个客户的满意度数值，如下图所示。在"数据"选项卡下的"分析"组中单击"数据分析"按钮。

步骤02 选择分析工具

弹出"数据分析"对话框，❶在"分析工具"列表框中单击要应用的"抽样"工具，❷单击"确定"按钮，如下图所示。

	A	B	C	D
1	客户编号	购买时间	购买金额（元）	满意度数值（0-10）
2	A003	2017/1/5	3000	8.3
3	A006	2017/1/8	4500	8.6
4	A009	2017/1/12	6500	8.4
5	A012	2017/1/15	4780	8.5
6	A015	2017/1/19	3600	7.8
7	A018	2017/1/22	2800	7.6
8	A030	2017/2/5	6000	8.2
9	A033	2017/2/9	5800	8.9
10	A039	2017/2/16	6000	9.6
11	A045	2017/2/23	4400	7.5
12	A048	2017/2/26	1600	7.6
13	A051	2017/3/2	2800	7.6
14	A054	2017/3/5	3600	4
15	A063	2017/3/16	8000	7.8

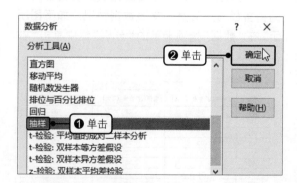

步骤03 设置参数

弹出"抽样"对话框，❶设置好"输入区域""抽样方法"和"输出选项"选项组下的参数，❷单击"确定"按钮，如下图所示。

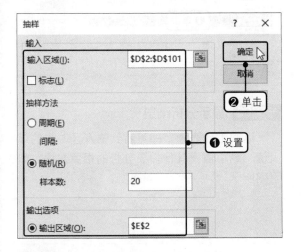

步骤05 筛选重复数据

弹出"高级筛选"对话框，❶设置好"列表区域"，❷勾选"选择不重复的记录"复选框，❸单击"确定"按钮，如下图所示。

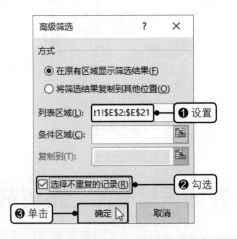

步骤04 显示抽样结果

返回工作表中，即可看到抽样选择出的数据，在"数据"选项卡下的"排序和筛选"组中单击"高级"按钮，如下图所示。

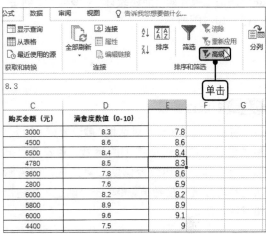

步骤06 显示筛选结果

返回工作表中，即可看到筛选出的不重复数据的记录，如下图所示。

	B	C	D	E
1	购买时间	购买金额（元）	满意度数值（0-10）	
2	2017/1/5	3000	8.3	7.8
3	2017/1/8	4500	8.6	8.6
4	2017/1/12	6500	8.4	8.4
5	2017/1/15	4780	8.5	8.3
7	2017/1/22	2800	7.6	6.9
8	2017/2/5	6000	8.2	8.2
9	2017/2/9	5800	8.9	8.9
10	2017/2/16	6000	9.6	9.1
11	2017/2/23	4400	7.5	9
12	2017/2/26	1600	7.6	8
13	2017/3/2	2800	7.6	9.4
14	2017/3/5	3600	4	6.8
16	2017/3/19	5000	7.6	9.6
21	2017/4/6	4800	7.5	7.6
22	2017/4/9	6900	5	
23	2017/4/13	4500	6.8	
24	2017/4/16	6300	6.8	
25	2017/4/20	4800	8	

⏰ **提示**

完成样本的抽取工作后，样本之间可能存在重复数据，所以需要使用高级筛选功能筛选出不重复的样本数据。

第590招　使用描述统计工具对数据进行统计分析

如果需要了解工作表中某组数据的分布状态、数字特征等内在规律，可通过描述统计工具计算出该组数据的平均值、众数等主要的指标数据，具体的操作方法如下。

步骤01 选择分析工具

打开原始文件，在"数据"选项卡下的"分析"组中单击"数据分析"按钮，打开"数据分析"对话框，❶在"分析工具"列表框中单击要应用的工具，如"描述统计"，❷单击"确定"按钮，如右图所示。

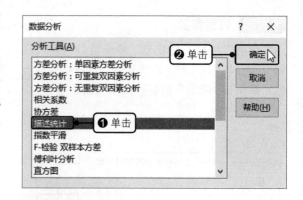

步骤02 设置参数

弹出"描述统计"对话框，❶设置好"输入"和"输出选项"选项组下的参数，❷勾选"汇总统计"和"平均数置信度"复选框，保持默认的平均数置信度数值，❸单击"确定"按钮，如下图所示。

步骤03 显示分析结果

返回工作表中，即可看到输入区域中的最大值、最小值及其他需要分析的相关数据，如下图所示。

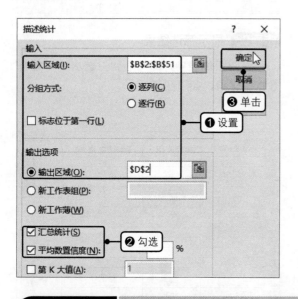

	A	B	C	D	E
1	员工姓名	月销售业绩（万元）			
2	章**	26		列1	
3	藏**	36			
4	今**	30		平均	31.34
5	黄**	25		标准误差	2.16721584
6	皇**	26		中位数	27.5
7	葛**	22		众数	26
8	刘**	22		标准差	15.3245302
9	杨**	21		方差	234.841224
10	舒**	15		峰度	-0.4054037
11	昊**	18		偏度	0.70825422
12	洪**	15		区域	60
13	郏**	16		最小值	8
14	张**	30		最大值	68
15	赵**	38		求和	1567
16	钱**	40		观测数	50
17	孙**	45		置信度(95.0%)	4.35518328
18	李**	65			
19	封**	50			
20	冯**	12			
21	陈**	8			
22	楚**	10			
23	卫**	15			
24	周**	18			
25	吴**	20			
26	郑**	26			
27	王**	28			
28	善**	30			

第591招 使用直方图工具判断数据频率的分布情况

如果需要直观而快速地观察数据的分散程度和中心趋势，可通过直方图工具创建的柱形图来实现目的，具体的操作方法如下。

步骤01 计算最大和最小值

打开原始文件，在单元格 E2 和 E3 中分别输入公式"=MAX(B2:B51)"和"=MIN(B2:B51)"，按下【Enter】键，得到单元格区域 B2:B51 的最大值和最小值，如右图所示。

E3	▼	:	×	✓	*fx*	=MIN(B2:B51)	
⊿	A	B	C	D	E	F	G
1		月销售业绩（万元）					
2		26		最大值	60		组上限
3		36		最小值	11		
4		30		组数			
5		25		组距			
6		26					
7		22					
8		22					
9		29					

步骤02 计算组距

❶在单元格 E4 中输入 7，❷在单元格 E5 中输入公式 "=(E2-E3)/E4"，按下【Enter】键，即可得到分为 7 组后的组距值，如下图所示。

步骤03 计算第一个组上限

选中单元格 G3，在编辑栏中输入公式 "=E3+E5"，按下【Enter】键，即可得到第一个组上限值，如下图所示。

步骤04 计算其他上限值

选中单元格 G4，❶在编辑栏中输入公式 "=G3+$E$5"，按下【Enter】键，❷并向下复制公式，得到其他的上限值，如下图所示。

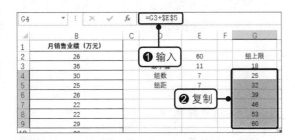

步骤05 选择分析工具

在"数据"选项卡下的"分析"组中单击"数据分析"按钮，弹出"数据分析"对话框，❶在"分析工具"列表框中单击要应用的工具，如"直方图"，❷单击"确定"按钮，如下图所示。

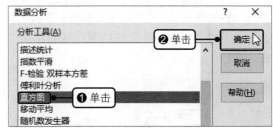

步骤06 设置参数

弹出"直方图"对话框，❶设置好"输入"和"输出选项"选项组下的参数，❷勾选"图表输出"复选框，❸单击"确定"按钮，如下图所示。

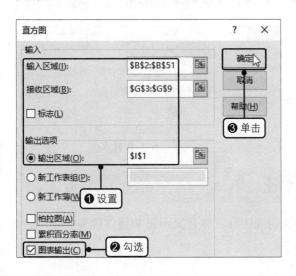

步骤07 显示直方图效果

返回工作表中，即可看到各个区域之间的频率分布图表，如下图所示。可以明显发现目标的月销售额定在 32 万元上下比较好，因为这个目标的月销售额大多数人都能够实现。

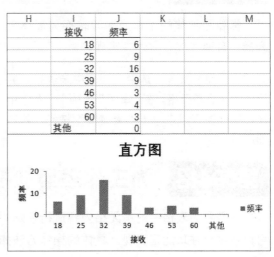

第14章　审阅、保护和共享数据

为了保证工作簿文件的准确性和安全性，可对工作簿进行审阅和保护操作。此外，如果想要让他人也能够查看和下载该工作簿，还可以对工作簿文件进行分享操作，如将工作簿文件分享到百度网盘、使用电子邮件发送给他人。最后，还可以将工作簿文件保存为其他格式，并将网页中的文件导入到Excel中。

第592招　将工作表内容由简体转换为繁体

在某些情况下，会需要将工作表中的文字内容由简体更改为繁体，此时可以通过简转繁功能来实现。具体的操作方法如下。

步骤01 简转繁

打开原始文件，选中工作表中未进行合并操作的任意单元格。在"审阅"选项卡下的"中文简繁转换"组中单击"简转繁"按钮，如下图所示。

步骤02 显示转换效果

完成后即可发现表格中的文字由简体转换为了繁体，如下图所示。

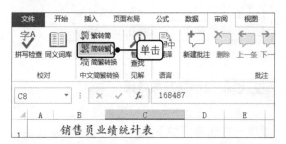

第593招　将工作表内容由繁体转换为简体

需要将繁体的工作簿内容转换为简体内容时，可通过以下方法来实现。

打开原始文件，选中工作表中未进行合并操作的任意单元格。在"审阅"选项卡下的"中文简繁转换"组中单击"繁转简"按钮，如右图所示。

第594招　为工作表添加批注

当需要为表格中的单元格内容进行特殊的说明或注释，并且又不影响整体的表格效果时，可以通过批注功能来实现。具体的操作方法如下。

步骤01 新建批注

打开原始文件，❶选中要添加批注的单元格，❷在"审阅"选项卡下的"批注"组中单击"新建批注"按钮，如下图所示。

步骤02 显示建立的批注

在单元格右侧弹出的批注框中输入批注内容，完成后单击任意其他单元格，即可完成批注的添加，如下图所示。

第595招 隐藏工作表中的批注

如果暂时不需要了解单元格的批注信息，可将其隐藏。具体的操作方法如下。

打开原始文件，❶选中插入了批注的单元格，❷在"审阅"选项卡下的"批注"组中单击"显示 / 隐藏批注"按钮，如右图所示。

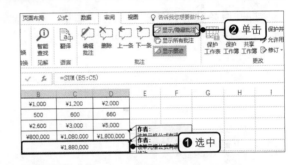

第596招 显示工作簿中的所有批注

如果想要显示工作表中隐藏的所有批注信息，可通过以下方法来实现。

打开原始文件，在"审阅"选项卡下的"批注"组中单击"显示所有批注"按钮，如右图所示。

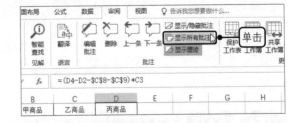

第597招 快速切换批注

如果需要在工作表中从一个批注快速跳转至下一条或上一条批注，可通过以下方法来实现。

打开原始文件，在"审阅"选项卡下的"批注"组中单击"下一条"按钮，如右图所示，即可切换至下一条批注。

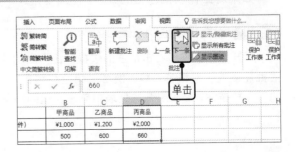

第598招 更改批注框的叠放次序

当工作表中含有多个重叠显示的批注框时，可以通过以下方法来更改批注框的叠放次序。

打开原始文件，❶右击批注框，❷在弹出的快捷菜单中单击"叠放次序>置于底层"命令，如右图所示。随后在批注框外的任意位置单击，即可完成批注框叠放次序的更改。

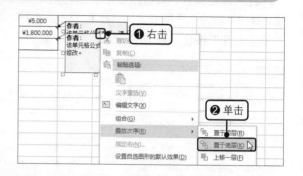

第599招 设置批注框的填充颜色

如果对工作表中的批注框填充颜色不满意，可通过以下方法进行更改。

步骤01 设置批注格式

打开原始文件，❶右击批注的边框，❷在弹出的快捷菜单中单击"设置批注格式"命令，如下图所示。

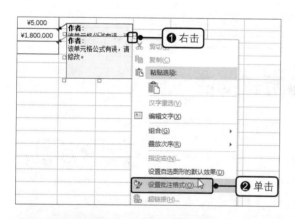

步骤02 设置填充颜色

弹出"设置批注格式"对话框，❶切换至"颜色与线条"选项卡，❷单击"填充"选项组下"颜色"右侧的下三角按钮，❸在展开的列表中单击合适颜色，如下图所示。单击"确定"按钮。

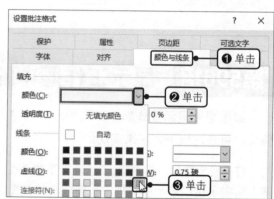

第600招 设置批注框的线条颜色和粗细

如果对工作表批注框的线条颜色不满意，可通过以下方法进行更改。

步骤01 设置批注框的线条

打开原始文件，右击批注的边框，在弹出的快捷菜单中单击"设置批注格式"命令，打开"设置批注格式"对话框，❶切换至"颜色与线条"选项卡，❷单击"线条"选项组下"颜色"右侧的下三角按钮，❸在展开的列表中单击合适的线条颜色，如下左图所示。

步骤02 设置线条的粗细

单击"粗细"右侧的数字调节按钮，设置批注框的线条粗细为"2 磅"，如下右图所示。完成后单击"确定"按钮即可。

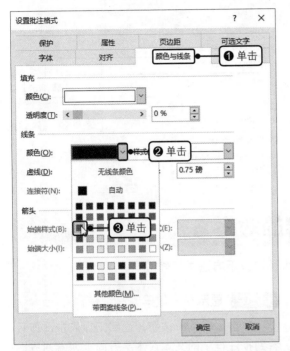
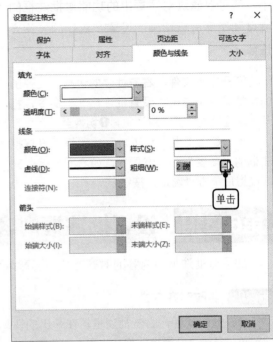

第601招 拖动鼠标调整批注框大小

如果工作表中的批注框大小与内容不相适应，可通过拖动鼠标调整批注框的高度和宽度。具体的操作方法如下。

步骤01 拖动批注框

打开原始文件，选中批注框后，将鼠标放置在批注框的外侧控点上，如下边框的中间控点上，当鼠标指针变为↕形状时，按住鼠标左键向上拖动，如下图所示。

步骤02 显示更改效果

应用相同的方法拖动更改其他批注框的高度和宽度，即可得到如下图所示的效果。

第602招 精确设置批注框大小

除了可以通过拖动鼠标调整批注框大小，还可以通过对话框中的功能对批注框的高度和宽度进行精确的设置。具体的操作方法如下。

打开原始文件，右击批注的边框，在弹出的快捷菜单中单击"设置批注格式"命令，打开"设置批注格式"对话框，❶切换至"大小"选项卡，❷在"大小和转角"选项组下设置批注框的"高度"和"宽度"，如右图所示。完成设置后单击"确定"按钮。

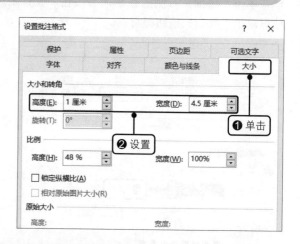

第603招 设置批注框内容的对齐方式

如果对批注框中内容的对齐方式不满意，可通过以下方法进行修改。

步骤01 更改对齐方式

打开原始文件，右击批注框，在弹出的快捷菜单中单击"设置批注格式"命令，打开"设置批注格式"对话框，❶切换至"对齐"选项卡，❷在"文本对齐方式"选项组下设置"水平"和"垂直"对齐方式，如下图所示。

步骤02 显示对齐效果

单击"确定"按钮，返回工作表中，即可看到批注框中的文本在水平方向上两端对齐，在垂直方向上居中对齐，如下图所示。

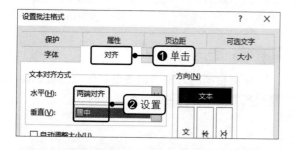

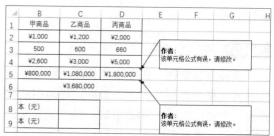

第604招 自动调整批注框大小

如果需要让批注框根据文本内容自动调整大小，可通过以下方法实现。

打开原始文件，右击批注的边框，在弹出的快捷菜单中单击"设置批注格式"命令，打开"设置批注格式"对话框，❶切换至"对齐"选项卡，❷勾选"自动调整大小"复选框，如右图所示。

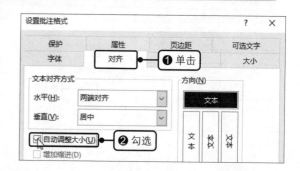

第605招 设置批注框内容的文字方向

如果想要更改批注框中的文本内容的显示方向，可通过更改文字方向功能来实现。具体的操作方法如下。

步骤01 设置方向

打开原始文件，右击批注的边框，在弹出的快捷菜单中单击"设置批注格式"命令，打开"设置批注格式"对话框，❶切换至"对齐"选项卡，❷在"方向"选项组下单击要显示的文字方向，如下图所示。

步骤02 单击"确定"按钮

返回工作表中，即可看到批注框中的文本以竖排显示，如下图所示。

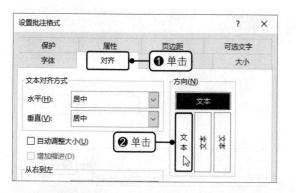

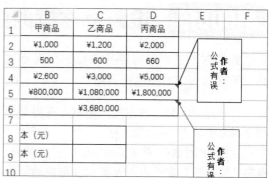

第606招 设置批注框的对象位置

如果需要固定批注框的大小，但位置随着单元格的变动而改变，可通过以下方法来实现。

打开原始文件，右击批注框，在弹出的快捷菜单中单击"设置批注格式"命令，打开"设置批注格式"对话框，❶切换至"属性"选项卡，❷在"对象位置"选项组下单击"大小固定，位置随单元格而变"单选按钮，如右图所示。

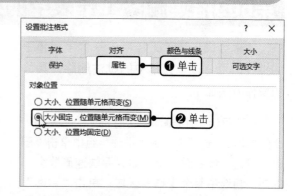

第607招 拖动鼠标移动批注框的位置

在工作表中插入了批注后，默认的批注框会显示在单元格的右上方，如果批注框遮挡了单元格内容或其他批注框时，可将批注框移动到其他位置。

步骤01 移动批注框

打开原始文件，将鼠标放置在要移动的批注框上，当鼠标指针变为形状时，按住鼠标左键拖动，如下左图所示。

步骤02 显示移动效果

拖动至合适位置后释放鼠标,应用相同的方法移动其他批注框,即可得到如下右图所示的效果。

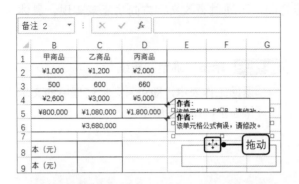 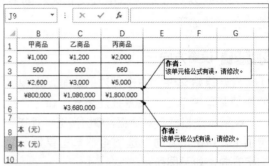

第608招 设置批注框的内边距

如果对批注框中内容与边框的距离不满意,可通过以下方法进行调整。

打开原始文件,右击批注边框,在弹出的快捷菜单中单击"设置批注格式"命令,打开"设置批注格式"对话框,❶切换至"页边距"选项卡,❷在"内边距"选项组下设置批注框内边距,如右图所示。单击"确定"按钮即可完成设置。

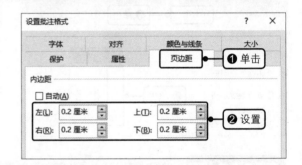

第609招 删除工作表中的批注

如果已经处理了工作表中某个单元格中的批注,可将该单元格中的批注删除,具体的操作方法如下。

打开原始文件,❶选中含有批注的单元格,❷在"审阅"选项卡下的"批注"组中单击"删除"按钮,如右图所示。如果要快速删除全部批注,则选中整个工作表区域,单击"审阅"选项卡下"批注"组中的"删除"按钮即可。

第610招 为工作表设置保护密码

为了防止他人对工作表内容进行修改,可以给工作表添加密码保护,具体的操作方法如下。

步骤01 保护工作表

打开原始文件,在"审阅"选项卡下的"更改"组中单击"保护工作表"按钮,如下左图所示。

步骤02　输入保护密码

弹出"保护工作表"对话框，❶勾选"保护工作表及锁定的单元格内容"复选框，❷在"取消工作表保护时要使用的密码"文本框中输入密码，如"123"，❸单击"确定"按钮，如下右图所示。

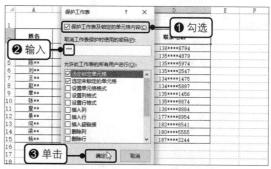

步骤03　确认密码

弹出"确认密码"对话框，❶在"重新输入密码"文本框中输入相同的密码"123"，❷单击"确定"按钮，如右图所示。返回工作表中，当对工作表进行更改、输入或设置等操作时，会弹出提示框，提示用户若要进行更改，需取消工作表的保护。

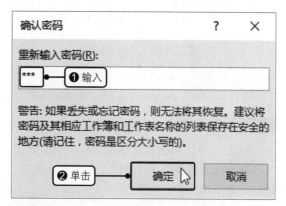

第611招　撤销工作表的保护操作

当不再需要对工作表进行保护操作后，可以通过以下方法撤销工作表的保护操作。

步骤01　撤销工作表保护

打开原始文件，在"审阅"选项卡下的"更改"组中单击"撤销工作表保护"按钮，如下图所示。

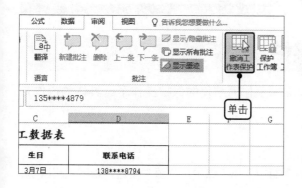

步骤02　输入撤销密码

弹出"撤销工作表保护"对话框，❶在"密码"文本框中输入保护密码"123"，❷单击"确定"按钮，如下图所示。

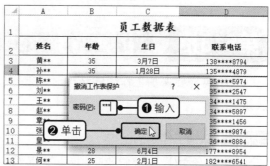

第612招 保护工作簿结构

为了防止其他用户对工作簿的结构进行更改，如移动、删除或添加工作表等操作，用户可对工作簿的结构进行保护。具体的操作方法如下。

步骤01 保护工作簿

打开原始文件，在"审阅"选项卡下的"更改"组中单击"保护工作簿"按钮，如下图所示。

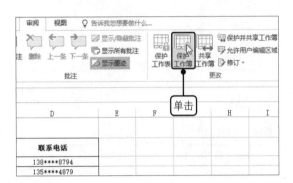

步骤02 输入保护密码

弹出"保护结构和窗口"对话框，❶在"密码"文本框中输入保护密码"111"，❷单击"确定"按钮，如下图所示。

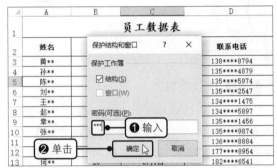

步骤03 确认密码

弹出"确认密码"对话框，❶在"重新输入密码"文本框中输入"111"，❷单击"确定"按钮，如下图所示。

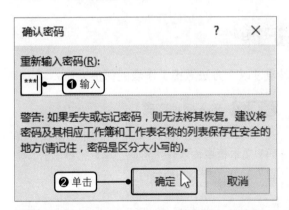

步骤04 显示保护效果

返回工作簿中，在任意一个工作表标签上右击，可看到插入、删除等命令均为灰色不可用状态，如下图所示。

第613招 取消工作簿的保护操作

当不再需要保护工作簿的结构时，就可以撤销工作簿结构的保护操作了。具体的操作方法如下。

步骤01 撤销工作簿的保护

打开原始文件，在"审阅"选项卡下的"更改"组中单击"保护工作簿"按钮，如下左图所示。

步骤02　输入撤销密码

弹出"撤销工作簿保护"对话框，❶在"密码"文本框中输入密码"111"，❷单击"确定"按钮，如下右图所示，即可撤销工作表保护操作。

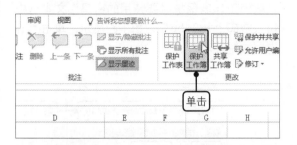

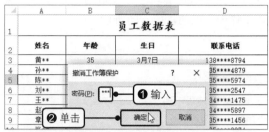

第614招　凭密码或权限编辑工作表的不同区域

如果需要在对工作表进行保护的同时，能够对工作表中的某个区域进行修改，可通过允许用户编辑区域功能来实现。具体的操作方法如下。

步骤01　启动允许用户编辑区域功能

打开原始文件，在"审阅"选项卡下的"更改"组中单击"允许用户编辑区域"按钮，如下图所示。

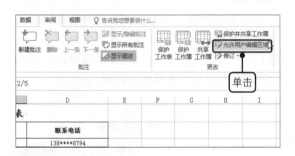

步骤02　新建编辑区域

弹出"允许用户编辑区域"对话框，单击"新建"按钮，如下图所示。

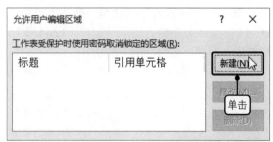

步骤03　设置新区域

弹出"新区域"对话框，❶设置好"标题"和"引用单元格"，❷在"区域密码"文本框中输入"123"，如下图所示，单击"确定"按钮。

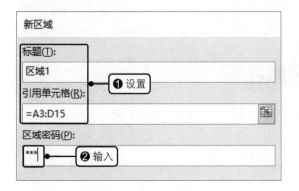

步骤04　确认密码

弹出"确认密码"对话框，❶在"重新输入密码"文本框中输入"123"，如下图所示，❷单击"确定"按钮。

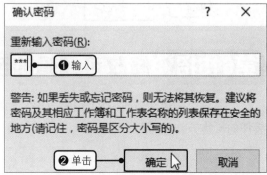

步骤05 保护工作表

完成区域的设置后，还需要对工作表进行保护操作，才能完成可编辑区域的编辑操作，返回"允许用户编辑区域"对话框，单击"保护工作表"按钮，如下图所示。

步骤06 输入保护密码

弹出"保护工作表"对话框，❶勾选"保护工作表及锁定的单元格内容"复选框，❷在"取消工作表保护时要使用的密码"文本框中输入密码"123456"，如下图所示，单击"确定"按钮。

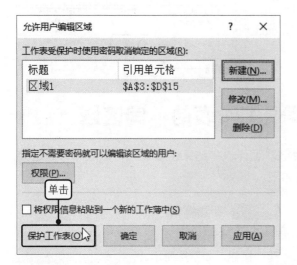

步骤07 确认密码

弹出"确认密码"对话框，❶在"重新输入密码"文本框中输入相同的密码"123456"，❷单击"确定"按钮，如下图所示。

步骤08 显示保护效果

关闭工作簿，并重新打开，对设置的编辑区域进行更改时，会弹出"取消锁定区域"对话框，如下图所示，只有在文本框中输入正确的密码"123"，才能进行编辑。

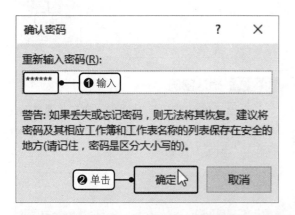

第615招　修改可编辑的区域密码

如果对可编辑区域设置的保护密码不满意，或者忘记原有的保护密码，可对其进行修改，具体的操作方法如下。

步骤01　修改可编辑的区域

　　打开原始文件，在"审阅"选项卡下的"更改"组中单击"允许用户编辑区域"按钮，打开"允许用户编辑区域"对话框，❶选中要修改的编辑区域，❷单击"修改"按钮，如右图所示。

步骤02　单击"密码"按钮

　　弹出"修改区域"对话框，单击"密码"按钮，如下图所示。

步骤03　更改区域密码

　　弹出"更改区域密码"对话框，❶输入并确认新的密码，❷单击"确定"按钮，如下图所示。连续单击"确定"按钮，完成密码的更改。

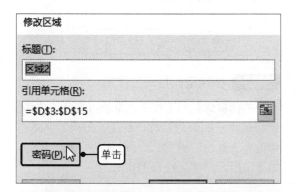

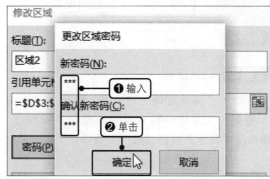

第616招　删除可编辑的区域

　　如果需要将可编辑的区域更改为不可编辑的保护状态，可将该区域移出可编辑的列表框中。具体的操作方法如下。

　　打开原始文件，在"审阅"选项卡下的"更改"组中单击"允许用户编辑区域"按钮，打开相应的对话框，❶选中要删除的编辑区域，❷单击"删除"按钮，如右图所示。随后单击"确定"按钮，即可完成区域的删除操作。

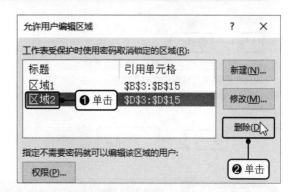

第617招　用密码对工作簿进行加密保护

　　为了防止工作簿内容被随意泄露，可为工作簿添加密码进行保护。具体的操作方法如下。

步骤01　用密码加密工作簿

　　打开原始文件，单击"文件"按钮，❶在打开的视图菜单中单击右侧"信息"面板中的"保护工作簿"按钮，❷在展开的列表中单击"用密码进行加密"选项，如下左图所示。

步骤02 设置密码

弹出"加密文档"对话框，❶在"密码"下的文本框中输入密码"123"，❷单击"确定"按钮，如下右图所示。

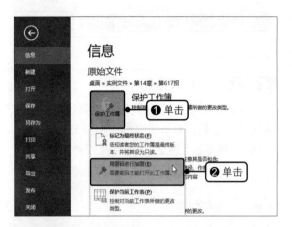

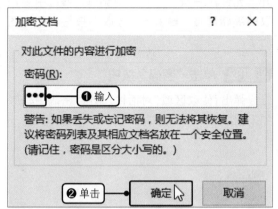

步骤03 确认密码

弹出"确认密码"对话框，❶在"重新输入密码"文本框中输入相同的密码"123"，❷单击"确定"按钮，如下图所示。

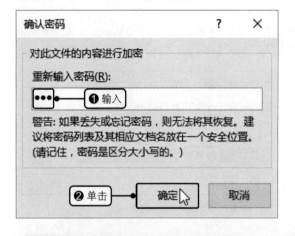

步骤04 使用密码打开工作簿

关闭被保护的工作簿，重新打开该工作簿，会弹出"密码"对话框，❶在"密码"文本框中输入正确的密码"123"，❷单击"确定"按钮，如下图所示，才能打开工作簿。

第618招 取消工作簿的加密保护

当不再需要为添加了密码的工作簿进行保护时，可删除密码取消保护，具体的操作方法如下。

步骤01 打开对话框

打开原始文件，单击"文件"按钮，❶在打开的视图菜单中单击右侧"信息"面板中的"保护工作簿"按钮，❷在展开的列表中单击"用密码进行加密"选项，如下左图所示。

步骤02 删除密码

弹出"加密文档"对话框，❶删除"密码"文本框中的密码，❷单击"确定"按钮，如下右图所示。

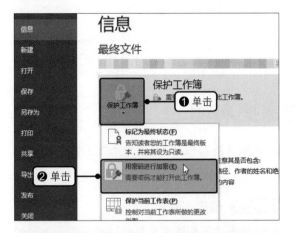 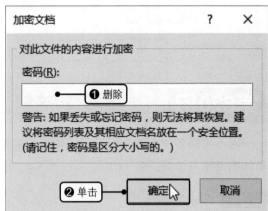

第619招 添加数字签名保护工作簿

为了保证工作簿的完整性和原始性，可对工作簿添加数字签名，具体的操作方法如下。

步骤01 打开对话框

打开原始文件，单击"文件"按钮，❶在打开的视图菜单中单击"保护工作簿"按钮，❷在展开的列表中单击"添加数字签名"选项，如下图所示。

步骤02 设置签名

弹出"签名"对话框，❶设置"承诺类型"为"批准此文档"，❷在"签署此文档的目的"文本框中输入目的，❸单击"签名"按钮，如下图所示。

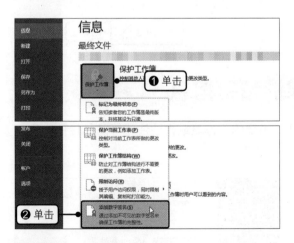 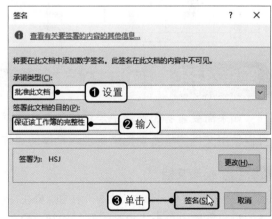

步骤03 确认签名

弹出"签名确认"对话框，单击"确定"按钮，如下左图所示。

步骤04 显示添加效果

返回工作表中，可发现工作表自动隐藏了功能区中的按钮，并在功能区中显示了标记为最终版本的提示信息，如下右图所示。

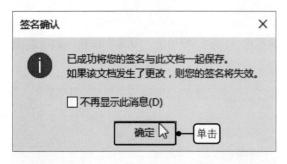

第620招　删除数字签名的保护功能

若不再需要使用数字签名对工作簿的完整性和原始性进行保护,可删除添加的数字签名。具体的操作方法如下。

步骤01　编辑工作簿

打开原始文件,单击"仍然编辑"按钮,如下图所示。弹出提示框,提示用户编辑将删除此工作簿中的签名,是否继续,单击"确定"按钮。

步骤02　确定删除

弹出"已删除签名"对话框,显示"已删除签名,并且已保存文档",单击"确定"按钮即可,如下图所示。

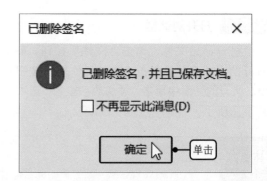

第621招　借助文档检查保护私有信息

如果需要查看工作表中是否包含有个人信息、隐藏的工作表或批注注释等隐私性的内容,可以使用文档的检查功能来实现。具体的操作方法如下。

步骤01　检查文档

打开原始文件,单击"文件"按钮,❶在打开的视图菜单中单击"检查问题"按钮,❷在展开的列表中单击"检查文档"选项,如右图所示。

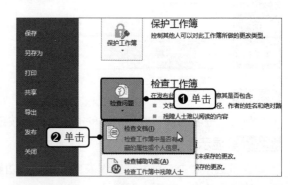

步骤02 开始检查

弹出"文档检查器"对话框，勾选要检查内容的复选框，单击"检查"按钮，如下图所示。

步骤03 删除检查出的隐私信息

完成检查后，对话框中会显示检查出的相关信息，可单击"全部删除"按钮，如下图所示。删除后，单击"关闭"按钮即可。

第622招　保存时不从文件属性中删除个人信息

若要使已经删除了文档属性和个人信息的文件在保存时重新保存个人信息，可通过以下方法来实现。

步骤01 打开"信任中心"对话框

打开原始文件，单击"文件"按钮，在打开的视图菜单中单击"选项"命令，打开"Excel选项"对话框，❶切换至"信任中心"选项卡，❷单击"信任中心设置"按钮，如下图所示。

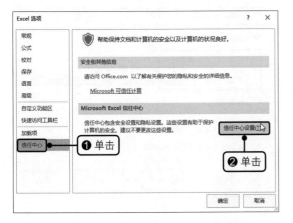

步骤02 设置隐私选项

弹出"信任中心"对话框，❶切换至"隐私选项"选项卡，❷取消勾选"保存时从文件属性中删除个人信息"复选框，❸单击"确定"按钮，如下图所示。

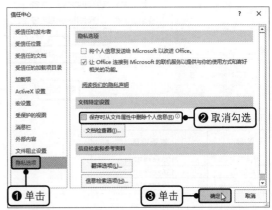

第623招 将工作簿标记为最终状态

完成工作簿的编辑后，如果需要给其他用户查看，为避免他人无意间修改工作簿，可以将工作簿标记为最终状态。具体的操作方法如下。

步骤01 标记工作簿

打开原始文件，单击"文件"按钮，❶在打开的视图菜单右侧的"信息"面板中单击"保护工作簿"按钮，❷在展开的列表中单击"标记为最终状态"选项，如下图所示。

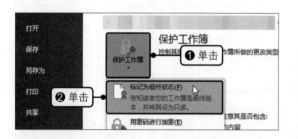

步骤02 确定标记

弹出提示框，提示此工作簿将被标记为最终版本并保存，单击"确定"按钮，如下图所示。弹出提示框，提示用户此工作簿已被标记为最终状态，直接单击"确定"按钮即可。

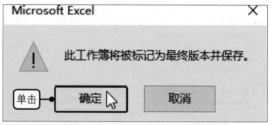

第624招 修订工作簿的内容

如果需要标识出对工作簿中数据所做的任何修订内容，可使用突出显示修订功能。

步骤01 突出显示修订

打开原始文件，❶在"审阅"选项卡下的"更改"组中单击"修订"按钮，❷在展开的列表中单击"突出显示修订"选项，如下图所示。

步骤02 设置修订选项

弹出"突出显示修订"对话框，❶勾选"编辑时跟踪修订信息，同时共享工作簿"复选框，❷设置好"突出显示的修订选项"，❸单击"确定"按钮，如下图所示。

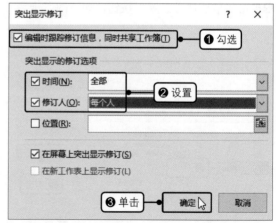

步骤03 显示修订效果

弹出提示框，提示用户此操作将导致保存文档，是否继续，如果继续，则单击"确定"按钮，返回工作表中，对单元格中的数据进行修改，然后将鼠标放置在显示了修订标记的单元格上，可看到修订前和修订后的内容效果，如右图所示。

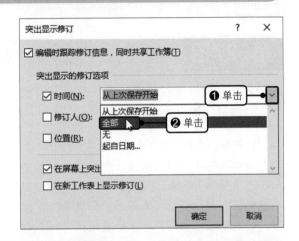

第625招　突出显示工作簿中的修订标记

当用户再次打开进行了修订的工作簿时，被修订单元格中将不再显示修订标记，如果要突出显示修订标记，可通过以下方法来实现。

打开原始文件，在"审阅"选项卡下的"更改"组中单击"修订"按钮，在展开的列表中单击"突出显示修订"选项，打开"突出显示修订"对话框，❶单击"时间"右侧的下三角按钮，❷在展开的列表中单击"全部"选项，如右图所示。单击"确定"按钮。

第626招　逐一接受或拒绝修订内容

当他人对启用了修订功能的工作簿进行了修改后，工作簿的创建者可以逐一接受或拒绝其他人对工作簿的修改。具体的操作方法如下。

步骤01 打开对话框

打开原始文件，❶在"审阅"选项卡下的"更改"组中单击"修订"按钮，❷在展开的列表中单击"接受/拒绝修订"选项，如下图所示。

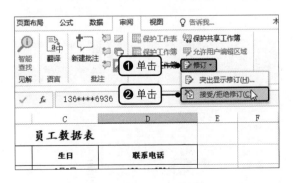

步骤02 设置修订选项

弹出"接受或拒绝修订"对话框，❶设置好"修订选项"，❷单击"确定"按钮，如下图所示。

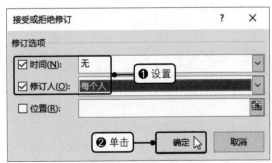

步骤03 接受修订

弹出"接受或拒绝修订"对话框,可看到文件中有 4 个修订,现位于第一个,如果接受,则单击"接受"按钮,如下图所示。

步骤04 拒绝修订

切换至下一个修订的内容,如果要拒绝该修订,则单击"拒绝"按钮,如下图所示。

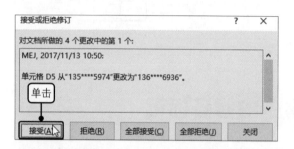

第627招 接受工作簿的全部修订内容

若要一次性接受他人对工作簿的所有修改,可通过以下方法来实现。

打开原始文件,在"审阅"选项卡下的"更改"组中单击"修订"按钮,在展开的列表中单击"接受 / 拒绝修订"选项,打开"接受或拒绝修订"对话框,设置好"修订选项",单击"确定"按钮,打开"接受或拒绝修订"对话框,单击"全部接受"按钮,如右图所示。

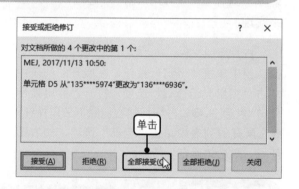

第628招 使用快捷菜单命令上传文件到百度网盘

当用户需要在不同计算机上使用某个文件时,可以将该文件上传到百度网盘中,具体的操作方法如下。

步骤01 上传到百度网盘

打开原始文件,❶右击要上传的文件,❷在弹出的快捷菜单中单击"上传到百度网盘"命令,如下图所示。

步骤02 显示上传效果

完成文件的上传后,可在打开的"百度网盘"窗口中看到上传的文件,如下图所示。

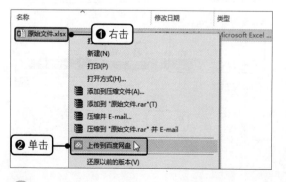

⏰ **提示**

要想使用此方法上传文件，首先需要在计算机上安装百度网盘软件，并注册百度网盘账号。

第629招　在百度网盘客户端中上传文件

除了用以上方法上传文件至百度网盘中，还可以通过百度网盘窗口的"上传"按钮上传文件，具体的操作方法如下。

步骤01　上传文件

启动百度网盘程序，打开"百度网盘"窗口，单击"上传"按钮，如下图所示。

步骤02　存入百度网盘

弹出"请选择文件／文件夹"对话框，❶找到要上传文件的保存位置，并单击要上传的文件，❷单击"存入百度网盘"按钮，如下图所示。

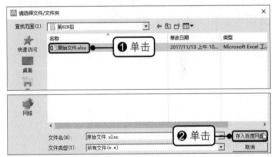

第630招　分享百度网盘中的文件

若需要他人也能够使用上传的文件，可将该文件进行分享操作。具体的操作方法如下。

步骤01　分享文件

启动百度网盘程序，打开"百度网盘"窗口，❶选中要分享的文件后，❷单击"分享"按钮，如右图所示。

步骤02　创建链接

弹出"分享文件：原始文件 .xlsx"对话框，❶在"链接分享"选项卡下单击"加密"单选按钮，❷单击"创建链接"按钮，如下左图所示。

步骤03　完成分享

完成链接的创建后，可在对话框中看到分享的文件的网址链接及密码，❶单击"复制链接及密码"按钮，将该链接和密码通过 QQ、微信、微博、QQ 空间等方式分享给好友，❷然后单击"关闭"按钮，如下右图所示。

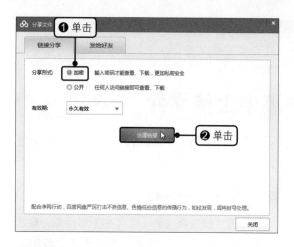

步骤04 查看我的分享

返回"百度网盘"窗口，单击"我的分享"选项卡，如下图所示。

步骤05 查看分享的文件

弹出"我的分享"对话框，可看到分享的文件，如下图所示。

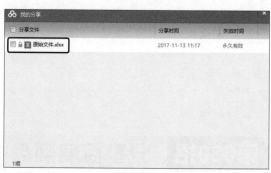

第631招 取消百度网盘文件的分享操作

若不需要分享某个文件，可将该文件移出百度网盘的分享文件中。具体的操作方法如下。

步骤01 取消分享文件

启动百度网盘程序，打开"百度网盘"窗口，单击"我的分享"选项卡，打开"我的分享"对话框，❶勾选要取消分享的文件复选框，❷单击"取消分享"按钮，如下图所示。

步骤02 确定取消分享

弹出"系统提示"对话框，提示用户是否取消分享该链接，如果不分享了，则单击"确定"按钮，如下图所示。

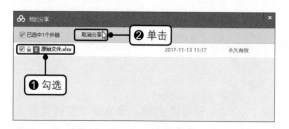

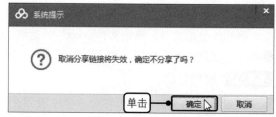

第632招　下载自己百度网盘中的文件

当用户需要再次使用某个被上传的文件，而该文件已经被从计算机中删除了时，可以在百度网盘中下载该文件。具体的操作方法如下。

步骤01　下载文件

启动百度网盘程序，打开"百度网盘"窗口，❶选中需要下载的文件，❷单击"下载"按钮，如右图所示。

步骤02　设置下载路径

弹出"设置下载存储路径"对话框，❶设置好文件的下载位置，❷单击"下载"按钮，如下图所示。

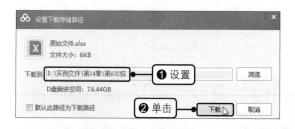

步骤03　显示下载效果

完成文件的下载后，可在设置的存储路径下看到下载的文件，如下图所示。

第633招　下载他人百度网盘中的文件

如果要下载其他用户在百度网盘中分享的文件，可通过以下方法进行下载操作。

步骤01　下载文件

打开分享链接，进入要下载文件的百度网盘网页中，❶勾选要下载的文件复选框后，❷单击"下载"按钮，如下图所示。

步骤02　另存文件

在窗口的下方弹出提示框，❶单击"保存"右侧的上拉按钮，❷在展开的列表中单击"另存为"选项，如下图所示。

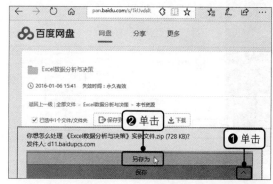

步骤03 设置保存位置

弹出"另存为"对话框，❶设置好文件的保存位置，❷单击"保存"按钮，如右图所示。即可将该文件下载至计算机中。

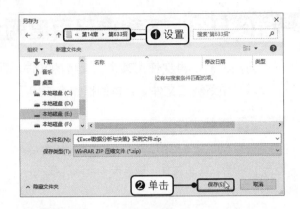

第634招 删除百度网盘中的文件

如果要删除百度网盘中的某个文件，可通过以下方法来实现。

启动百度网盘程序，打开"百度网盘"窗口，❶选中要删除的百度网盘文件，❷单击"删除"按钮，如右图所示。弹出"系统提示"对话框，提示用户是否确定删除文件，单击"确定"按钮即可。

第635招 将Excel工作簿保存为PDF/XPS格式文档

若要让 Excel 工作簿中的内容完全保持为最初的格式而不会轻易发生改变时，可将其保存为 PDF/XPS 格式文档。具体的操作方法如下。

步骤01 创建PDF/XPS格式文档

打开原始文件，单击"文件"按钮，❶在打开的视图菜单中单击"导出"命令，❷在右侧面板中单击"创建 PDF/XPS 文档 > 创建 PDF/XPS"按钮，如下图所示。

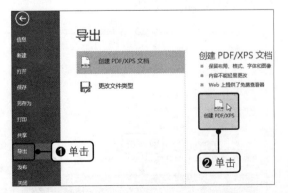

步骤02 发布为PDF或XPS格式文档

弹出"发布为 PDF 或 XPS"对话框，❶设置好发布文件后保存的位置，❷在"文件名"文本框中输入合适的文件名，❸单击"发布"按钮，如下图所示。

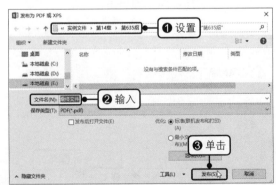

步骤03 显示发布后的效果

关闭原始文件，找到文件的存储位置，双击打开保存的 PDF 或 XPS 格式文档，即可得到如右图所示的表格效果。

订单日期	产品名称	销售城市	销售员工	销售单价（元）	销售数量（辆）
2017/1/1	产品甲	A市	张**	¥25,600.00	580
2017/1/2	产品乙	A市	黄**	¥25,600.00	456
2017/1/3	产品丙	D市	林**	¥14,400.00	365
2017/1/4	产品丁	D市	黄**	¥50,000.00	287
2017/1/5	产品乙	E市	林**	¥25,600.00	264
2017/1/6	产品甲	E市	张**	¥25,600.00	489
2017/1/7	产品乙	B市	何**	¥25,600.00	457

第636招　将Excel工作簿另存为文本文件

在某些情况下，有可能还需要将工作簿保存为其他格式，如文本格式的文件类型。此时可以使用以下方法来实现格式的转换。

步骤01 更改文件类型

打开原始文件，单击"文件"按钮，❶在打开的视图菜单中单击"导出"命令，❷在右侧的面板中单击"更改文件类型"按钮，如下图所示。

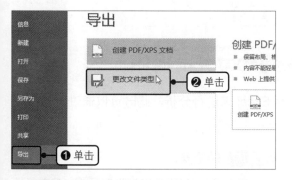

步骤02 选择文件类型

❶在"其他文件类型"选项组下单击要保存的文件类型格式，❷单击"另存为"按钮，如下图所示。

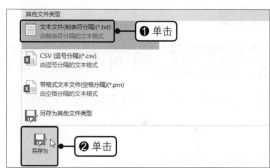

步骤03 设置保存格式

弹出"另存为"对话框，❶设置好文件的保存位置，❷在"文件名"文本框中输入合适的文件名，❸单击"保存"按钮，如下图所示。弹出提示框，提示用户在保存文件时可能会丢失部分内容，直接单击"是"按钮。

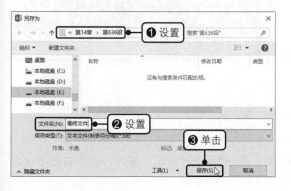

步骤04 显示保存效果

关闭原始文件，找到新文件的保存位置并打开该文件，即可看到如下图所示的数据效果。

第637招 使用电子邮件发送Excel工作簿

在 Excel 中完成数据表格的制作后，可能需要通过邮件将其发送给同事或客户。此时可以将整个工作簿作为附件发送，具体的操作方法如下。

步骤01 启动发送功能

打开原始文件，单击"文件"按钮，❶在打开的视图菜单中单击"共享"命令，❷在右侧的面板中单击"电子邮件 > 作为附件发送"按钮，如下图所示。

步骤02 发送文件

弹出邮件发送的窗口，❶在"收件人"后的文本框中输入收件人的邮箱，❷单击"发送"按钮即可，如下图所示。

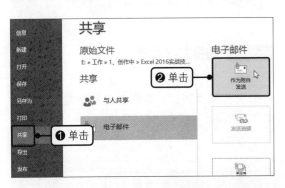

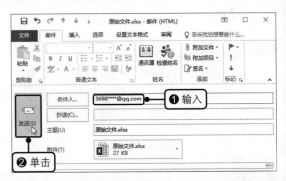

第638招 将网页数据导入到Excel表格中

在某些情况下，需要收集网页中的数据并用 Excel 来进行分析，此时可以通过以下方法快速从网页中获取表格数据。

步骤01 打开对话框

打开一个空白的工作簿，在"数据"选项卡下的"获取外部数据"组中单击"自网站"按钮，如下图所示。

步骤02 转至网站

弹出"新建 Web 查询"对话框，❶在"地址"框中输入要导入表格数据的网址，❷单击"转到"按钮，如下图所示。

步骤03 导入表格数据

找到对应的表格，❶单击表格左上方的箭头符号，❷单击"导入"按钮，如下左图所示。

步骤04 设置数据的放置位置

弹出"导入数据"对话框，❶设置好数据的放置位置，❷单击"确定"按钮，如下右图所示。

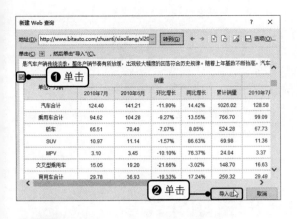
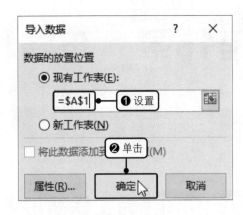

步骤05 显示导入网站数据效果

返回工作表中，等待一段时间即可看到导入的数据效果，为导入的数据设置合适的字体格式，如下图所示。

	A	B	C	D	E	F	G	H	I	J	K
1	单位：万辆	销量					产量				
2		2010年7月	2010年6月	环比增长	同比增长	累计销量	2010年7月	2010年6月	环比增长	同比增长	累计产量
3	汽车合计	124.4	141.21	-11.90%	14.42%	1026.02	128.58	139.06	-7.54%	15.67%	1021.31
4	乘用车合计	94.62	104.28	-9.27%	13.55%	766.7	99.09	104.53	-5.21%	16.42%	767.46
5	轿车	65.51	70.49	-7.07%	8.85%	524.28	67.73	71.98	-5.92%	10.10%	527.58
6	SUV	10.97	11.14	-1.57%	86.63%	69.98	11.36	11.44	-0.67%	87.79%	70.62
7	MPV	3.1	3.45	-10.10%	76.37%	24.04	3.37	3.33	1.23%	110%	24.22
8	交叉型乘用车	15.05	19.2	-21.66%	-3.02%	148.7	16.63	17.78	-6.48%	4.50%	145.04
9	商用车合计	29.78	36.93	-19.33%	17.24%	259.32	29.49	34.53	-14.59%	13.55%	253.85

第639招　同步更新导入的网页数据

从网页中获取了网站数据后，如果想要网站中的数据在更新后，表格中导入的数据也同步进行更新，则可通过以下方法来实现。

步骤01 打开对话框

打开原始文件，❶在导入了网站外部数据的表格数据上右击，❷在弹出的快捷菜单中单击"数据范围属性"命令，如下图所示。

步骤02 设置刷新频率

弹出"外部数据区域属性"对话框，❶勾选"刷新频率"复选框，❷在文本框中输入刷新的频率分钟数，如下图所示。单击"确定"按钮。

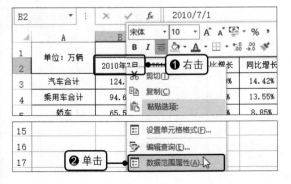

第15章　布局和打印工作表

在Excel中完成数据表格的制作后，若要将制作好的表格内容输出为纸质文件，可通过打印功能来完成。但是在打印前，还需要做一些准备，如设置纸张大小、页边距、添加页眉和页脚等内容。此外，还需对打印的份数、区域及其他相关事项进行学习。

第640招　为工作簿设置统一的主题样式

为了让制作的表格具有一致的外观，可为表格套用 Excel 中的主题样式。具体的操作方法如下。

打开原始文件，❶在"页面布局"选项卡下的"主题"组中单击"主题"按钮，❷在展开的列表中单击要设置的主题样式，如右图所示。

第641招　设置打印的页边距

在实际工作中，为了让打印的表格内容更加整洁大方，可对表格页面布局中的页边距进行合理地设置。具体的操作方法如下。

步骤01　自定义边距

打开原始文件，❶在"页面布局"选项卡下的"页面设置"组中单击"页边距"按钮，❷在展开的列表中单击"自定义边距"选项，如下图所示。

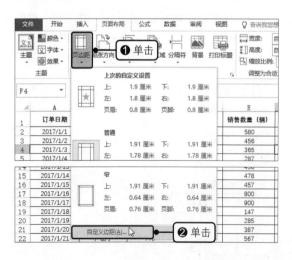

步骤02　设置页边距

弹出"页面设置"对话框，在"页边距"选项卡下设置"上""下"页边距为"2"厘米，设置"左""右"页边距为"2.5"厘米，如下图所示，单击"确定"按钮。

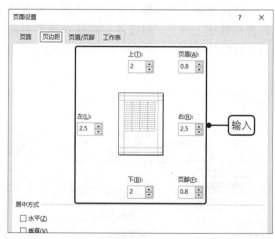

第642招 让打印内容居中显示

完成页边距的设置后，如果需要让打印出来的表格内容居中对齐，可通过以下方法来实现。

打开原始文件，在"页面布局"选项卡下的"页面设置"组中单击"页边距"按钮，在展开的列表中单击"自定义边距"选项，打开"页面设置"对话框，❶在"页边距"选项卡下的"居中方式"选项组下勾选"水平"和"垂直"复选框，❷单击"确定"按钮，如右图所示。

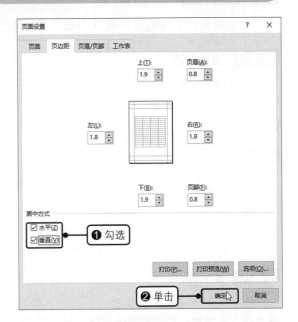

第643招 设置纸张的方向

默认情况下，Excel 打印的纸张方向是纵向，但如果横向的内容较多，而纵向的内容较少，就需要调整纸张的方向。具体的操作方法如下。

打开原始文件，❶在"页面布局"选项卡下的"页面设置"组中单击"纸张方向"按钮，❷在展开的列表中单击"横向"选项，如右图所示。

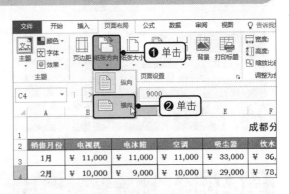

第644招 设置纸张的大小

如果默认的打印纸张大小不符合实际工作需要，可在打印前，对 Excel 中的纸张大小进行设置。具体的操作方法如下。

打开原始文件，❶在"页面布局"选项卡下的"页面设置"组中单击"纸张大小"按钮，❷在展开的列表中单击所需的纸张大小，如右图所示。

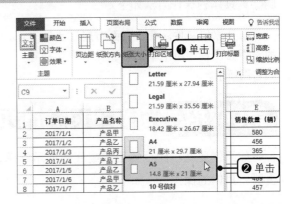

第645招 为工作表添加背景图片

如果需要让工作表更具有活力和个性，可为工作表添加背景图片。具体的操作方法如下。

步骤01 添加背景

打开原始文件，在"页面布局"选项卡下的"页面设置"组中单击"背景"按钮，如下图所示。

步骤02 搜索图片

弹出"插入图片"对话框，❶在"必应图像搜索"文本框中输入"城市"，❷单击"搜索"按钮，如下图所示。

步骤03 插入图片

❶在搜索结果中单击要插入的图片，❷单击"插入"按钮，如下图所示。

步骤04 显示插入背景图效果

完成背景图片的插入后，即可得到如下图所示的效果。

	A	B	C	D	E
1	订单日期	产品名称	销售城市	销售员工	销售数量（箱
2	2017/1/1	产品甲	A市	张**	580
3	2017/1/2	产品乙	A市	黄**	456
4	2017/1/3	产品丙	D市	林**	365
5	2017/1/4	产品丁	D市	黄**	287
6	2017/1/5	产品乙	E市	林**	264
7	2017/1/6	产品甲	E市	张**	489
8	2017/1/7	产品乙	B市	何**	457
9	2017/1/8	产品乙	B市	何**	200
10	2017/1/9	产品丙	E市	张**	198
11	2017/1/10	产品丁	C市	何**	365
12	2017/1/11	产品甲	B市	黄**	487
13	2017/1/1	产品乙	E市	张**	239
14	2017/1/1	产品丙	C市	林**	456
15	2017/1/1	产品乙	C市	何**	478

第646招 删除背景图片

如果对添加的背景图片不满意，可将其删除。具体的操作方法如下。

打开原始文件，在"页面布局"选项卡下的"页面设置"组中单击"删除背景"按钮，如右图所示。

第647招 为打印页添加页眉和页脚内容

如果需要在打印页的顶部或底部展示标题、作者和页码等重复信息内容，可添加页眉和页脚。具体的操作方法如下。

步骤01　选择页眉

打开原始文件，在"页面布局"选项卡下的"页面设置"组中单击对话框启动器，打开"页面设置"对话框，❶切换至"页眉／页脚"选项卡，❷单击"页眉"右侧的下三角按钮，❸在展开的列表中单击要应用的页眉，如下图所示。

步骤02　选择页脚

继续在"页面设置"对话框的"页眉／页脚"选项卡中进行设置，❶单击"页脚"右侧的下三角按钮，❷在展开的列表中单击要应用的页脚样式，如下图所示。完成后单击"确定"按钮。

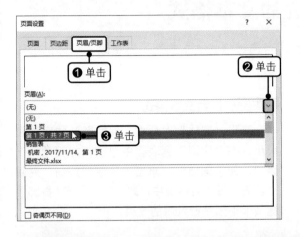 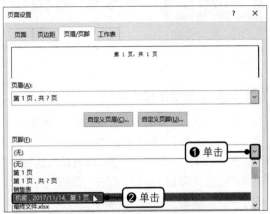

第648招　自定义打印页的页眉和页脚

虽然 Excel 中内置了多种页眉和页脚格式，但不一定能满足用户的个性需求，此时可以通过自定义页眉和页脚功能设计满意的页眉和页脚内容，具体的操作方法如下。

步骤01　自定义页眉

打开原始文件，在"页面布局"选项卡下的"页面设置"组中单击对话框启动器，打开"页面设置"对话框，❶切换至"页眉／页脚"选项卡，❷单击"自定义页眉"按钮，如右图所示。

步骤02　设置左侧的页眉内容

弹出"页眉"对话框，❶将光标定位在"左"下的文本框中，❷单击"插入日期"按钮，如下图所示。

步骤03　设置右侧的页眉内容

❶在"中"文本框中输入文本内容，❷将光标定位在"右"下的文本框中，❸单击"插入页码"按钮，如下图所示。

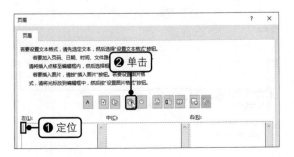 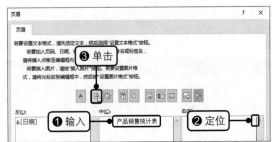

步骤04 显示设置效果

单击"确定"按钮，返回"页面设置"对话框，可在"页眉/页脚"选项卡下预览到设置的页眉效果，如右图所示。应用相同的方法可自定义页脚内容。

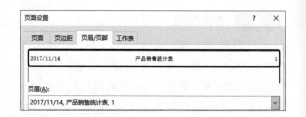

第649招 更改页眉和页脚的文本格式

如果对页眉和页脚内容的文本格式不满意，可通过格式文本功能进行更改。具体的操作方法如下。

步骤01 启动文本格式功能

打开原始文件，在"页面布局"选项卡下的"页面设置"组中单击对话框启动器，打开"页面设置"对话框，切换至"页眉/页脚"选项卡，单击"自定义页眉"按钮，打开"页眉"对话框，❶选中要设置的页眉内容，❷单击"格式文本"按钮，如下图所示。

步骤02 设置文本格式

弹出"字体"对话框，保持默认的字体和大小，在"字形"列表框中单击"加粗倾斜"选项，如下图所示。单击"确定"按钮，返回"页面设置"对话框中，即可在"页眉/页脚"选项卡下预览设置后的效果。

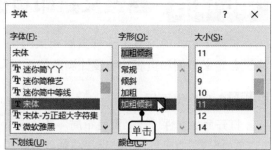

第650招 设置奇偶页不同的页眉和页脚

如果要让设置的页眉和页脚在奇偶页上表现为不同的内容，可通过以下方法来实现。

打开原始文件，在"页面布局"选项卡下的"页面设置"组中单击对话框启动器，打开"页面设置"对话框，❶切换至"页眉/页脚"选项卡，❷勾选"奇偶页不同"复选框，如右图所示。单击"确定"按钮。

> ⏰ **提示**
>
> 如果想要页眉和页脚在打印时只是首页不同，则可在"页面设置"对话框中勾选"首页不同"复选框。

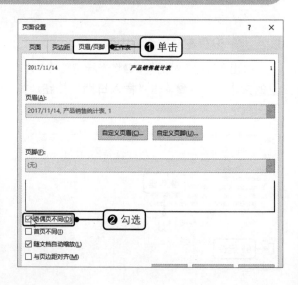

第651招　设置打印页的起始页码

为需要打印的工作表设置好与页码相关的页眉或页脚后，如果需要使其从规定的页码开始，可通过设置起始页码来完成。

打开原始文件，在"页面布局"选项卡下的"页面设置"组中单击对话框启动器，打开"页面设置"对话框，在"页面"选项卡下的"起始页码"文本框中输入"3"，如右图所示。单击"确定"按钮。

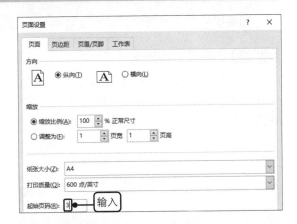

第652招　打印整个工作簿

如果要打印整个工作簿中的内容，可通过以下方法实现。

打开原始文件，单击"文件"按钮，❶在打开的视图菜单中单击"打印"命令，❷在"设置"选项组下单击"打印活动工作表"按钮，❸在展开的列表中单击"打印整个工作簿"选项，如右图所示。然后单击"打印"按钮即可。

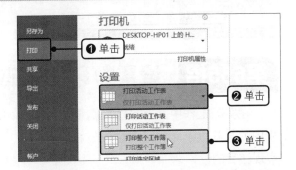

第653招　打印选定的单元格区域

如果只需要打印工作表中的某部分内容，可先选定该部分内容所在的单元格区域后进行打印，具体的操作方法如下。

步骤01　选择打印区域

打开原始文件，❶在工作表中选中要打印的单元格区域，❷单击"文件"按钮，如下图所示。

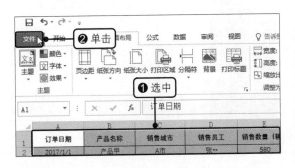

步骤02　打印选定区域

❶在打开的视图菜单中单击"打印"命令，❷在"设置"选项组下单击"打印活动工作表"按钮，❸在展开的列表中单击"打印选定区域"选项，如下图所示，然后单击"打印"按钮。

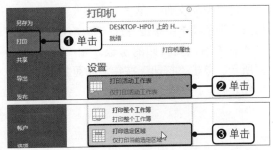

第654招 打印一个工作簿中的多个工作表

如果要打印工作簿中的多个工作表，可通过以下方法选中多个工作表进行打印操作。

步骤01 选中要打印的多个工作表

打开原始文件，按住【Ctrl】键不放，在工作表标签中单击要打印的工作表标签，如下图所示。

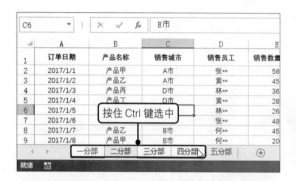

步骤02 打印多个工作表

单击"文件"按钮，❶在打开的视图菜单中单击"打印"命令，❷单击"打印"按钮，如下图所示，即可打印选中的多个工作表。

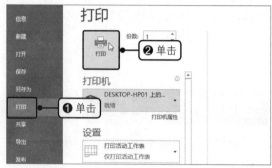

第655招 设置打印的页码范围

在实际工作中，有可能只需要打印工作表中的某几页，此时可通过设置打印范围来实现该目的。

打开原始文件，单击"文件"按钮，❶在打开的视图菜单中单击"打印"命令，❷在"设置"选项组下设置打印范围为"页数3至7"，如右图所示。单击"打印"按钮后，即可打印第3页至第7页的工作表内容。

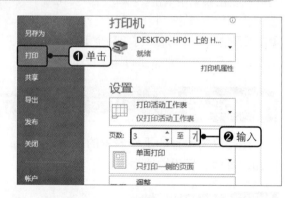

第656招 设置打印份数

如果要打印多份表格内容，可对打印的份数进行设置。具体的操作方法如下。

打开原始文件，单击"文件"按钮，❶在打开的视图菜单中单击"打印"命令，❷在"份数"文本框中输入要打印的份数，如"8"，如右图所示。单击"打印"按钮后即可打印8份该工作表内容。

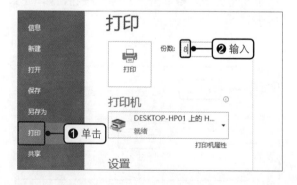

第657招　设置打印内容的排序方式

当需要打印多份多页的表格内容时，Excel默认为逐份打印，如果需要逐页打印，则可通过更改打印的排序方式来实现。

打开原始文件，单击"文件"按钮，❶在打开的视图菜单中单击"打印"命令，❷在"设置"选项组下单击"调整"按钮，❸在展开的列表中单击"取消排序"选项，如右图所示。

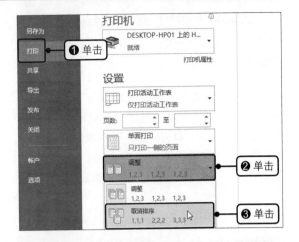

第658招　将所有列调整为一页进行打印

在打印表格的时候，可能经常会面临因为列数过多，导致打印出来的文件列不在一页纸上显示的情况。此时就可以通过将所有列调整为一页功能把所有的列放在一页纸上，从而保证文件的可阅读性。

打开原始文件，单击"文件"按钮，❶在打开的视图菜单中单击"打印"命令，❷在"设置"选项组下单击"无缩放"按钮，❸在展开的列表中单击"将所有列调整为一页"选项，如右图所示。

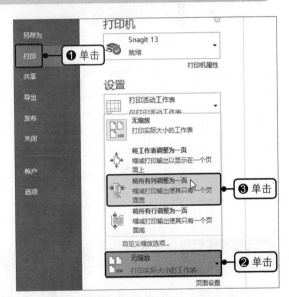

第659招　在打印时每页都显示标题行

当打印的数据行较多时，如果需要每一页上都显示标题，可以通过以下操作轻松实现。

打开原始文件，在"页面布局"选项卡下的"页面设置"组中单击对话框启动器，打开"页面设置"对话框，❶切换至"工作表"选项卡，❷在"顶端标题行"文本框中输入标题位于的行区域，如"$1:$1"，如右图所示。单击"确定"按钮，完成设置。

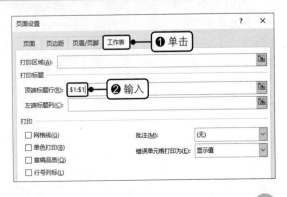

第660招 打印时显示网格线

Excel 中的网格线默认是不会被打印的，如果需要打印网格线，可通过以下操作进行设置。

打开原始文件，在"页面布局"选项卡下的"页面设置"组中单击对话框启动器，打开"页面设置"对话框，❶切换至"工作表"选项卡，❷在"打印"选项组下勾选"网格线"复选框，如右图所示。完成设置后单击"确定"按钮。

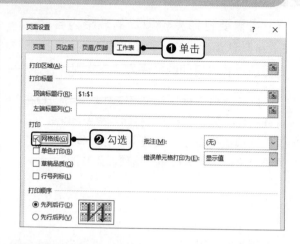

第661招 打印时显示行号列标

如果需要将表格中的行号列标打印出来，可通过以下操作来完成。

打开原始文件，在"页面布局"选项卡下的"页面设置"组中单击对话框启动器，打开"页面设置"对话框，❶切换至"工作表"选项卡，❷在"打印"选项组下勾选"行号列标"复选框，如右图所示。完成设置后单击"确定"按钮。

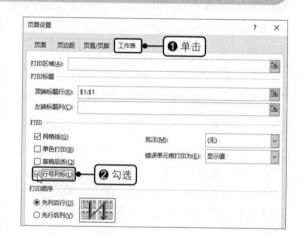

第662招 打印工作表中的批注

如果要将工作表中的批注打印出来，可通过以下操作来实现。

打开原始文件，在"页面布局"选项卡下的"页面设置"组中单击对话框启动器，打开"页面设置"对话框，❶切换至"工作表"选项卡，❷在"打印"选项组下单击"批注"右侧的下三角按钮，❸在展开的列表中单击"如同工作表中的显示"选项，如右图所示。完成设置后单击"确定"按钮。

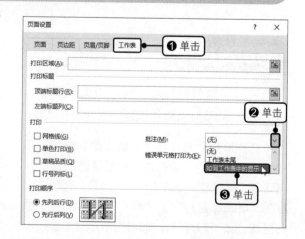

第663招　打印时不显示表格中的错误值

当表格中含有错误信息时，如果不需要打印这些错误值，可通过以下方法来实现。

打开原始文件，在"页面布局"选项卡下的"页面设置"组中单击对话框启动器，打开"页面设置"对话框，❶切换至"工作表"选项卡，❷在"打印"选项组下单击"错误单元格打印为"右侧的下三角按钮，❸在展开的列表中单击"＜空白＞"选项，如右图所示。完成设置后单击"确定"按钮。

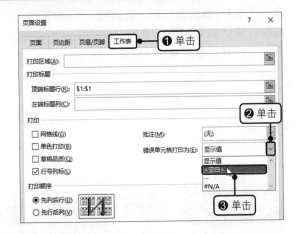

第664招　设置行列的打印顺序

当工作表行列数据较多时，默认情况下，Excel 会按照先列后行的顺序打印，如果想要按照先行后列的顺序打印，则可通过以下方法进行设置。

打开原始文件，在"页面布局"选项卡下的"页面设置"组中单击对话框启动器，打开"页面设置"对话框，❶切换至"工作表"选项卡，❷在"打印顺序"选项组下单击"先行后列"单选按钮，如右图所示。完成设置后单击"确定"按钮。

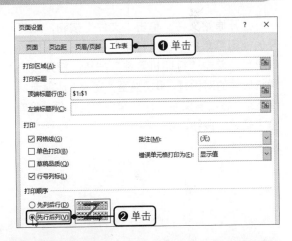

第665招　为打印的工作表添加水印

在实际工作中，为了防止他人盗用，并为表格内容起到一个提示作用，可在打印前为工作表添加水印，具体的操作方法如下。

步骤01　启动打印机属性功能

打开原始文件，单击"文件"按钮，❶在打开的视图菜单中单击"打印"命令，设置好打印机后，❷单击"打印机属性"按钮，如右图所示。

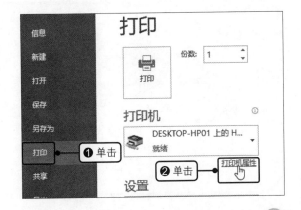

步骤02 添加水印

弹出该打印机属性的对话框，❶切换至"效果"选项卡，❷单击"水印"右侧的下三角按钮，❸在展开的列表中单击"样例"选项，如右图所示。完成设置后单击"确定"按钮。

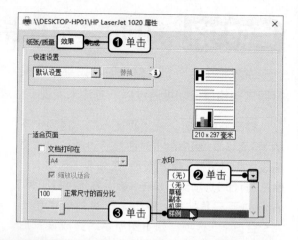

第666招 将所有文字打印成黑色

如果要将有多种文字颜色的表格内容打印为黑色，可通过以下方法来实现。

打开原始文件，单击"文件"按钮，在打开的视图菜单中单击"打印"命令，设置好打印机后，单击"打印机属性"按钮，打开该打印机属性的对话框，❶切换至"完成"选项卡，❷勾选"将所有文字打印成黑色"复选框，❸单击"确定"按钮，如右图所示。

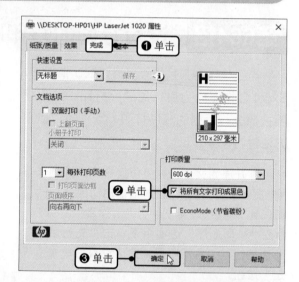

⏰ **提示**

第665招、第666招的效果是利用打印机提供的功能来实现的（Excel本身并不直接提供这样的功能），选项的位置和参数因打印机的型号不同可能会有变化，并且有些打印机并不支持这两项功能。

读书笔记